Werkstattgerechte Schadensanalyse in CFK-Strukturbauteilen mit optisch georteter Ultraschallmesstechnik

Shopfloor Suitable Damage Analysis in CFRP Parts with Optically Tracked Ultrasonic Measurement Technique

Von der Fakultät für Maschinenwesen
der Rheinisch-Westfälischen Technischen Hochschule Aachen
zur Erlangung des akademischen Grades eines
Doktors der Ingenieurwissenschaften
genehmigte Dissertation

vorgelegt von

Philipp Thomas Nienheysen

Berichter/in:

Univ.-Prof. Dr.-Ing. Robert Heinrich Schmitt
Univ.-Prof. Dr.-Ing. Kai-Uwe Schröder

Tag der mündlichen Prüfung: 31. August 2022

Diese Dissertation ist auf den Internetseiten der Universitätsbibliothek online verfügbar.

ERGEBNISSE AUS DER PRODUKTIONSTECHNIK

Philipp Nienheysen

Werkstattgerechte Schadensanalyse in CFK-Strukturbauteilen mit optisch georteter Ultraschallmesstechnik

Herausgeber:
Prof. Dr.-Ing. T. Bergs
Prof. Dr.-Ing. Dipl.-Wirt. Ing. G. Schuh
Prof. Dr.-Ing. C. Brecher
Prof. Dr.-Ing. R. H. Schmitt

Band 44/2022

WZL | RWTH AACHEN UNIVERSITY

Fraunhofer IPT

Bibliografische Information der Deutschen Nationalbibliothek
Die Deutsche Nationalbibliothek verzeichnet diese Publikation in der Deutschen Nationalbibliografie; detaillierte bibliografische Daten sind im Internet über https://portal.dnb.de abrufbar.

Philipp Nienheysen:

Werkstattgerechte Schadensanalyse in CFK-Strukturbauteilen mit optisch georteter Ultraschallmesstechnik

1. Auflage, 2023

Gedruckt auf holz- und säurefreiem Papier, 100% chlorfrei gebleicht.

Apprimus Verlag, Aachen, 2023
Wissenschaftsverlag des Instituts für Industriekommunikation und Fachmedien an der RWTH Aachen
Steinbachstr. 25, 52074 Aachen
Internet: www.apprimus-verlag.de, E-Mail: info@apprimus-verlag.de

Druck: CPI Druckdienstleistungen GmbH, Ferdinand-Jühlke-Straße 7 I 99095 Erfurt

ISBN 978-3-98555-136-1

D 82 (Diss. RWTH Aachen University, 2022)

Danksagung

Diese Dissertation entstand während meiner Tätigkeit als wissenschaftlicher Mitarbeiter am Lehrstuhl für Fertigungsmesstechnik und Qualitätsmanagement des Werkzeugmaschinenlabors der Rheinisch-Westfälischen Technischen Hochschule Aachen.

Zunächst danke ich Herrn Univ.-Prof. Dr.-Ing. Robert Heinrich Schmitt für die Möglichkeit zur Promotion sowie das mir entgegengebrachte Vertrauen bei der Bearbeitung vielfältiger, herausfordernder und spannender Projekte, eng verzahnt zwischen Forschung und Industrie. Herrn Univ.-Prof. Dr.-Ing. Kai-Uwe Schröder danke ich für die Übernahme der Rolle des zweiten Berichters und die gemeinsame Arbeit im Bereich der CFK-Schadensanalyse. Herrn Univ.-Prof. Dr.-Ing. Christian Hopmann danke ich für die Übernahme des Prüfungsvorsitzes und die Initiierung des Forschungsprojektes der CFK-Werkstatt, der thematischen Grundlage dieser Dissertation. Zudem danke ich Herrn Dr.-Ing. Martin Peterek für die Unterstützung meiner wissenschaftlichen Arbeit und die gemeinsame Zeit am Lehrstuhl.

Etwas ganz Besonderes war für mich das offene, freundschaftliche und stets motivierende Arbeitsumfeld sowohl bei als auch neben der Arbeit. Ich danke allen wissenschaftlichen und nicht-wissenschaftlichen Mitarbeiterinnen und Mitarbeitern des Werkzeugmaschinenlabors, die ich während meiner sechsjährigen aktiven Zeit kennenlernen durfte und hoffe, viele bei künftigen Ehemaligen-Treffen oder der jährlichen Skifreizeit wiederzusehen. Besonders bedeutend sind die in diesem Umfeld entstandenen Freundschaften, die die aktive Lehrstuhlzeit überdauerten, wie z.B. die der „Männer(s)“.

Für den großen fachlichen Input, unzählige Stunden im Python-Universum und an Versuchsständen danke ich allen meinen Abschlussarbeitern und studentischen Hilfskräften. Besonders hervorheben möchte ich Herrn Gemb Kaljavesi und Herrn Lennart Stohrer für die fruchtbaren fachlichen Diskussionen, die Unterstützung in Forschungs- und Industrieprojekten und die uneingeschränkte Bereitschaft, mein Promotionsvorhaben zu unterstützen.

Für die fachliche Kooperation und die gemeinsame Forschungsarbeit bedanke ich mich ebenfalls bei Herrn Dr.-Ing. Nico Lehmann, Herrn Hamid Jahangir und meinen brasilianischen Freunden Herrn Bernardo Cassimiro Fonseca de Oliveira und Herrn Bruno Silva Marció. Meinem ehemaligen Bürokollegen Herrn Alexander Jahn und meiner langjährigen studentischen Hilfskraft Herrn Martin Gimpel danke ich für die Unterstützung und die Entlastung in diversen Projekten, welches mir den nötigen Freiraum gab, mein Promotionsvorhaben abzuschließen.

Der größte Dank gebührt meiner Familie: Ich danke meinen Eltern, meiner Schwester und meiner Oma für den jahrelangen uneingeschränkten Rückhalt. Besonders hervorzuheben ist der Einsatz meiner Eltern: Die Förderung und Unterstützung insbesondere in schwierigen Lebenslagen und die Gewissheit zuhause immer auf ein offenes Ohr und klugen Rat zu stoßen gaben mir das Selbstvertrauen und bildeten die Grundlage für meine studentische und wissenschaftliche Laufbahn, die in der Anfertigung und Finalisierung dieser Dissertation mündete.

Frankfurt am Main, im November 2022 Philipp Nienheysen

Kurzfassung

Der globale Umsatz carbonfaserverstärkter Kunststoffe (CFK) verzeichnet weiterhin ein jährliches Wachstum im zweistelligen Prozentbereich. Größter Treiber dieses Wachstums ist neben der Luft- und Raumfahrtindustrie die Automobilindustrie. CFK zählen zu den Verbundwerkstoffen, stellen aber Konstruktionen dar, aus hochfesten, in eine Polymermatrix eingebetteten Fasern. Werden CFK im Automobilbau derzeit nicht mehr großflächig eingesetzt, so werden sie jedoch vermehrt dort eingesetzt, wo sie besondere Vorteile hinsichtlich Gewichtsersparnis, Steifigkeit und Festigkeit bieten. Die Sicherstellung der Festigkeit ist dabei eine der zentralen Herausforderungen. CFK zeigen Schadensbilder, die optisch meist kaum zu erfassen und bei konventionellen Werkstoffen unbekannt sind. Fehlend sind Messkonzepte zur Detektion, Lokalisierung und Quantifizierung von Schäden, die die für die CFK-Reparatur notwendigen Messdaten mit einer hinreichenden Unsicherheit bereitstellen können.

Dieses Forschungsvorhaben adressiert die genannten Defizite mittels der Konzeptionierung und experimentellen Validierung eines optisch georteten Ultraschallmesssystems. Gemäß der Forschungsmethodik des Design Science Research werden die Forschungsergebnisse iterativ generiert und mit Hilfe verschiedener Versuchsaufbauten experimentell validiert. Der Design-Prozess ist dabei stets gekoppelt mit dem Anwendungsbereich der werkstattgerechten CFK-Reparatur und der vorhandenen Wissensbasis der Messtechnik. Die Konzeptionierung des optisch georteten Messsystems, bestehend aus einem Phased-Array-Ultraschallmesssystem und einem kamerabasierten Ortungssystem, erfolgt durch eine neuartige Kombination und Echtzeit-Synchronisierung der einzelnen Messsysteme. Hierzu wird eine Messsoftware zur Aufnahme, Visualisierung und Auswertung der Messdaten entwickelt. Die Auswertemethodik basiert auf einer Modellierung der Schallintensitätsverteilung, neuartigen Verfahren der Peak-Detektion sowie der 3D-Rekonstruktion der Ultraschallmessdaten. Die Validierung erfolgt mit Hilfe kalibrierter Versuchsbauteile. Gefolgt von einer Analyse der Einflussfaktoren auf den Messprozess und die betrachteten Messgrößen erfolgt die Messunsicherheitsanalyse in drei Schritten mit jeweils spezifisch konzeptionierten Versuchsaufbauten. Die Messunsicherheitsanalyse des optischen Ortungssystems erfolgt anhand von Referenz-Streckenmessungen eines Koordinatenmessgeräts und durch eine Variation der Grenzen des Parameterraums. Anschließend werden die Einflüsse des Phased-Array-Ultraschallmesssystem mittels eines Versuchsaufbaus bestehend aus einer Linearachsverfahreinheit und Messreihen in Tauchtechnik analysiert und auf Basis der errechneten Messunsicherheitsbeiträge iterativ optimiert. Zur Betrachtung des Gesamtsystems sowie zur Optimierung der softwareseitigen Einstellparameter werden Ultraschallmessung und optische Ortung im Verbund erprobt. Im letzten Schritt wird gezeigt, dass sich für den Praxiseinsatz die Messunsicherheit durch Zuhilfenahme von optisch erfassten Oberflächenmessdaten hinreichend reduzieren lässt.

Der Erkenntnisgewinn beruht auf neuartigen Algorithmen zur modellbasierten Auswertung der 3D-rekonstruierten Ultraschallmessdaten sowie der erstmalig realisierten umfassenden Quantifizierung der hardware-, software- und prozessbezogenen Einflussfaktoren auf die Messunsicherheit eines optisch georteten Ultraschallmesssystems. Zudem wurde eine Methode entwickelt, die Messunsicherheit durch eine Kombination von Ultraschall- und optisch erfassten Oberflächenmessdaten für den Praxiseinsatz zu reduzieren.

Abstract

The global sales of carbon fiber reinforced plastics (CFRP) still grow in a double-digit percentage range. Alongside the aerospace industry, the automotive industry is the biggest driver of this growth. CFRP belong to the group of composite materials, but in fact represent structures made of high-strength fibers embedded in a polymer matrix. Currently CFRPs are no longer used on a large scale in automotive construction, but they are increasingly being used where they offer particular advantages in terms of weight saving, stiffness and strength. Ensuring strength is one of the key challenges. Damage patterns in CFRP are hardly to detect visually and are unknown within conventional materials. Currently there is a lack of measurement concepts for the detection, localization and quantification of damages that can provide the measurement data required for CFRP repair with sufficient uncertainty.

This research project addresses the mentioned deficits by means of the conceptual design and experimental validation of an optically tracked ultrasound measurement system. In accordance with the research methodology of Design Science Research, the research results are generated iteratively and validated experimentally with the help of various experimental setups. The design process is coupled with the application area of an CFRP repair shop and the existing knowledge base of measurement technology. The conceptual design of the optically tracked measurement system, consisting of a phased-array ultrasonic measurement system and an optical tracking system, is based on a novel combination and real-time synchronization of the individual measurement systems. For this purpose, a measurement software for recording, visualization and evaluation of the measurement data is developed. The evaluation methodology is based on a sound intensity distribution modeling, novel methods of peak-detection and 3D reconstruction of the ultrasonic measurement data. The concept is validated with the help of calibrated test components. The uncertainty analysis is carried out in three steps with specifically designed test setups, followed by an analysis of the factors influencing the measurement process and the measured variables. The uncertainty analysis of the optical tracking system is performed by reference distance measurements of a coordinate measuring machine and by varying the limits of the parameter space. Subsequently, the influences of the phased array ultrasonic measurement system are analyzed by means of an experimental setup consisting of a linear axis traversing unit and series of measurements in immersion technique and optimized iteratively based on the calculated measurement uncertainty contributions. Ultrasonic measurement and optical tracking are tested in combination to examine the overall system and to optimize the software setting parameters. In the last step, it is shown that the measurement uncertainty can be sufficiently reduced for practical use by using optically measured surface data.

The knowledge gained is based on novel algorithms for the model-based evaluation of the 3D reconstructed ultrasonic measurement data as well as the for the first time realized quantification of the hardware-, software- and process-related influencing factors on the uncertainty of the optically tracked ultrasonic measurement system. In addition, a method was developed to reduce the measurement uncertainty by combining ultrasound and surface measurement data for practical use.

I Inhaltsverzeichnis

Table of contents

II Abkürzungsverzeichnis

List of abbreviations

AIO	engl. All-In-One
AJAX	engl. Asynchronous javascript and xml
ASCII	engl. American standard code for information interchange
AV	engl. Appraiser variation
BKS	Bauteil-Koordinatensystem
BSH	Bildschirmhöhe
BVID	engl. Barely visible impact damage
CAD	engl. Computer-aided design
CFK	Carbonfaserverstärkter Kunststoff
CFRP	engl. Carbon-fiber-reinforced polymers
CO2	Kohlenstoffdioxid
CSS	engl. Cascading style sheets
CSV	engl. Comma-separated values
CT	Computertomografie
D	Defektbereich
D	Durchmesservariation
DE	Defektecho
DGZfP	Deutsche Gesellschaft für Zerstörungsfreie Prüfung
DIN	Deutsches Institut für Normung
DOE	engl. Design of experiments
DSR	engl. Design science research
D-Sub	engl. D-subminiature
E-Modul	Elastizitätsmodul
EP	Epoxidharz
EU	Europäische Union
EV	engl. Equipment variation
FDM	engl. Fused deposition modeling
FEM	Finite-Elemente-Methode
FVK	Faserverstärkter Kunststoff

G	Geometriemodell
GRR	engl. Gauge R&R
GUI	engl. Graphical user interface
GUM	engl. Guide to the expression of uncertainty in measurement
HTML	engl. Hypertext Markup Language
IBD/IBV	Impactplatte mit biaxialem Lagenaufbau
ICP	engl. Iterative closest point
IDE	engl. Integrated development environment
IGF	Industrielle Gemeinschaftsforschung
IM	Impactplatte mit multiaxialem Lagenaufbau
IR	Infrarot
IU	Impactplatte mit unidirektionalem Lagenaufbau
k	Kilo/1000
Kfz	Kraftfahrzeug
KMG	Koordinatenmessgerät
MAG	Multiaxialgelege
MSA	engl. Measurement System Analysis
NN	Normalhöhennull
O	Oberflächenbereich
O	Ursprung, lat. Origo
OE	Oberflächenecho
OFAT	engl. One-factor-at-a-time
OOS	Optisches Ortungssystem
OPD	Olympus-Dateiformat für Messdaten
OPS	Olympus-Dateiformat für Messkopfkonfigurationen
PAN	Polyacrylnitril
PAUS	Phased Array-Ultraschallmesssystem
PLA	Polylactide
R	Rückwandbereich
RE	Rückwandecho
RGB	Additiver Farbraum der Farben Rot, Grün, Blau

ROI	engl. Region of interest
T	Tiefenvariation
TCG	engl. Time-controlled gain
TOL	Toleranz
TTL	Transistor-Transistor-Logik
TXT	Textdatei
UP	Ungesättigte Polyester
USB	engl. Universal serial bus
VDA	Verband der Automobilindustrie
VDE	Verband der Elektrotechnik, Elektronik und Informationstechnik
VDI	Verein Deutscher Ingenieure
VDMA	Verband Deutscher Maschinen- und Anlagenbau
VE	Vinylester
VID	engl. Visible impact damage
VK	Vorlaufkeil
VM	Virtueller Marker
XML	engl. Extensible markup language
ZfP	Zerstörungsfreie Prüfung/Prüfverfahren

III Formelzeichen

List of formula signs

A_{OE}	–	Amplitude des Oberflächenechos
$A_{RE}, A_{RE,Ref}$	–	Amplituden des Rückwand- und des Rückwand-Referenzechos
a_H, a_M, a_P	–	Ausgleichsverfahren zur Bestimmung des Hüllkreises, Mittelkreises und Pferchkreises
b	–	Einstellung des Bandpassfilters (ein/aus)
b	m	Systematische Messabweichung
c	m/s	Schallgeschwindigkeit
c_g	–	Eignungskennwert gemäß MSA 4
D	m	Durchmesser des Ultraschallmesskopfes
d_1, d_2, d_3	m	Durchmesser der Bohrungen in der Bohrungsplatte
Δd	–	Durchmesseränderung der Bohrungen in der Bohrungsplatte
d_K	m	Kameraabstand beim OOS
d_{mad}	–	Abbruchkriterium des ICP-Algorithmus
d_{ME}	m	Distanz zur Messkopf-Ebene
$d_{P,max}$	m	Maximaler Abstand zweier Punkte in einem Cluster
$d_{P,min}$	m	Mindest-Abstand zwischen zwei Peaks
d_S	m	Distanzen im Sichtfeld des OOS
DE	m	Punktewolke der Ultraschall-Defektechos
E	N/m^2	Elastizitätsmodul
F_n	Hz	Fourier-transformierte Anregungsfrequenzen bei der Lock-In-Thermografie
f	m	Fokuslänge des Schallbündels bzw. Fokuseinstellung des PAUS-Messgeräts (berechnet ab Vorlaufkeil)
f_K	m	Fokuseinstellung der Kamera des OOS
f_n	Hz	Anregungsfrequenzen der Lock-In-Thermografie
f_S	Hz	Schallfrequenz des Ultraschallmesskopfes
f_T	Hz	Aufnahmefrequenz (Trigger-Frequenz)
f_V	–	Einstellung des Videofilters (ein/aus)

G	$-$	Punktewolke des Geometriemodells
G_{PP}, g_{PP}	$-$	Eignungsgrenzwerte des AIO-Verfahrens
G_S	m	Geometrischer Schwerpunkt des Geometriemodells
g	dB	Gesamt-Signalverstärkung, engl. Total gain
$H(t)$	$-$	Häufigkeit der Tiefenwerte
I	kg/s^{-3}	Intensität der Röntgenstrahlung
i	$-$	Anzahl der Iterationen im ICP-Verfahren
K_1, K_2	$-$	Faktoren des Average-Range-Verfahrens gemäß MSA 4
k	$-$	Erweiterungsfaktor zur Bestimmung der erweiterten Messunsicherheit
k_G	$-$	Größenverhältnis-Faktor eines PAUS-Linien-Arrays
l_a	m	Länge der aktiven Apertur eines PAUS-Linien-Arrays
M	$-$	Messwert
m	m	(Tiefen-) Messbereich der Ultraschallmessung
N	m	Nahfeldlänge des Ultraschallbündels
N_P	$-$	Anzahl der Pixel bei der pixelweisen Fourier-Transformation in der Thermographie
n	$-$	Anzahl der Referenz-Bauteile
n_A	$-$	Anzahl der Aperturen eines PAUS-Linien-Arrays
n_E	$-$	Anzahl der zu einem Schallbündel zusammengeschalteten Piezoelemente eines PAUS-Linien-Arrays
n_P	$-$	Anzahl der Piezoelemente eines PAUS-Linien-Arrays
$n_{P,min}$	$-$	Minimale Anzahl der Punkte je Cluster
n_S	$-$	Anzahl der Samples eines Ultraschall-A-Scans
n_T	$-$	Anzahl der Triggerpunkte einer Messung
OE	m	Punktewolke der Ultraschall-Oberflächenechos
OE_S	m	Geometrischer Schwerpunkt der Punktewolke der Ultraschall-Oberflächenechos
PD	$-$	Positionsmessdaten des OOS
p	$-$	Signifikanzwert der Statistik
p	$-$	Punktepaarungen im ICP-Algorithmus
p_S	N/m^2	Schallwechseldruck einer Ultraschallwelle

Q_{MP}	–	Eignungskennwert für einen Messprozess gemäß VDA 5
Q_{MS}	–	Eignungskennwert für ein Messsystem gemäß VDA 5
R	–	Reflexionskoeffizient
R	–	Rotationsmatrix
$\bar{\bar{R}}$	m	Gemittelte Spannweite gemäß MSA 4
r	m	Reichweite
RE	m	Punktewolke der Ultraschall-Rückwandechos
s	m	Standardabweichung
s_O	–	Sample-Position am Ende des Oberflächenbereichs
s_{OE}	–	Sample-Position des Oberflächenechos
s_R	–	Sample-Position bei Beginn des Rückwandbereichs
$s_{\Delta R}$	–	Spanne des Rückwandbereichs in Samples
$s_{RE}, s_{RE,Ref}$	–	Sample-Positionen des Rückwand- und des Referenz-Rückwandechos
T	–	Transformationsmatrix
T	$Grad$	Gemessene Temperatur in der Thermographie
T_B	–	Schwellwert der Segmentierung
T_{dB}	–	Schwellwert der Defekterkennung mittels dB-Drop
T_P	–	Schwellwert der Peak-Detektion
T_{P2}	–	Schwellwert der vereinfachten Peak-Detektion
t_1, t_2, t_3	m	Restwanddicken der Bohrungen in der Bohrungsplatte
t_B	s	Belichtungszeit der Kamera des OOS
Δt_{MIN}	–	Tiefenauflösung der Phased-Array-Ultraschallmessung
Δt_{P2}	–	Mindest-Peak-Abstand der vereinfachten Peak-Detektion
U_{MP}	m	Erweiterte Messunsicherheit des Messprozesses
U_{MS}	m	Erweiterte Messunsicherheit des Messsystems
u	m	Messunsicherheit
u_{AV}	m	Messunsicherheit der Bediener
u_B	m	Systematische Messabweichung
u_{BI}	m	Messunsicherheit der systematischen Messabweichung
u_c	m	Kombinierte Messunsicherheit

u_{CAL}	m	Kalibrierunsicherheit
u_{EVO}	m	Messunsicherheit der Wiederholbarkeit am Prüfobjekt
u_{EVR}	m	Messunsicherheit der Wiederholbarkeit am Normal
u_{GV}	m	Messunsicherheit der Messvorrichtungen
$u_{kmgMessung}$	m	Streuung der KMG-Messungen
u_{kmgP}	m	Antastunsicherheit des KMG
u_{kmgTHP}	m	Scanning-Antastunsicherheit des KMG
u_{Li}	m	Standardunsicherheit der Längenmessungen des KMG
u_{LIN}	m	Messunsicherheit der Linearität
u_{M_REST}	m	Messunsicherheit sonstiger Einflussfaktoren
u_{OBJ}	m	Messunsicherheit der Inhomogenität des Prüfobjekts
u_P	m	Messunsicherheit der zufälligen Streuung
u_{RE}	m	Messunsicherheit der Messauflösung
u_{STAB}	m	Messunsicherheit der Zeitpunkte
u_T	m	Messunsicherheit der Messtemperatur
u_W	m	Messunsicherheit aus Werkstoff- und Produktionsstreuung
UD	–	Ultraschallmessdaten
UP	–	Sample-Positionen der relevanten Peaks
v	m/s	Messgeschwindigkeit/Verfahrgeschwindigkeit des PAUS-Messkopfes
v	–	Videofilter (ein/aus)
$\overrightarrow{V_{12}}$	–	Verbindungsvektor zwischen den virtuellen Markern VM_1 und VM_2
$\overrightarrow{V_U}$	–	Vektor der Schallausbreitungsrichtung
v_{TCG}	dB	TCG-Verstärkung
v_{P3}	dB	TCG-Verstärkung an TCG-Punkt 3
w	–	Anzahl der Wiederholmessungen
$\bar{x}_g$	m	Arithmetischer Mittelwert zur Bestimmung der Unsicherheit der Gerätestreuung gemäß MSA 4
x_m	m	Mittelwert der Referenzmessungen des KMG
Z	Ns/m^3	Akustische Impedanz

z_{DE}	m	Tiefenlage eines Defekts
α	$Grad$	Drehwinkel der Längsachse des OOS-Targets
β	$Grad$	Drehwinkel um die Querachse des OOS-Targets
δ	–	Skin-Tiefe bei der Wirbelstrommessung
λ	m	Wellenlänge der Ultraschallwelle
μ	m^{-1}	Schwächungskoeffizient der Röntgenstrahlen
v_i^2	–	Sensitivitätskoeffizienten
ρ	kg/m^3	Dichte
σ	m	Standardabweichung
σ	S/m	Elektrische Leitfähigkeit
σ_{mad}	–	Schätzer zur Normalverteilung im ICP-Verfahren
$\phi(F_n)$	$Grad$	Frequenzabhängiger Phasenwinkel in der Thermographie
ω	Hz	Modulationsfrequenz
η	m	Dicke der zu durchdringenden Materie im Absorptionsgesetz nach Lambert-Beer

IV Abbildungsverzeichnis

List of figures

V Tabellenverzeichnis

List of tables

1 Werkstattgerechte Schadensanalyse von CFK-Strukturbauteilen

Shopfloor suitable damage analysis of CFRP parts

Das Ziel ist eine drastische Reduktion der Treibhausgasemissionen: Deutschlands Beitrag zum Pariser Klimaabkommen ist es, den CO_2-Ausstoß bis zum Jahr 2030 bezogen auf das Jahr 1990 um 65% zu verringern. Dies ist ein Beitrag zur weltweiten Verringerung der Treibhausgasemissionen mit dem Ziel, die Erderwärmung auf deutlich unter 2 Grad, möglichst 1,5 Grad, bis zum Ende des Jahrhunderts zu begrenzen. Ein entscheidender Stellhebel in diesem Kontext ist der Verkehrssektor, welcher mit einem Anteil von 19% am bundesweiten CO_2-Ausstoß beteiligt ist und dessen Treibhausgasbilanz sich seit 1990 kaum verändert hat. Die in Deutschland neu zugelassenen Kraftfahrzeuge haben im Durchschnitt einen CO_2-Ausstoß von 125 Gramm pro Kilometer; der EU-weit zweithöchste Wert, der bis Ende 2021 auf 95 Gramm zu reduzieren ist. Da zudem 95% der neu zugelassenen Kraftfahrzeuge noch immer mit Benzin oder Diesel fahren, kommt der Verringerung des Kraftstoffverbrauchs eine entscheidende Rolle zu. Ein 100 Kilogramm leichteres Chassis reduziert den Kraftstoffverbrauch um ca. 0,5 Liter pro 100 Kilometer, welches mit einer Verringerung der Treibhausgasemissionen einher geht. Charakteristisch für den Leichtbau, wie z.B. mittels carbonfaserverstärkter Kunststoffe (CFK), ist jedoch nicht nur weniger Masse, sondern zusätzlich eine durchdachte Funktionsintegration sowie eine last- und werkstoffoptimierte Konstruktion. Bei elektrisch betriebenen Fahrzeugen ermöglicht der CFK-Leichtbau eine Kompensation des Batteriegewichts und somit eine Erhöhung der Reichweite bzw. im Umkehrschluss eine Einsparung der Energie je gefahrenem Kilometer; Energie, die immer noch zu großen Teilen mittels fossiler Energieträger erzeugt wird. [BMWI21], [BUND21], [UMWE22]

CFK gehören zu der Klasse der Verbundwerkstoffe, stellen jedoch eigentlich Konstruktionen aus hochfesten Fasern dar, die als Verstärkungskomponente in eine Polymermatrix eingebunden werden. Sowohl die Bedarfsmenge als auch der Umsatz von CFK sind zwischen 2013 und 2018 um jährlich knapp 12% gestiegen [CARB19]. Der größte Wachstumstreiber neben der Luft- und Raumfahrtindustrie stellt weiterhin die Automobilindustrie dar, auch wenn sich die Art des CFK-Einsatzes gewandelt hat. Der großflächige Einsatz von CFK als „Metallersatz" in Serienfahrzeugen, wie z.B. bei der Einführung des BMW i3 im Jahr 2013, stellt auch im Jahr 2020 noch einen Einzelfall dar. In den letzten Jahren wurden vielmehr Multi-Material-Konzepte entwickelt. CFK kommt gezielt dort zum Einsatz, wo es im Vergleich zu konventionellen Werkstoffen besondere Vorteile hinsichtlich Gewichtsersparnis, Festigkeit und Steifigkeit bietet. Eine große Herausforderung ist jedoch die Sicherstellung dieser Festigkeit im Schadensfall. CFK zeigen Schädigungsbilder, die bei konventionellen metallischen Werkstoffen unbekannt sind. Können metallische Werkstoffe mechanischen Belastungen mit plastischer Verformung entgegentreten, so sind CFK sehr spröde; eine Einschlagenergie jenseits der elastischen Belastungsgrenze führt unmittelbar zu Schädigungen [AGRA14]. Dies sind Schäden an der Faser, der Polymermatrix oder dem Verbund wie dem interlaminaren Riss einer Delamination [EHRL04, S. 3]. Ein typischer Schaden, bei dem in der Regel alle der genannten Schadensarten in Erscheinung treten ist der sogenannte Impactschaden, welcher u. a. durch unkonventionelle Belastungen im Gebrauch wie Schlag- und Stoßbelastungen entsteht [MOSE92, S. 127]. Gefährlich sind insbesondere die Impactschäden, die gar nicht oder nur schwer mit bloßem Auge zu erkennen sind; aus diesem Grund häufig als „barely visible impact damage“, kurz BVID, bezeichnet [USDE10]. Insbesondere Schläge mit niedriger Einschlaggeschwindigkeit rufen Schädigungen im Bauteil hervor, deren Ausmaß von außen kaum ersichtlich ist. Der langsam laufende Schädigungsvorgang führt zu einem an der Aufprallstelle kaum sichtbaren Schaden, da die gesamte CFK-Struktur an der Absorption der Schadensenergie beteiligt ist; wodurch diese jedoch auch in weiten Bereichen um die Aufprallstelle herum auf Schädigungen geprüft werden muss. [SAFR14], [WÖST05, S. 4]

Dem Vorteil der hohen gewichtsbezogenen Festigkeit treten Nachteile bei der Schadenserkennung und der Reparatur entgegen. Da in CFK die Last zu großen Teilen durch die Fasern, d.h. speziell für den Lastfall orientierte und ausgelegte Faserkonstrukte, getragen wird, sind konventionelle Reparaturverfahren wie das Vernieten oder Verschweißen von Ersatzteilen nicht zielführend. Aufgrund fehlender abgesicherter Reparaturverfahren kommt es auch bei oberflächlich kleinen Fehlern häufig zu einem Austausch ganzer Bauteile. Beispielhaft ist hier das BMWi3-Reparaturkonzept zu nennen, welches schon bei Rissen ab einer Länge von 10 mm den vollständigen Austausch des Bauteils vorschreibt [KRAF14]. Abgeleitet aus dem Defizit fehlender kosteneffizienter und ressourcenschonender Reparaturverfahren motivierte sich die Forschungsarbeit der „interaktiven Reparaturwerkstatt der Zukunft für Elektromobile in CFK-Bauweise“- kurz: CFK-Werkstatt - der RWTH Aachen. Ein zentrales Element der Forschungsarbeit und die notwendige Voraussetzung zur Entwicklung von Reparaturverfahren stellte das Teilprojekt zur „multisensorbasierten Schadenserkennung und Qualitätssicherung im CFK-Reparaturprozess“ (IGF-Vorhaben 18575N) dar. Die in diesem Teilprojekt erarbeiteten Erkenntnisse und Vorversuche schafften die Grundlage für die im Folgenden dargelegte Forschungsarbeit. Die Erkennung von Gebrauchsschäden in CFK-Strukturbauteilen erfolgt in den meisten Fällen auch heute noch durch eine einfache Sichtprüfung oder eine Prüfung mit optischen kamera- oder laserbasierten Verfahren. Zur zielgerichteten Detektion und Quantifizierung von Impactschäden ist jedoch der Einsatz zerstörungsfreier Prüfverfahren (ZfP) unabdingbar, welche mit dem zu prüfenden Werkstoff in eine Wechselwirkung treten und dadurch nützliche Informationen über den inneren Zustand eines Bauteils liefern. Voraussetzung für die werkstattgerechte CFK-Reparatur ist die Schadensbewertung für die Schäden nicht nur detektiert, sondern zugleich quantifiziert und im Bauteil lokalisiert werden müssen.

Die Ultraschallmesstechnik ist eines der ältesten und am meisten verbreiteten Verfahren zur zerstörungsfreien Schadenserkennung; bietet sie doch einen Kompromiss zwischen der hochauflösenden, aber zeitaufwendigen und werkstattungeeigneten Röntgen-Computertomografie und einer werkstattgeeigneten, aber mit einer niedrigen Tiefenauflösung behafteten Lock-In-Thermografie. Sie wurde in den letzten 10 Jahren insbesondere mit dem Aufkommen der Phased-Array-Sensorik und damit einhergehenden neuartigen Schallanregungsverfahren kontinuierlich weiterentwickelt. Es fehlen jedoch spezifische Auswertemethoden, Messunsicherheitsbetrachtungen sowie Werkstattkonzepte zur Beantwortung der zuvor aufgeführten zentralen Fragestellungen der Schadensanalyse und -bewertung von CFK-Strukturbauteilen.

Auf Basis der in den folgenden beiden Kapiteln dargelegten Konsolidierung des Stands der Technik lassen sich folgende zentrale Defizite formulieren:

- *Fehlendes Hardware- und Software-Konzept zur Implementierung eines Ultraschallmesssystems in CFK-Werkstätten*
- *Fehlende Verfahren und Algorithmen zur dreidimensionalen ultraschallbasierten Erfassung und Quantifizierung von Schäden in CFK*
- *Fehlende Modellierung der resultierenden Messunsicherheitsbeiträge*
- *Fehlende Optimierungsmethoden zur Reduktion der Messunsicherheitsbeiträge*

Abgeleitet von diesen erkannten Defiziten motiviert sich folgende Hauptforschungsfrage:

„Ist ein optisch geortetes Ultraschallmesssystem dazu geeignet, Schäden in CFK-Strukturbauteilen werkstattgerecht und mit einer für die CFK-Reparatur hinreichenden Unsicherheit zu lokalisieren und zu quantifizieren?"

In Kapitel 2 wird zunächst der Stand der Technik dargelegt. Es werden kurz die Eigenschaften und die Marktentwicklung von CFK diskutiert. Im Anschluss liegt der Fokus auf den Schadensbildern in CFK sowie vorhandenen und in Entwicklung befindlichen Reparaturverfahren. *Kapitel 3* befasst sich mit der messtechnischen Schadenserkennung, begründet den Einsatz der Ultraschallmesstechnik und zeigt Defizite hinsichtlich der ultraschallbasierten Schadensanalyse, der Werkstatttauglichkeit sowie der Messunsicherheitsbestimmung auf. Der Hauptteil dieser Forschungsarbeit beginnt in *Kapitel 4* mit der Darlegung der angewandten Forschungsmethodik des Design Science Research (DSR) und einer Formulierung der forschungsleitenden Teilforschungsfragen. Im Anschluss wird der Aufbau der *Kapitel 5-8* aus dem Kontext der DSR-Methodik heraus motiviert und dargelegt. Die Inhalte dieses Hauptteils der Forschungsarbeit und der abgrenzende heuristische Bezugsrahmen sind in der folgenden Abbildung dargestellt.

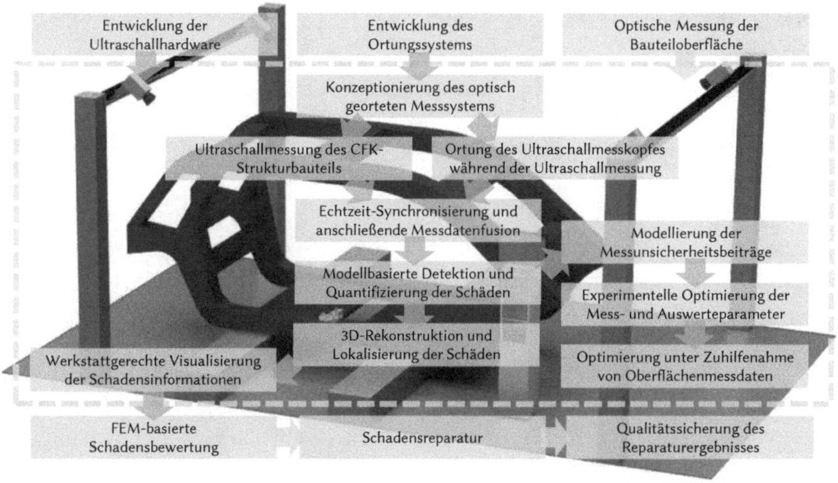

Abbildung 1-1: Heuristischer Bezugsrahmen und Inhalte der Forschungsarbeit

Da die Entwicklung der Ultraschallhardware und des Ortungssystems nicht Teil des Forschungsgegenstands ist, beginnt *Kapitel 5* mit der Kombination dieser existierenden Messsysteme und zugleich der Konzeptionierung des optisch georteten Messsystems. Dies beinhaltet die Auswahl und Konfiguration der Hardwarekomponenten, die Entwicklung einer Steuerungselektronik zur synchronen Messdatenaufnahme sowie die Konzeptionierung der Messsoftware zur Messdatenauswertung und -visualisierung. Auf Basis des neu konzeptionierten optisch georteten Ultraschallmesssystems werden in *Kapitel 6* eine Methodik sowie Algorithmen zur Erkennung, Lokalisierung und Quantifizierung von Schäden in CFK konzeptioniert. Die Methodik beinhaltet die 3D-Rekonstruktion der Ultraschallmessdaten, die modellbasierte Analyse der laufzeitabhängigen Schallintensitäten sowie das Clustering der Ultraschall-Punktewolken. Parallel dazu wird die Unsicherheit des Messsystems modelliert und diese als Zielgröße zur Entwicklung von Optimierungsmaßnahmen verwendet. Zur Unsicherheitsbestimmung werden komponentenspezifische Prüfstände und Versuchsdesigns entwickelt, welche in *Kapitel 7* erläutert werden. Zur Beurteilung des optischen Ortungssystems wird ein Versuchsplan basierend auf Referenz-Streckenmessungen eines Koordinatenmessgeräts entwickelt. Die parameterabhängigen Messunsicherheitsbeiträge des Phased-Array-Prüfsystems werden hingegen mit einem Linearachs-Prüfstand mit Messkopfführung in Tauchtechnik bestimmt. Nach Betrachtung der Messsystemkomponenten im Einzelnen wird das Gesamt-Messsystem im Verbund betrachtet und die Einstellparameter des Ultraschallmessalgorithmus iterativ optimiert. Abschließend wird die Möglichkeit der Messunsicherheitsreduktion unter Zuhilfenahme von Oberflächenmessdaten eines separaten im Reparaturprozess verwendeten optischen Messsystems aufgezeigt und experimentell validiert.

Bezogen auf den konzeptionierten Messprozess endet diese Forschungsarbeit mit der Bereitstellung der notwendigen Schadensinformationen für die FEM-basierte Schadensbewertung. Die Schadensbewertung, die auf Basis dieser auszulegenden Schadensreparatur sowie die Qualitätssicherung des Reparaturergebnisses sind nicht mehr Gegenstand dieser Forschungsarbeit (vgl. Abbildung 1-1).

Die schriftliche Ausarbeitung dieser Forschungsarbeit endet nach Beantwortung der forschungsleitenden Teilforschungsfragen in den *Kapiteln 5-7* mit einer kritischen Reflexion und einer Beantwortung der Hauptforschungsfrage in *Kapitel 8* und einen damit verbundenen Ausblick auf künftige Forschungsarbeiten.

2 Schadensreparatur im Faserverbundleichtbau

Damage repair in fiber composite lightweight construction

Dem Gewichtsvorteil carbonfaserverstärkter Kunststoffe treten Herausforderungen hinsichtlich der Detektion und Reparatur von Schäden entgegen, welche insbesondere vor dem Hintergrund weltweit steigender Bedarfsmengen zu bewältigen sind. Der in diesem Kapitel dargelegte Stand der Technik der Schadensreparatur beginnt mit einer kurzen Erläuterung des Aufbaus und der Herstellung carbonfaserverstärkter Kunststoffe (CFK) (2.1) sowie einer Darlegung der Marktentwicklung für CFK-Werkstoffe (2.2). Anschließend werden typische Schadensbilder in CFK-Strukturbauteilen (2.3) sowie aktuell angewandte Verfahren zur CFK-Reparatur im Automobilbau aufgezeigt (2.4). Als Reaktion auf die Defizite dieser Reparaturverfahren wird zuletzt der Handlungsbedarf aus dem Anwendungsumfeld formuliert (2.5).

2.1 Carbonfaserverstärkte Kunststoffe (CFK)

Aufbau faserverstärkter Kunststoffe

Carbonfaserverstärkte Kunststoffe gehören zur Klasse der Verbundwerkstoffe. Diese sind stets aus mindestens zwei Komponenten zusammengesetzt, die derart kombiniert werden, dass sie mechanische Eigenschaften entwickeln, die eine Komponente allein nicht erfüllen könnte. Im Englischen spiegelt sich dieses Prinzip in der Bezeichnung „composites“ wider. CFK stellen eine Untergruppe der faserverstärkten Kunststoffe (FVK) dar, die zwar als Werkstoffklasse betrachtet werden, aber eigentlich Konstruktionen darstellen. FVK bestehen aus hochfesten textilen Faserstoffen oder Flächengebilden, die als Verstärkungskomponente in eine Polymermatrix eingebettet werden (vgl. Abbildung 2-1). Dieser Faserverbund ist der Natur nachempfunden und dort beispielsweise bei der Muskulatur, dem Knochenaufbau oder der Struktur von Blättern wiederzufinden. Bei FVK werden die mechanischen Eigenschaften von Kunststoffen deutlich verbessert, sodass sie mit Metallen konkurrieren oder die mechanischen Eigenschaften insbesondere die Festigkeit und Steifigkeit dieser sogar übertreffen können. Die Aufgabe der Fasern ist es, den großen Teil der mechanischen Last aufzunehmen. Die Matrix fixiert die Fasern in Position, schützt sie vor Umwelteinflüssen und leitet die Kraft in die Faser ein. Zudem verleiht die Matrix dem FVK-Bauteil die notwendige Steifigkeit [SCHÜ07]. Je nach Konstruktion des Faserverbunds sind bei FVK die elektrischen Eigenschaften, die Dämpfung sowie die Wärmedehnung innerhalb eines großen Spektrums einstellbar [HOPM17]. Die Anisotropie, d.h. die große Abhängigkeit der mechanischen Eigenschaften von der Faserorientierung, führt jedoch zu einem größeren Aufwand bei der Konstruktion und Dimensionierung von FVK-Bauteilen [SCHÜ07, S. 4].

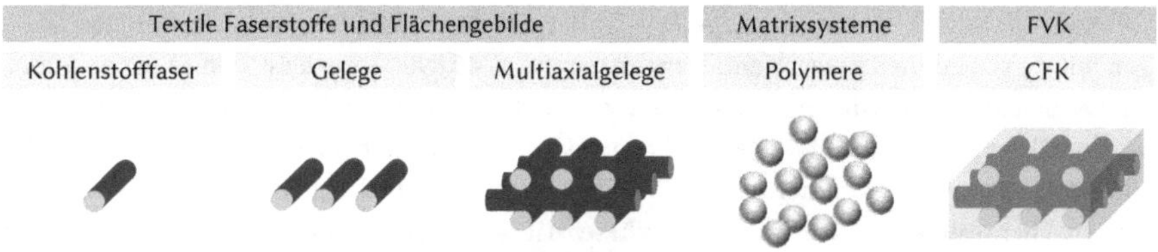

Abbildung 2-1: Von der Carbonfaser zum CFK-Werkstoff

Textile Faserstoffe und Flächengebilde

Die FVK-Produktion beginnt mit der Herstellung textiler Faserstoffe, welche erst zu Flächengebilden und dann zu textilen Fertigwaren weiterverarbeitet werden. Ein Vorteil des textilen Faserstoffs geht zurück auf das Paradoxon der Faserform nach Griffith. Demnach hat ein Werkstoff in Faserform, in Faserrichtung eine vielfach größere spezifische Festigkeit als der gleiche Werkstoff in einer anderen Form. Je dünner die Faser, desto größer die Festigkeit. Gründe hierfür sind die zunehmende Gleichrichtung der Molekülketten mit abnehmend zur Verfügung stehender Fläche. Zudem werden zum Bruch führende Fehlstellen auf große Abstände verteilt [EHRE18, S. 2]

Die Fasern der FVK werden sowohl aus organischen wie auch aus synthetischen Stoffen wie Glas oder Naturfasern wie Wolle hergestellt. Bei lasttragenden Bauteilen werden jedoch in den meisten Fällen Carbon- bzw. Kohlenstofffasern zur Verstärkung eingesetzt. Die meisten Carbonfasern werden aus der weitverbreiteten Textilfaser Polyacrylnitril (PAN) hergestellt. Im ersten Schritt wird dieses PAN-Vorprodukt bei 180-350° C in oxidativer Atmosphäre stabilisiert, d.h. in eine unschmelzbare Struktur überführt. Im nächsten Schritt, der Carbonisierung, wird unter Stickstoffatmosphäre bei hoher Aufheizgeschwindigkeit (ca. 600° C/min) und Temperaturen bis 1500°C die Faser thermisch abgebaut, d.h. alle Nicht-Kohlenstoffatome werden abgespalten, welches zu einem Masseverlust von 50% führt. Zur Erhöhung des E-Moduls werden die Fasern einer zusätzlichen Wärmebehandlung bei Temperaturen von 2000-3000°C unterworfen, welche als Graphitisierung bezeichnet wird. Zuletzt wird mittels einer Oberflächenbehandlung und der Aufbringung dünner Polymerschichten eine Verbesserung der Haftungseigenschaften zur späteren Einbettung der Faser in den Matrixwerkstoff erzielt. [SCHÜ07, 37]. Der Durchmesser einzelner Carbonfaser-Filamente beträgt nur wenige Mikrometer. Um eine Verstärkung zu erreichen, werden daher die Filamente in sogenannten Rovings gebündelt. Handelsüblich werden die Rovings gemäß der Anzahl der zusammengefassten Filamente beispielsweise in 1k-, 3k- oder 24k-Rovings eingeteilt, wobei k für die Anzahl von 1000 Filamenten steht. [SCHÜ07, S. 42]

Zur Herstellung von FVK-Bauteilen werden die linienförmigen Faserstoffe in der Regel zu Flächengebilden weiterverarbeitet. Zu den am häufigsten produzierten textilen Flächengebilden zählen Gewebe, Geflechte, Gelege und Vliesstoffe. Ein Gewebe ist definiert als ein Flächengebilde aus sich rechtwinklig verkreuzenden Fäden zweier Fadensysteme. Bei einem Geflecht hingegen verkreuzen sich die Flechtfäden in schräger Richtung. Die Ondulationen der Gewebe und Geflechte führen zu einer vereinfachten Drapierbarkeit, d.h. diese Flächengebilde sind leicht formbar. Gelege bestehen hingegen aus nicht ondulierten, parallelen Endlosfasern (vgl. im Englischen: non-crimp fabric). Aus miteinander verwirkten Gelegeschichten werden sogenannte Multiaxialgelege (MAG) hergestellt. Durch eine Kombination von Gelegen mit verschiedenen Faserorientierungen (bspw. 0°, 45°, 90°, 135°) lässt sich so ein zu Metallen vergleichbares quasiisotropes Spannungsverhalten herstellen. Ein Kontrast zu den bisher vorgestellten Flächengebilden stellen die aus wirr zusammengepressten Fasern bestehenden Vliesstoffe. Diese sind definiert als flexible Flächengebilde, die durch Verfestigung von Faservliesen hergestellt sind. Eine Faservliese ist wiederum ein Flächengebilde, deren

Zusammenhalt jedoch ausschließlich durch die den Fasern eigene Haftung gegeben ist. [DIN60000], [DIN61100]

Matrixsysteme

Zur Herstellung eines FVK-Bauteils werden die textilen Flächengebilde imprägniert, d.h. mit einem Matrixsystem versehen. Hierzu kommen vereinzelt Metalle und Keramiken, jedoch in den meisten Fällen Polymere zum Einsatz. Unter diesen wird zwischen Durplasten, Thermoplasten und Elastomeren unterschieden. Duroplaste bilden hierbei das älteste und am häufigsten eingesetzte Matrixsystem. Sie liegen zuerst dünnflüssig vor und werden dann unter Ausnutzung einer chemischen Reaktion verhärtet. Aus diesem Grund werden sie oft auch Reaktionsharze oder Harze genannt. Die Vernetzung wird durch Wärme, Strahlung oder Katalysatoren mit Hilfe einer Zusatzkomponente, des sogenannten Härters, initiiert und durch ansteigende Temperaturen beschleunigt. Duroplaste besitzen ein hohes Elastizitätsmodul sowie eine sehr gute thermische und chemische Beständigkeit. Sie sind eher spröde, wobei die Risszähigkeit durch Zusatz von Kautschuk oder Thermoplastpartikeln erhöht werden kann. Nachteilig insbesondere vor dem Hintergrund der Reparaturthematik ist die Tatsache, dass Duroplaste aufgrund der unlöslichen Molekülvernetzung weder schweiß- noch schmelzbar sind. Ein einfaches Aufschmelzen mit dem Ziel einer neuen Formgebung ist demnach nicht möglich, welches das Recycling von Duroplasten deutlich erschwert. Aktuell werden Duroplaste zum Recycling zermahlen und als Füllstoff verwendet. Die gängigsten Duroplast-Matrixsysteme sind Epoxid (EP)-Harze, ungesättigte Polyester (UP)-Harze sowie Vinylester (VE)-Harze. Bei Thermoplasten findet im Gegensatz zu Duroplasten keine chemische Aushärtung statt. Sie bestehen aus linear oder verzweigten Makromolekülen, die räumlich nicht vernetzt sind, sondern aufgrund von Nebenvalenzverbindungen u.a. durch Verfilzungen und Verschlaufungen zusammengehalten werden. Bei einer Erwärmung erhöht sich der Kettenabstand der Moleküle, wodurch sich Thermoplasten plastisch verformen lassen. Die Kriechneigung ist höher als bei Duroplasten. Bei sehr hohen Temperaturen entsteht durch Aufschmelzen eine hochviskose Flüssigkeit. Dieser Schmelzvorgang ist reversibel und beliebig oft wiederholbar, wodurch sich Thermoplaste deutlich einfacher recyclen lassen als Duroplaste. Bei Elastomeren sind die Molekülketten nur schwach räumlich vernetzt. Sie sind dadurch hoch dehnfähig, bieten jedoch eine zu geringe Steifigkeit zur Stützung der Fasern bei faserparalleler Belastung. Aus diesen Gründen werden sie bei FVK-Strukturbauteilen nicht eingesetzt. [SCHÜ07, S. 85]

2.2 Marktentwicklung für CFK

Globale Bedarfsmenge und Umsatz

Der Verein Carbon Composites e.V. veröffentlicht jährlich einen Marktbericht anhand dessen sich die globale Marktentwicklung für carbonfaserverstärkte Kunststoffe abzeichnen lässt. Seit dem Zusammenschluss mit der Vereinigung des CFK-Valleys im Jahr 2019 und dem nun gemeinsamen Auftritt unter der Marke Composites United e.V. besteht der Verein mittlerweile aus knapp 400 Unternehmen, Forschungseinrichtungen und sonstigen Organisationen im deutschsprachigen Raum, welche die Wertschöpfungskette der CFK-Produktion vollständig abdecken. Die aktuellen Zahlen und jährlichen Wachstumsraten der globalen

Bedarfsmenge und des Umsatzes von CFK im Berichtszeitraum 2019, im Vorjahr 2018 und im Referenzzeitraum zwischen 2013 und 2018 sind in Tabelle 2-1 dargestellt.

Tabelle 2-1: Bedarfsmenge und Umsatz von CFK (2013-2019) [CARB19]

Jahr*	Bedarfsmenge		Umsatz	
	Absolut	Wachstum p. a.	Absolut	Wachstum p. a.
2019	141,5 kT	10,15%	17,88 Mrd. US-$	9,64%
2018	128,5 kT	12,7%	16,31 Mrd. US-$	10,7%
2013-2018		12,24%		11,69%

**Im Marktbericht des Jahres 2020 konnten aufgrund der Sondereffekte hervorgerufen durch die COVID-19-Pandemie lediglich grobe Schätzwerte angegeben werden, welche in dieser Arbeit nicht aufgeführt werden. [CARB20]*

Sowohl die Bedarfsmenge als auch der Umsatz sind von 2018 bis 2019 um jeweils knapp 10% gestiegen, welches eine grundsätzlich positive Marktentwicklung widerspiegelt. Es zeigt sich jedoch auch, dass die jährlichen Wachstumsraten von 2018 zu 2019 niedriger ausfallen als von 2017 zu 2018 und unter den durchschnittlichen jährlichen Wachstumsraten zwischen 2013 und 2018 liegen. Der Carbon Composites e.V. begründet dies mit anfänglichen Auswirkungen einer angespannten Weltwirtschaftssituation. Langfristig wird von einem weiteren Anstieg der Bedarfsmenge bis zu einem Wert von 197,0 kT im Jahr 2023 ausgegangen. [CARB19]

Die 14. Markterhebung (02/2020) der Wirtschaftsvereinigung Composites Germany, welche neben dem Carbon Composites e.V., die AVK e.V., das CFK-Valley und die VDMA-Arbeitsgemeinschaft Hybride Leichtbau-Technologien umfasst, zeigt ein ähnliches Bild. Auch wenn immer noch zwei Drittel aller Befragten die generelle Geschäftslage positiv einschätzen, hat sich der Anteil der Befragten mit negativer Einschätzung erhöht. Im Vergleich zum Vorjahr ist der Anteil der Befragten, die ihre Geschäftslage negativ einschätzen von 26% auf 37% gestiegen. Im Gegensatz zur Einschätzung der aktuellen Lage sind jedoch die Zukunftserwartungen der Unternehmen etwas positiver als im Vorjahr. Wachstumsimpulse erwarten die Befragten größtenteils aus dem asiatischen Raum. Gemäß der Befragten haben jedoch insbesondere die Auswirkungen gesamtwirtschaftlich negativer Entwicklungen (Brexit, Zollpolitik der USA, nachlassende Wachstumsdynamik etc.) einen entscheidenden Einfluss auf die CFK-Produktion. Insbesondere der Mobilitätsbereich sei von großen Umbrüchen und Unsicherheiten geprägt. [COMP20]

CFK im Automobilbau

Wird die CFK-Bedarfsmenge nach Anwendungen und Branchen aufgeschlüsselt, so zeigt sich in einer Erhebung aus dem Jahr 2018 die Luft- und Raumfahrt mit einem Anteil von 36% als größter Wachstumstreiber. Die Automobilindustrie folgt mit einem Anteil von 24% vor der Windenergie und dem Bereich „Sport & Freizeit“ mit jeweils 13%. Aufgrund des komplexen Marktgefüges und der aktuellen Umbrüche im Automobilbau ist es noch unklar, wie umfangreich die Marktdurchdringung von CFK sein wird [CARB18]. Der Wandel hin zu alternativen Antriebsformen kann jedoch auch Chancen hinsichtlich der Integration neuer Werkstoffe in die Materialauswahl für zukünftige Fahrzeuge bringen. Der Fokus liegt auf dem Einsatz von Multi-Material-Konzepten [CARB18]. Beispielhaft ist hier ein Großauftrag an den CFK-Hersteller SGL Carbon zu nennen, welcher mit einer Serienproduktion von Batteriegehäusen aus CFK startete. CFK bietet in diesem Zusammenhang neben der Gewichtsersparnis die Vorteile der großen Steifigkeit und der im Vergleich zu Aluminium um ca. zweihundertfach geringeren Wärmeleitfähigkeit, die die Batterie besser gegen Kälte und Hitze abschirmt [SGLC19]. In der CFK-Markterhebung der Carbon Composites e.V. argumentieren die Autoren wie folgt: „Leichtbau ist nicht mehr das dominierende Thema bei der Materialentscheidung, sondern fließt mittlerweile neben anderen zentralen Entscheidungskriterien, wie beispielsweise Möglichkeiten zur Integrierbarkeit/Anbindung an bestehende Systeme, Reduzierung der Fertigungskomplexität usw. in die Materialentscheidung ein." [CARB18] Die Auslegung des aktuellen Modells der 7er-Reihe der BMW Group manifestiert diese Aussage. Kam vor einigen Jahren bei den Modellen i3 und i8 CFK noch großflächig zum Einsatz, so erzielt der 7er-BMW nun mit einem Carbon Core und einer Mischbauweise von Stahl, Aluminium und CFK eine Gewichtsersparnis von 130 kg im Vergleich zum Vorgängermodell [AHLE16]. Lieferant der CFK-Bauteile für den 7er-BMW ist die SGL Carbon SE. Der dortige Leiter des Geschäftsbereichs Composites, Fibers & Materials erläutert, CFK „komme vor allem dort zum Einsatz, wo es besonders große Vorteile bringt" Typische Einsatzfelder seien demnach tragende Strukturbautele wie z.B. die B-Säule, bei welcher CFK gewaltige Kräfte abfangen und so für mehr Sicherheit sorgen kann [AKTI19]. Heinrich Timm, Mitglied des Vorstands der Carbon Composites e.V. betont, dass systemisch der Anisotropie Rechnung getragen werden muss. CFK eignet sich daher nicht für einen Einsatz „querbeet als Black-Metall" [KÖTH18].

2.3 Schäden in CFK-Strukturbauteilen

Die Besonderheit bei CFK besteht darin, dass Werkstoff und Bauteil gleichzeitig in einem Fertigungsschritt entstehen. Fehler können demnach schon in den Ausgangswerkstoffen des Faser- und Matrixmaterials vorhanden sein oder während des Fertigungsprozesses entstehen [KOCH11, S. 29] Typische Fertigungsfehler sind Poren, Einschlüsse und Risse in der Matrix sowie eine fehlerhafte Ausrichtung und Ablage der Fasern. Als dritte Fehlerquelle sind Schäden zu nennen, die während des Gebrauchs bzw. der Nutzung von CFK-Bauteilen entstehen. Unter einem Schaden wird im technischen Sinne ein „großer Bauteildefekt" verstanden. Es ist das Ereignis nach Überschreitung eines festzulegenden Grenzwertes der Sollzustandsabweichung, des Schädigungsgrenzwertes, das eine verwendungsspezifische Beeinträchtigung der Funktionsfähigkeit bedingt [CUNT19, S. 48] Bei CFK zeigen sich Schädigungsbilder, die in metallischen Strukturen unbekannt sind. Gebrauchsschäden können in CFK an der Faser, der Matrix oder dem Verbund auftreten. Die Durchtrennung einzelner oder mehrerer Fasern wird als Faserbruch bezeichnet. Hinsichtlich der Rissbildung wird zwischen dem intralaminaren Riss, der Trennung parallellaufender Fasern in einer Einzelschicht, und dem interlaminaren Riss, der flächigen Trennung zueinander gedrehter Faserschichten unterschieden, welcher auch als Delamination bezeichnet wird. [EHRE18, S. 3]

Ein häufig auftretender Schaden ist der sogenannte Impactschaden, auch Schlagschaden genannt. Er tritt durch „unkonventionelle mechanische Belastungen" [MOSE92, S. 127]im Gebrauch auf. Dies können beispielsweise Schlag- und Stoßbelastungen beim Hantieren im Betrieb oder während Inspektionsprozessen (bspw. fallengelassene Werkzeuge) sein sowie ein Zusammenprall mit Festkörpern oder ein Vogelschlag [PETE12, S. 8]. Gefährlich sind Impactschäden dadurch, dass sie oft nicht oder nur sehr schwer mit bloßem Auge zu erkennen sind;

gleichzeitig aber die Festigkeit einer CFK-Struktur enorm herabsetzen können. Aufgrund der schwierigen Detektierbarkeit hat die amerikanische Luftfahrtbehörde den Begriff „barely visible impact damage“ – kurz: BVID – eingeführt. Hierbei handelt es sich um einen Impactschaden „an der Grenze einer zuverlässigen Detektierbarkeit“ [USDE10]. Wie sich ein BVID konkret von einem VID („visible impact damage“) unterscheidet, wird von den jeweiligen Flugzeugherstellern selbst definiert. Die Fa. Boeing bspw. definiert den BVID als „einen kleinen Schaden, der auch während einer gründlichen Inspektion bei typischen Lichtverhältnissen bei einer Distanz von fünf Fuß (ca. 1,5 Metern) nicht gefunden werden kann.“ [BOEI17]

Metallische Werkstoffe können mechanischen Belastungen plastische Verformungen entgegensetzen. CFK sind jedoch sehr spröde. Jenseits der elastischen Belastungsgrenze führt die Einschlagenergie eines Impactevents unmittelbar zu Schädigungen. Durch ein Impactevent entstehen in der Regel gleich mehrere Fehlertypen wie Matrixrisse, Delaminationen oder Faserbrüche [AGRA14]. Es wird zwischen „high velocity“- und „low velocity“-Impactschäden unterschieden. Im Allgemeinen gelten Impactschädigungen mit einer Geschwindigkeit von weniger als 10 m/s als „low velocity impacts“. „High velocity“-Impactschäden führen in den meisten Fällen zu einem Durchschlagen der geschädigten CFK-Struktur mit an der Oberfläche deutlich sichtbaren Schäden. Durch die hohen Geschwindigkeiten hat die CFK-Struktur nur eine sehr kurze Reaktionszeit. Dieses führt zu sehr starken, aber lokal begrenzten, Schädigungen. Bevor sich die Einschlagenergie von der Aufprallstelle ausbreiten kann, ist das Impactevent in der Regel schon beendet. Bei „low velocity“-Impactschädigungen ist der Schädigungsvorgang verlangsamt. Dies führt dazu, dass an der Aufprallstelle nur ein nicht oder kaum sichtbarer Schaden (BVID) auftritt, die gesamte CFK-Struktur jedoch an der Absorption der Einschlagsenergie beteiligt ist, wodurch großflächig die Festigkeit herabgesetzt werden kann. Insbesondere bei „low-velocity“-Impactschädigungen treten Delaminationsflächen auf, dessen Hauptausdehnungsrichtungen in der Regel identisch sind mit der Faserorientierung der Aufprallstelle gegenüberliegenden Lage. Die Form der Delaminationsflächen wird in der Literatur vielfach als „erdnussförmig“ beschrieben. Der Impactschaden entsteht dabei durch Zwischenfaserbrüche aufgrund von interlaminaren Schub- und intralaminaren Zugspannungen senkrecht zur Faserrichtung. Aus diesen Zwischenfaserbrüchen entwickeln sich durch interlaminare Schäl- und Schubspannungen schließlich Delaminationen, welche ein „baumförmiges“ oft auch als „kegelförmig“ beschriebenes Wachstum aufweisen. Nahe der Aufprallstelle zeigen sich Stauchungen, in tieferen Lagen und insbesondere auf der entgegengesetzten Seite großflächige Delaminationen. In Abbildung 2-2 ist ein Impactschaden mit den typisch auftretenden Schadensarten schematisch dargestellt. [WÖST05, S. 4] [SAFR14] [AGRA14]

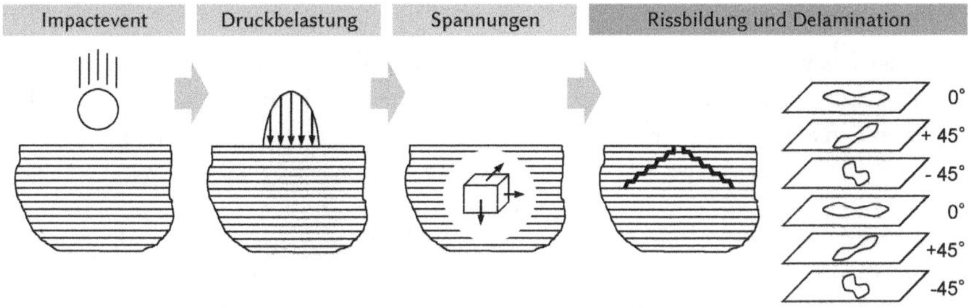

Abbildung 2-2: Impactevent bis zur Rissbildung und Delamination

2.4 CFK-Reparatur im Automobilbau

Reparatur von CFK-Strukturbauteilen

Dem Vorteil der hohen gewichtsbezogenen Festigkeit des Fasermaterials stehen Nachteile bezüglich der Reparatur gegenüber. In CFK-Strukturbauteilen wird die Last zu einem großen Teil durch die Fasern getragen, welche in der Regel speziell für den Lastfall orientierte und ausgelegte Lang- oder Endlosfasern sind. Dieses Faserkonstrukt wird durch Schädigungen zerstört und muss zur Erhaltung der Tragfähigkeit repariert werden. Ein einfaches Herausschneiden des beschädigten Bereiches und Vernieten bzw. Verschweißen von Ersatzteilen wie es bei metallischen Bauteilen üblich ist, ist bei CFK-Bauteilen nicht möglich. CFK sind nicht schweißbar und konventionelle Reparaturverfahren wie Bohren oder Nieten sind nicht anwendbar, da diese die Faserstruktur noch weiter beschädigen würden. Hieraus entsteht der Bedarf zur Entwicklung neuer Reparaturkonzepte speziell für CFK-Strukturbauteile. In vielen Branchen ist es immer noch üblich, beschädigte Bauteile einer CFK-Struktur vollständig auszutauschen. In den letzten Jahren forcierte jedoch insbesondere die Luftfahrtindustrie die Entwicklung von Konzepten zur lokal begrenzten CFK-Reparatur. Luftfahrtbauteile sind für eine hohe Lebensdauer von bis zu 30 Jahren ausgelegt. Häufig sind Bauteile am Rumpf und an den Flügeln aus CFK gefertigt. Ein Austausch ganzer Bauteile ist hier nicht nur besonders kostspielig, sondern auch mit einem hohen Aufwand verbunden. Die ersten Reparaturverfahren basierten auf der Integration von genieteten Dopplern. Hierbei erfolgte jedoch nur eine punktuelle Kraftübertragung bei der in Folge die Belastbarkeit der CFK-Struktur deutlich herabgesetzt wurde. Die Doppler bildeten in diesem Fall eine Art Bypass und ersetzen damit den ursprünglichen Lastweg der Grundstruktur. Aufgrund der Nachteile dieser auf Basis der Reparatur metallischer Bauteile entwickelten Reparaturverfahren musste eine werkstattgerechte Reparatur für CFK entwickelt werden. Ein neues Verfahren aus der Luftfahrtindustrie basiert auf der schichtweisen Entfernung des beschädigten CFK-Materials und dem Aufbringen eines Reparatur-Patches bzw. Pflasters bestehend aus dem gleichen Material wie das Ursprungsbauteil an dieser Stelle. Das Abtragen des beschädigten Materials erfolgt in der Regel mit einem Fräser, manchmal auch mit Hilfe eines Lasers. Zur Vergrößerung der Klebestelle für den Patch wird das Grundmaterial geschäftet. Im Anschluss wird der speziell für diese Reparatur gefertigte Patch unter Einwirkung von Wärme und Druck mit dem Grundmaterial verbunden. Nachteilig bei diesem Verfahren ist die Komplexität des Prozesses sowie das kaum zu vermeidende Entfernen unbeschädigten Materials.

CFK im Automobilbau

Seit den 80er-Jahren werden CFK-Bauteile auch im Automobilbau eingesetzt. Der Einsatz begann 1981 im Motorsport, als McLaren den ersten Formel-1-Rennwagen mit einem CFK-Chassis an den Start brachte [KEM17] erreichte seinen vorläufigen Höhepunkt mit dem Beginn der Serienproduktion des BMW i3 im Jahr 2013. Derzeit geht der Trend weg von einem vollständigen CFK-Chassis hin zu dem gezielten Einsatz lasttragender CFK-Strukturbauteile in einem Multi-Material-Verbund (vgl. 2.2, S. 7). In der Regel werden bei Schädigungen im Automobilbau, sofern es sich um lasttragende Strukturbauteile handelt, die beschädigten CFK-Bauteile vollständig ausgetauscht. Beispielhaft hierfür steht das Instandhaltungskonzept des BMW i3. Gemäß der Instandsetzungsanweisungen des Kraftfahrzeugtechnischen Instituts der KTI GmbH & Co. KG werden die CFK-Strukturbauteile des BMW i3 nach Entfernen der thermoplastischen Außenhaut anhand eines Schadenkatalogs einer Sichtprüfung unterzogen. Werden Brüche oder Delaminationen erkannt, so wird je nach Größe der Schadstelle, entweder gar nicht repariert oder, in der Regel bei Rissen ab einer Länge von 10 mm, das Bauteil vollständig ausgetauscht. Allein bei dem Großbauteil der Seitenwand können abschnittsweise Teile getauscht werden. Im „worst case“ einer Schädigung der Stirnwand oder des Fahrzeugbodens muss hingegen das komplette CFK-Chassis ersetzt werden [KRAF14]. Eine lokal begrenzte Reparatur von Schäden ist in diesem Konzept nicht vorgesehen. Einzig der Premium-Hersteller Lamborghini bietet lokal begrenzte Schadensreparaturen an, welche durch die sogenannten „Flying Doctors“ durchgeführt werden. Aufgrund der enormen Kosten des CFK-Monocoques eines Lamborghini sendet der Automobilbauer speziell in der CFK-Reparatur geschultes Personal zu den weltweit ansässigen Kunden. Die „Flying Doctors“ haben eine zweijährige Schulung unterlaufen, in der sie gelernt haben, selbst feine Haarrisse in CFK-Bauteilen zu erkennen und zu reparieren. Aufgrund langjähriger Kooperationen mit dem Luftfahrthersteller Boeing orientiert sich diese Reparatur an den in der Luftfahrt eingesetzten Verfahren des lokalen Entfernens der beschädigten Struktur und des Anbringens von Reparaturpatches [MATE13]. Die Reparatur von CFK-Bauteilen durch die „Flying Doctors“ ist mit enormen Kosten verbunden und bei einer zunehmenden Stückzahl von CFK-Karosserien nicht mehr durchführbar. Aus diesem Grund bleibt für die Großserienhersteller aktuell nur die auch kostspielige und Ressourcen verschwendende Lösung des vollständigen Austausches beschädigter CFK-Strukturbauteile.

Interaktive Reparaturwerkstatt der Zukunft für Elektromobile in CFK-Bauweise

Als Reaktion auf die erkannten Defizite in der CFK-Reparatur werden an der RWTH Aachen unter der Leitung von sieben Forschungsinstituten und ca. fünfzig begleitendenden Industrieunternehmen neue Technologien und Verfahren zur Schadenserkennung und -bewertung, zur individualisierten Fertigung von Reparaturpatches sowie zur Durchführung und Qualitätssicherung der Reparatur erforscht. Das Verbundprojekt verfolgte das Industrie 4.0-Prinzip der informationstechnischen Vernetzung aller an der Wertschöpfung beteiligten Entitäten und firmierte daher unter dem Namen „Interaktive Reparaturwerkstatt der Zukunft für Elektromobile in CFK-Bauweise“ bzw. „CFK-Werkstatt“ in Kurzform. Konkret wurden von 2015 bis 2018 drei IGF-Forschungsprojekte in diesem Kontext durch das Bundesministerium für Wirtschaft und Energie gefördert (18757N, 18758N, IGF 26LN). Die zentrale Idee des

Forschungsvorhabens lag in der Bereitstellung der notwendigen anlagen- und informationstechnischen Grundlagen zur Umsetzung einer flächendeckenden und standardisierten Reparaturinfrastruktur für Automobile in CFK-Bauweise, die für Unternehmen aus dem Bereich der Wartung und Reparatur von Fahrzeugen aus klassischen metallischen Werkstoffen anwendbar sind. Die zentralen vier Schritte der CFK-Werkstatt gehen von der Schadenserfassung über die Schadensbewertung bis zur Schadensreparatur sowie Patch-Fertigung und sind in Abbildung 2-3 dargestellt; ein ganzheitlicher Ansatz zur dezentralen Reparatur von CFK-Automobilen, der gleichzeitig die nötige Infrastruktur der Werkstätten berücksichtigt. [HOPM16]

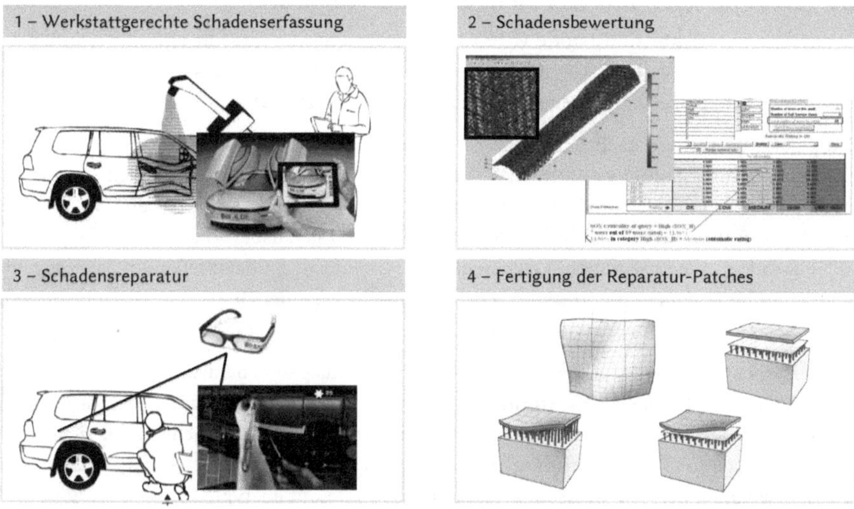

Abbildung 2-3: Zentrale Prozesse der „CFK-Werkstatt"

Im Teilprojekt 1 „Multisensorbasierte Schadenserkennung und Qualitätssicherung im CFK-Reparaturprozess" (18757N) wurde der messtechnische Einsatz verschiedener Sensortechnologien insbesondere hinsichtlich eines künftigen Werkstatteinsatzes qualifiziert. Im Anschluss wurde ein Sensorkonzept basierend auf der Generierung eines 3D-Oberflächenmodells des beschädigten CFK-Strukturbauteils und einer Kombination zerstörungsfreier Thermografie- und Ultraschallmessungen entwickelt. Die Thermografie diente zur ersten großflächigen Prüfung des beschädigten Bauteils mit dem Ziel der Bestimmung einer Region Of Interest (ROI). Zur hochauflösenden Schadenslokalisierung erfolgte im Anschluss eine Phased-Array-Ultraschallmessung innerhalb der ROI. Die Vorarbeiten dieses Teilprojekts bilden die Grundlage für die in den folgenden Kapiteln dargelegte Konzeptionierung des selbstortenden Ultraschallmesssystems sowie für das Teilprojekt 2, in dem die Entwicklung von „Methoden zur strukturmechanischen Schadensabbildung und -bewertung faserverstärkter Kunststoffe" (18758N) im Fokus stand. Basierend auf Untersuchungen des mechanischen Verhaltens beschädigter und unbeschädigter CFK wurden Modelle entwickelt, um die Schwere und Auswirkungen der in Teilprojekt 1 erkannten Schäden anhand von Simulationen der Lastfälle des Gesamtfahrzeugs zu bewerten.

Das dritte Teilprojekt (IGF 26LN) befasste sich mit der eigentlichen CFK-Reparatur, d.h. mit Verfahren der Schadensreparatur sowie mit Konzepten für die simultan zu fertigenden Reparaturpatches. Es bildete somit die Schritte drei und vier des in Abbildung 2-3 dargestellten Prozesses ab. Es wurden Verfahren zur Entfernung beschädigter Bereiche der CFK-Strukturbauteile sowie zum Kleben der Reparaturpatches samt Oberflächenvorbehandlung entwickelt. Zur Fertigung der Reparaturpatches wurde ein Werkzeug entwickelt, welches aus einer Matrix individuell einstellbarer Stifte besteht und somit eine individualisierte Massenfertigung erlaubt.

2.5 Handlungsbedarf aus Sicht der CFK-Reparatur

Carbonfaserverstärkte Kunststoffe (CFK) sind Konstruktionen aus, in eine Polymermatrix eingebetteten, hochfesten Carbonfasern, die eine im Vergleich zu metallischen Werkstoffen deutlich höhere gewichtsbezogene Festigkeit aufweisen. (vgl. 2.1)

Die globale Nachfrage nach CFK wuchs im Jahr 2019 mit 10% etwas geringer als im Vergleichszeitraum von 2013 bis 2018 (12% p. a.), jedoch weiterhin im zweistelligen Prozentbereich. Nach der Luftfahrt stellt die Automobilindustrie mit einem Marktanteil von 24% den zweitgrößten Wachstumstreiber dar. Der Trend verschob sich dabei von einem großflächigen CFK-Einsatz als Metall-Ersatz hin zu einem gezielten Einsatz an den Stellen im Fahrzeug, an denen CFK besonders große Vorteile nicht nur hinsichtlich einer Gewichtsersparnis, sondern auch hinsichtlich einer Verbesserung der Steifigkeit und Fahrdynamik einbringt. (vgl. 2.2)

Das Schadensverhalten von CFK unterscheidet sich grundlegend von dem metallischer Werkstoffe. CFK ist nicht plastisch verformbar, sondern verhält sich sehr spröde. Gefährlich sind vor allem „low-velocity"-Impactbelastungen, welche zu an der Oberfläche kaum sichtbaren Schäden führen (BVID), die aufgrund großflächiger Zwischenfaserbrüche und Delaminationen die Festigkeit der Gesamtstruktur stark herabsetzen können. (vgl. 2.3)

Aufgrund fehlender Reparaturkonzepte müssen geschädigte CFK-Strukturbauteile im Automobilbau entweder im Ganzen ersetzt oder unter hohem Aufwand durch speziell geschultes Personal lokal repariert werden. Aus diesen Gründen wurde an der RWTH Aachen das Forschungsvorhaben der „Interaktiven Reparaturwerkstatt für Elektromobile in CFK-Bauweise" durchgeführt, in welchem ein ganzheitliches Konzept mit einer multisensorbasierten und dadurch ressourcenschonenden Schadenserfassung und -reparatur entwickelt wurde. (vgl. 2.4)

Die multisensorischen Schadenserfassung unter der Verwendung zerstörungsfreier, tomografischer Messverfahren, welche im folgenden Kapitel behandelt wird, gilt demnach als notwendiger Enabler einer effizienten CFK-Reparatur.

3 Messtechnische Schadensanalyse von CFK-Strukturbauteilen

Metrological damage analysis of CFRP parts

Qualität ist definiert als der „Grad, in dem ein Satz inhärenter Merkmale Anforderungen erfüllt“ [DIN9001]. Zur Beurteilung dieses Erfüllungsgrads werden Messverfahren eingesetzt, welche quantitative Informationen über Produkte und Prozesse eines Betriebs liefern. In diesem Kapitel werden die typischen Messverfahren zur Analyse der im zweiten Kapitel vorgestellten Schadensbilder in CFK-Strukturbauteilen vorgestellt (3.1) und vor dem Hintergrund eines Einsatzes in einer CFK-Werkstatt bewertet (3.2). Anschließend wird der Fokus auf die Ultraschallmesstechnik gelegt und der aktuelle Stand der Technik sowie die daraus abgeleitete Forschungslücke zur ultraschallbasierten Schadensanalyse in CFK-Strukturbauteilen aufgezeigt (3.3). Zudem werden Verfahren zur Ortung des Ultraschallmesskopfes identifiziert und bewertet (3.4), sowie die Verfahren und Defizite der Unsicherheitsbestimmung in der Ultraschallmesstechnik aufgezeigt (3.5). Auf Basis der zusammengefassten Erkenntnisse wird der Handlungsbedarf aus messtechnischer Sicht aufgezeigt (3.6).

3.1 Tomografische Messverfahren für CFK-Strukturbauteile

Eine Messung ist definiert als „das Ausführen geplanter Tätigkeiten zum quantitativen Vergleich der Messgröße mit einer Einheit“ [DIN1319-1]. Die Messgröße ist in diesem Zusammenhang definiert als „die physikalische Größe, der die Messung gilt“ [DIN1319-1]. In der Norm wird klar zwischen einer Messung und einer Prüfung differenziert. Im Gegensatz zu einer Messung ist eine Prüfung definiert als das „Feststellen, inwieweit ein Prüfobjekt eine Forderung erfüllt“. Die Prüfung ist immer mit einer Forderung verbunden, welche festgelegt oder vereinbart sein kann. Mit Hilfe einer Messung wird ein Messwert ermittelt; diese Messung wird jedoch nur dann auch als Prüfung bezeichnet, wenn zusätzlich festgestellt wird, inwiefern oder ob der Messwert eine Forderung erfüllt.

Das älteste Verfahren zur Prüfung, ob ein Bauteil schadensbehaftet ist, stellt sicherlich die Sichtprüfung dar. Auch CFK-Strukturbauteile werden oft immer noch visuell und manuell durch geschulte Prüfer auf Schäden geprüft. Zur Bewertung der erkannten Schäden werden diese im Anschluss mit typischen Schadensbildern in zuvor erstellten Fehlerkatalogen verglichen [SCHM12, S. 127]. Durch den hohen Personaleinsatz ist die Sichtprüfung jedoch zeitaufwendig und mit hohen Kosten verbunden. Aus diesen Gründen werden zunehmend optische Messtechnologien eingesetzt mit welchen automatisiert, Schäden in CFK-Strukturbauteilen erfasst und quantifiziert werden können. Hierzu eignen sich beispielsweise kamera- oder laserbasierte sowie Streifenlichtprojektionsverfahren, welche auf dem Prinzip der Triangulation beruhen. Zahlreiche Arbeiten zum Einsatz optischer Verfahren zur echtzeitfähigen Messung der Faserorientierung in Faserhalbzeugen [FÜRT16], zur 3D-Digitalisierung von vorgeformten Faserhalbzeugen [KOSS18] und zur Detektion von Falten, Gaps und anderen Fehlstellen sind hierzu in der Literatur zu finden. Zudem stellen optische Verfahren einen Beitrag zur Industrialisierung der FVK-Produktion dar [MERS12]. Der entscheidende Nachteil aller optischer Verfahren ist jedoch die ausschließliche Erfassung und Quantifizierung der

Schäden, die an der Oberfläche sichtbar sind. In CFK-Strukturbauteilen sind Schäden jedoch häufig gar nicht oder nicht in vollem Ausmaß von außen sichtbar bzw. optisch messbar (vgl. 2.2, S. 7). Zur Messung dieser innenliegenden Schäden werden Verfahren eingesetzt, die der Gruppe der „zerstörungsfreien Prüfverfahren" zuzuordnen sind.

Die Deutsche Gesellschaft für Zerstörungsfreie Prüfung (DGZfP) definiert die zerstörungsfreie Prüfung in Gegenüberstellung zur zerstörenden Prüfung als eine Methode, die Materialeigenschaften bzw. -zustände bestimmt sowie Materialfehler detektiert, ohne dabei die Gebrauchseigenschaften des Bauteils oder der Komponenten zu verändern. Zerstörungsfreie Prüfverfahren treten mit dem Werkstoff des zu prüfenden Bauteils in eine physikalische Wechselwirkung. Im Gegensatz zur Sichtprüfung arbeitet die zerstörungsfreie Prüfung indirekt. Auf Basis des registrierten Antwortverhaltens des Werkstoffs auf die induzierte physikalische Anregung kann auf Inhomogenitäten oder mögliche Schäden geschlossen werden. Die verschiedenen Verfahren unterscheiden sich teilweise enorm hinsichtlich des Eindring- und Durchdringungsvermögens. Schon ab einer Eindringtiefe von wenigen Nanometern wird von zerstörungsfreien Prüfverfahren gesprochen. Rein optisch messende Verfahren gehören demnach nicht zu dieser Verfahrensgruppe. Die am häufigsten eingesetzten und im Folgenden vorgestellten Messverfahren sind die Ultraschallmesstechnik, die Thermografie, die Röntgen-Computertomografie sowie die Wirbelstrommesstechnik (vgl. Abbildung 3-1) Sie lassen sich der Gruppe der tomografischen Verfahren zuordnen. Der Begriff der Tomografie (abgeleitet von „tomé", Griechisch für „Schnitt") steht für Schnittbildverfahren, mit welchen auf der Basis von 2D-Schnittbildern oder 3D-Rekonstruktionen von 2D-Schnittbildern Bauteile auf Schäden geprüft werden. Die tomografischen Verfahren werden in der Literatur sowohl als Prüf- als auch als Messverfahren bezeichnet. Da in dieser Arbeit der Fokus auf der Quantifizierung von Schäden liegt, werden in dieser Arbeit, sofern es der Kontext nicht vorgibt, die Begriffe der Messung wie Messverfahren und Messtechnik bevorzugt verwendet.

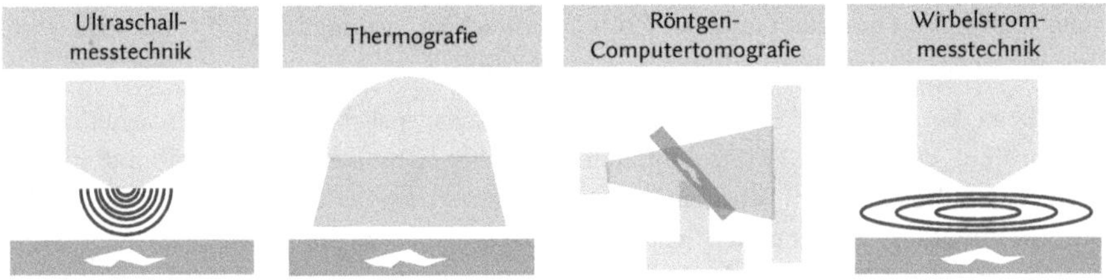

Abbildung 3-1: Tomografische Messverfahren für CFK-Strukturbauteile

Die konventionelle *Ultraschallmesstechnik* geht zurück auf die Entdeckung des piezoelektrischen Effekts durch die Gebrüder Curie und gehört seit den 50er-Jahren zu den am häufigsten eingesetzten Messverfahren [DEUT97, S. 1]. Der piezoelektrische Effekt beschreibt den Zusammenhang zwischen mechanischer Verformung piezoelektrischer Materialien und der Entstehung elektrischer Spannung. Bei der Ultraschallmesstechnik führt das Anlegen einer elektrischen Wechselspannung zu einer zyklischen Dickenänderung des piezoelektrischen Schwingelements im Ultraschallmesskopf, welches mechanische Schwingungen in mit dem Ultraschallmesskopf in Kontakt stehender Materie induziert. Diese mechanische, elastisch mit der Umgebung gekoppelte Bewegung von Materie wird als Schallwelle bezeichnet. Die

Ausbreitung einer Schallwelle kann mathematisch mit Hilfe einer zeitlich veränderlichen Schalldruckverteilung durch die im Folgenden dargestellte Wellengleichung der Schallausbreitung beschrieben werden:

$$\frac{\partial^2 p_S}{\partial x^2} + \frac{\partial^2 p_S}{\partial y^2} + \frac{\partial^2 p_S}{\partial z^2} = \frac{1}{c^2} \frac{\partial^2 p_S}{\partial t^2} \tag{1}$$

Die Gleichung beschreibt den Zusammenhang zwischen dem Schallwechseldruck p_S in den Richtungen der Schallausbreitung x, y, z zu der Zeit t mit der Ausbreitungsgeschwindigkeit c. Die Schallgeschwindigkeit ist wiederum materialabhängig und berechnet sich aus dem Elastizitätsmodul E und der Dichte ρ:

$$c = \sqrt{\frac{E}{\rho}} \tag{2}$$

Aufbauend auf der Definition der Schallgeschwindigkeit lässt sich der Begriff der akustischen Impedanz Z definieren. Diese ist definiert als das Produkt aus der Schallgeschwindigkeit c und der Dichte ρ:

$$Z = c \times \rho \tag{3}$$

Diese physikalischen Zusammenhänge sind wichtig für das Verständnis der im weiteren Verlauf der Arbeit vorgestellten Verfahren zur ultraschallbasierten Schadensdetektion. Die Ultraschallmesstechnik beruht auf der Detektion, Quantifizierung und Lokalisierung sogenannter Reflektoren im Werkstoff. Ein Reflektor ist definiert als eine innenliegende Grenzfläche, die mit einer abrupten Änderung der akustischen Impedanzen einhergeht. Trifft eine Schallwelle auf einen Reflektor mit der Grenzfläche zwischen den akustischen Impedanzen Z_1und Z_2, so wird stets ein Teil der Schallwelle reflektiert und ein anderer transmittiert. Die Anteile der Reflexion R und Transmission T lassen sich wie folgt berechnen:

$$R = \frac{Z_2 - Z_1}{Z_2 + Z_1} \qquad T = \frac{2Z_2}{Z_2 + Z_1} \tag{4}$$

Je nachdem, ob der reflektierte oder der transmittierte Teil der Schallwelle ausgewertet wird, unterscheidet man zwischen dem Impuls-Echo- und dem Durchschallungsverfahren. In dieser Arbeit wird ausschließlich das Impuls-Echo-Verfahren eingesetzt, bei welchem die Sende- und Empfangseinheiten des Ultraschalls in einem Messkopf integriert sind, welches eine Schadensdetektion bei einseitiger Zugänglichkeit und gleichzeitig die laufzeitabhängige Tiefenmessung eines Reflektors im Bauteil erlaubt. Jedes durch einen Messkopf induzierte Schallfeld ist durch ein bis zu einer Fokuszone einschnürendes Nahfeld und ein daran anschließendes Fernfeld gekennzeichnet. Die Nahfeldlänge N ist eine charakteristische Eigenschaft des eingesetzten Messkopfes und berechnet sich mit dem Durchmesser des Messkopfes D und der Wellenlänge λ der Messfrequenz wie folgt:

$$N = \frac{D^2}{4 \cdot \lambda} \tag{5}$$

Diese Gesetzmäßigkeit hat zur Folge, dass kleine Messköpfe zur Messung von Reflektoren in kleinen Entfernungen und große Messköpfe zur Messung in großen Entfernungen geeignet sind. In der Schadensdetektion von CFK-Strukturbauteilen wird aufgrund der geringen Bauteildicken in der Regel in kleinen Entfernungen gemessen, sodass kleine Messköpfe verwendet werden sollen. Aufgrund des in der Regel kleineren Messbereichs kleinerer Messköpfe führt dies jedoch zu langen Messzeiten. Um bei großflächigen Bauteilen diese Messzeit zu verkürzen, werden zunehmend Phased-Array-Messköpfe eingesetzt, welche mehrere kleine Piezoschwinger in einem Array bündeln und somit einen größeren Messbereich abdecken können. Die Vorteile des Phased-Array-Prinzips hinsichtlich der werkstattgerechten Schadensanalyse werden in 5.2 diskutiert.

Zur Visualisierung von Ultraschallmessdaten existieren verschiedene Möglichkeiten. Die naheliegendste Visualisierungsform ist die Darstellung der Schallintensität aufgetragen über der Schalllaufzeit in einem A-Bild (Kurzform für Amplituden-Bild). Daneben existieren 2D-Visualisierungen wie die Schnittansichten der B- und C-Bilder sowie laufzeitorientierte D-Bilder. Diese vier wesentlichen Visualisierungsformen sind in Abbildung 3-2 schematisch dargestellt.

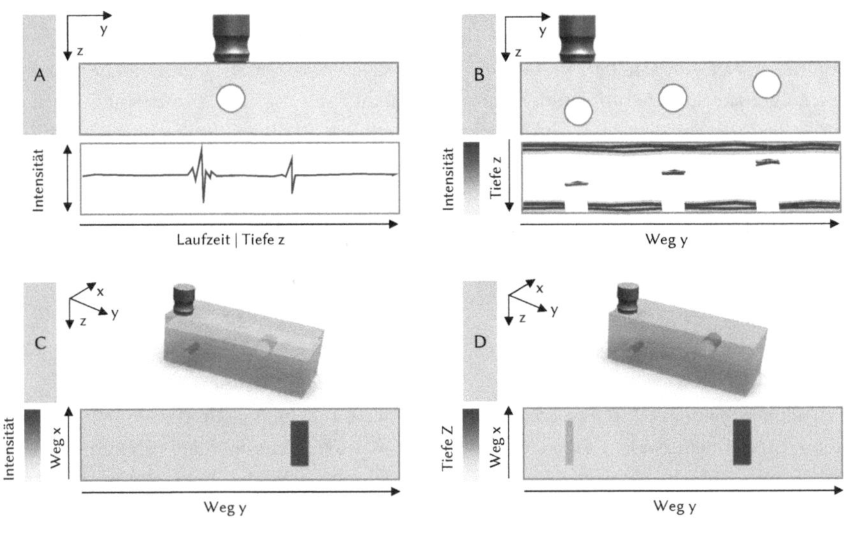

Abbildung 3-2: Arten der Visualisierung von Ultraschallmessdaten

Nach dieser Einleitung der wesentlichen, physikalischen Grundlagen der Ultraschallmesstechnik sollen nun kurz die alternativen, tomografischen Messverfahren der Thermografie und der Röntgen-Computertomografie vorgestellt werden, um im Anschluss die Verfahren vor dem Hintergrund eines Einsatzes in einer CFK-Werkstatt miteinander vergleichen zu können.

Die *Thermografie* macht sich zu Nutze, dass jeder Körper mit einer Temperatur über dem absoluten Nullpunkt von 0° K eine Wärmestrahlung emittiert. Diese auch von einem Bauteil emittierte Infrarotstrahlung kann mit einer Infrarotkamera detektiert werden. Insbesondere kann mit der Infrarotkamera bei einem ausreichenden thermischen Kontrast die Temperaturverteilung in einem Bauteil visualisiert werden. Im Allgemeinen wird zwischen passiver und aktiver Thermografie unterschieden. Die passive Thermografie nutzt allein den Wärmefluss, der durch die intrinsische Wärme des Messobjekts entsteht. Diese Wärme kann jedoch sowohl intern erzeugt als auch extern (z.B. durch eine Wärmebehandlung) aufgebracht werden [DIN16714-1]. Bei der aktiven Thermografie wird hingegen nur zum Zweck der thermografischen Prüfung durch natürliche oder zusätzliche Energiequellen ein instationärer Wärmefluss im Prüfobjekt erzeugt. Neben der Impuls-Thermografie ist die Lock-in-Thermografie eines der am meisten eingesetzten aktiven Thermografie-Verfahren. Bei der Lock-in-Thermografie wird mittels einer periodischen Modulation der Intensität einer Energiequelle (in der Regel unter Verwendung von Halogenstrahlern) ein Wärmestrom in das zu prüfende Bauteil induziert. Die Infrarotkamera erfasst dabei eine Sequenz von Thermogrammen. Diese Thermografie-sequenz wird in der Regel bei seiner spezifischen Anregungsfrequenz über eine diskrete Fouriertransformation eines jeden Pixels ausgewertet. Über die Anzahl der Pixel N_P und die Anregungsfrequenzen f_n erfolgt die pixelweise Fouriertransformation unter Verwendung folgender Formel:

$$F_n(f_n) = \sum_{k=0}^{N_P-1} T(k) e^{\frac{2\pi i k f_n}{N_P}} \tag{6}$$

Nach der Fouriertransformation lassen sich sowohl 2D-Bilder der Amplitude als auch der Phase generieren. Dadurch, dass die Phasenbilder Informationen aus größeren Bauteiltiefe enthalten, werden in der Schadensanalyse von CFK-Strukturbauteilen in der Regel die Phaseninformationen farblich codiert in Form von 2D-Bildern dargestellt. Die Phase berechnet sich gemäß der im Folgenden dargestellten Relation zur Berechnung des Phasenwinkels $\phi(F_n)$.

$$\phi(F_n) = \arctan\left(\frac{Im(F_n)}{Re(F_n)}\right) \tag{7}$$

Die *Röntgen-Computertomografie* basiert auf der Entdeckung einer nicht-sichtbaren elektromagnetischen Strahlung durch Wilhelm Conrad Röntgen im Jahr 1895, die er selbst X-Strahlung nannte [BUZU04, S. 11]. Die aus einer Röntgenröhre emittierte Röntgenstrahlung tritt in Wechselwirkung mit Materie und wird durch diese geschwächt. Der Grad dieser Schwächung kann in einem Röntgenbild visualisiert werden. Bei der Computertomografie wird die Röntgenstrahlung aus unterschiedlichen Blickwinkeln auf ein Messobjekt ausgesendet, von diesem geschwächt und anschließend auf einen Detektor projiziert. Basierend auf einer

Rekonstruktion dieser 2D-Schnittbilder lässt sich eine 3D-Matrix gleich großer Volumenelemente, sogenannter Voxel mit verschiedenen Absorptionsgraden generieren. Die Absorption der Röntgenstrahlen im Material folgt dabei dem im Folgenden dargestellten Absorptionsgesetz nach Lambert-Beer:

$$I(\eta) = I_o e^{-\mu\eta} \tag{8}$$

Dieses Beschreibt die Abnahme der Strahlungsintensität I beim Durchlaufen homogener Materie der Dicke η mit dem Schwächungskoeffizienten μ in Abhängigkeit der Anfangsintensität I_o.

Ein weiteres, häufig verwendetes Verfahren zur Schadensanalyse in CFK-Strukturbauteilen ist die *Wirbelstrommesstechnik*, welche auf magnetischer Induktion basiert. Ein durch eine Spule erzeugtes wechselndes Magnetfeld induziert in dem zu prüfenden elektrisch leitfähigen Material elektrische Wechselströme, welche als Wirbelströme bezeichnet werden. Die Messgröße ist in diesem Fall die Verteilung der induzierten Wirbelströme, dargestellt als Vektor in der komplexen Ebene [DIN15549]. Wie bei der Thermografie können sowohl von der Amplitude als auch von der Phasenverschiebung zwischen gesendetem und empfangendem Signal 2D-Schnittbilder erzeugt werden. Die Dichte der Wirbelströme verringert sich dabei mit der Tiefenlage im Bauteil und ist durch die sogenannte Skin-Tiefe δ begrenzt. Der Skin-Effekt besagt, dass Wirbelströme nur oberhalb der Skin-Tiefe existieren könnten, welche mit der Modulationsfrequenz ω und der elektrischen Leitfähigkeit σ in folgendem funktionalem Zusammenhang steht:

$$\delta \sim \frac{1}{\sqrt{\sigma\omega}} \tag{9}$$

Mittels der induzierten Wirbelströme können berührungslos Werkstoffe und Inhomogenitäten in Werkstoffen, die die elektrische Leitfähigkeit beeinflussen, charakterisiert werden. CFK-Strukturbauteile sind bedingt leitfähig und können daher mit Hilfe der Wirbelstrommesstechnik geprüft werden. Sie eignet sich insbesondere zur Messung der Faserorientierung in oberflächennahen Lagen GREL11, S. 485].

3.2 Eignung der Messverfahren zur Schadensanalyse

Zur Schadensanalyse in CFK eignen sich prinzipiell alle der in 3.1 aufgeführten Messverfahren. Jedes Verfahren hat jedoch spezifische Vor- und Nachteile hinsichtlich der Detektierbarkeit und des Auflösungsvermögens in der Schadensanalyse sowie hinsichtlich der Schnelligkeit und der Wirtschaftlichkeit in einem werkstattgerechten Reparaturprozess. Der Fokus dieser Arbeit liegt in der Analyse der in 2.2 hergeleiteten Schadensbilder im Gebrauch, wodurch sich auch die Bewertung der Detektierbarkeit und des Auflösungsvermögens der Messverfahren auf Gebrauchsschäden bezieht. Keines der Verfahren zeigt eine Überlegenheit über alle Bewertungskriterien. Ein einfacher Vergleich der vier Verfahren auf Basis der ausgewerteten Untersuchungen im Stand der Technik ist in Abbildung 3-3 grafisch dargestellt. Die Eignung der Verfahren zur Schadensanalyse in CFK wird hinsichtlich der Kriterien Detektion (Detektionsvermögen der in 2.3 aufgeführten Gebrauchsschäden), Auflösung (Auflösungsvermögen zur Quantifizierung des Schadens), Zeit (Messdauer und Aufwand des Messprozesses) und Kosten (Anschaffungs- und Betriebskosten der Messtechnik) bewertet. Die Begründung dieser Bewertung wird im darauffolgenden Abschnitt dargelegt.

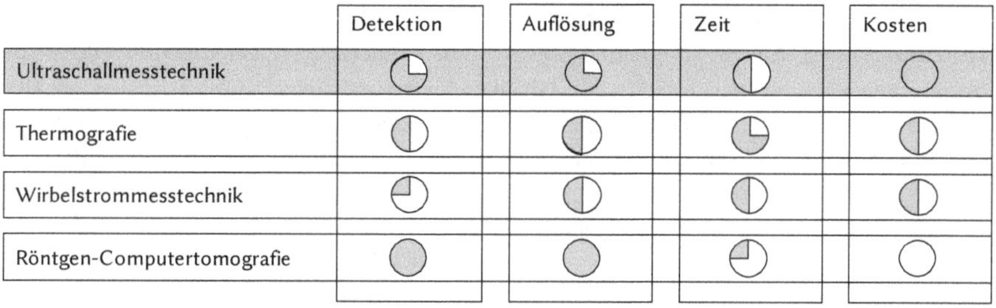

Abbildung 3-3: Vergleich tomografischer Messverfahren

Die häufigsten eingesetzten Verfahren zur Schadensanalyse in CFK sind die Ultraschallmesstechnik und die Thermografie. Beide Verfahren wurden in diversen Studien zur Analyse von künstlichen und realen Schäden in CFK-Bauteilen untersucht und miteinander verglichen. Die Vorteile der Thermografie liegen in der direkten Erfassung eines großen Messbereichs, gekrümmter Geometrien sowie glatter und rauer Oberflächen mit einer Aufnahmesequenz. Nachteilig sind hingegen das geringere Auflösungsvermögen sowie die fehlende Sensitivität zur Detektion und Quantifizierung tief im Material liegender Defekte. Diese lassen sich mit der Ultraschallmesstechnik deutlich einfacher detektieren und quantifizieren. Die Ultraschallmesstechnik erlaubt allerdings nur eine punkt- bzw. im Fall der Array-Messköpfe linienförmiger Messung und setzt zur hochauflösenden und damit hochfrequenten Messung die Verwendung eines Koppelmittels (wie beispielsweise Ultraschallgel oder Wasser) voraus. [BEIN10], [KERS18], [MEOL15], [SCHM18]

Prinzipbedingt können mit der Wirbelstrommesstechnik nur elektrisch leitfähige Werkstoffe geprüft werden. Bei CFK beschränkt sich der Einsatz dieser Technologie daher auf die Untersuchung des Fasermaterials; sie eignet sich nicht zur Prüfung des Verbunds von Faser und Matrix [PETE12, S. 18]. Die Röntgen-Computertomografie (CT) insbesondere die Mikro-CT ermöglicht eine hohe Fehlerauflösung bis hin zu wenigen Mikrometern und eine gute Detektierbarkeit von tief im Material liegenden Defekten. Aufgrund des durch den Strahlenschutz begrenzten Bauraums lassen sich jedoch nur kleine bis mittelgroße Bauteile messen. Zudem sind CT-Messungen zeit- und kostenintensiv [SCHM12, S. 20], [OSTE12].

Die Ultraschallmesstechnik ist am weitesten verbreitet, wobei die Phased-Array-Technologie erst in den letzten Jahren zur Prüfung von CFK-Bauteilen eingesetzt wurde. Die Vorteile der Ultraschallmesstechnik sind das gute Detektion- und Auflösungsvermögen für Schäden auch in tiefer liegenden Schichten im Bauteil. Nachteilig sind die zeitintensiven Messprozeduren aufgrund punktueller bzw. linienförmiger Messung sowie die Notwendigkeit der Nutzung eines Koppelmediums wie Wasser oder Gel. Zudem existieren Schwierigkeiten bei der Messung von Krümmungen und an der Oberfläche beschädigten CFK-Bauteilen. Einbrüche an der

Oberfläche verhindern die Detektion von Schäden in tieferen Ebenen [SCHU18]. Die Vorteile der Thermografie hingegen liegen in der Fähigkeit berührungslos und aus der Ferne große Bereiche in vergleichsweise kurzer Zeit zu messen. Nachteilig ist ein fehlender Kontrast zur Detektion und Quantifizierung tiefliegender Defekte aufgrund von Phänomenen thermischer Diffusion. [BOYC14], [KERS18], [MEOL15], [OSTE12], [PETE12, S. 18], [SADE19], [ARHA19]

Diese Arbeit befasst sich mit einer werkstattgerechten Schadensanalyse von CFK-Strukturbauteilen. Auch wenn mehrere Messverfahren hierzu geeignet sind und jedes seine spezifischen Vor- und Nachteile besitzt [GHOL16], wird im Folgenden der Fokus auf die Ultraschallmesstechnik gelegt. Diese stellt einen Kompromiss zwischen hohem Schadensdetektion- und Auflösungsvermögen (Vorteile der CT) und werkstattgerechter Bedienungsfreundlichkeit (Vorteile der Thermografie) dar. Bekannte Probleme der Schadensdetektion in gekrümmten Bereichen und der vergleichsweise längeren Prozesszeiten im Vergleich zur Thermografie werden niedriger priorisiert als die Fähigkeit Schäden in tieferen Lagen detektieren und quantifizieren zu können.

3.3 Ultraschallmesstechnik zur Schadensanalyse

Der Einsatz der Ultraschallmesstechnik zur Schadensanalyse in CFK begann schon Ende der 80er-Jahre mit einer vergleichenden Auswertung der laufzeitabhängigen Schallintensitäten unbeschädigter und beschädigter CFK-Proben [SHEN11]. Darauffolgend wurden motorisierte Linearachssysteme und Tauchtechnik-Messköpfe eingesetzt, mit dem Ziel der Erzeugung von Schnittbildern in Form von B- und C-Scans. Mit dem Aufkommen industrieller Phased-Array-Messsysteme in den 2000ern konnten diese Schnittbilder hochauflösend und reproduzierbar erzeugt werden, welches eine Quantifizierung von Schäden ermöglichte. Flächige Phased-Array-Messungen wurden in der Regel mittels Linearachssystemen im Tauchbecken oder mittels mechanischer Encoder aufgenommen. Zur Auswertung wurden B- und C-Scans von CFK-Platten mit künstlichen Defekten in Form von Einschlüssen und realen Schäden erzeugt. Hinsichtlich der qualitativen Auswertung impactgeschädigter Probeplatten zeigte sich eine klare Korrelation zwischen Impactenergie und Schadensgröße sowie ein der Theorie entsprechendes kegelförmiges Ausbreitungsmuster der Delaminationen (vgl. 2.2, S. 7) mit der größten Schadensausdehnung auf der der Einschlagstelle entgegengesetzten Seite. Zur Kompensation der über die Materialdicke abnehmenden Schallintensität wurden Verfahren wie das Time-Corrected-Gain angewandt. [BOYC14], [KERS18], [MEOL15]

Zur Quantifizierung der detektierten Schäden wurde in den meisten Fällen das Impuls-Echo-Verfahren mit einer Auswertung der C-Scans der Reflexionsechos der Bauteilrückwand ausgewertet. Aufgrund der durch eine Schädigung hervorgerufenen Defektechos werden die nun im Schallschatten liegenden Rückwandechos geschwächt bzw. verschwinden komplett. Dieses ist anhand der C-Scans ersichtlich und kann mittels Methoden der Bildverarbeitung wie Otsu-Thresholding, Kantenerkennung quantifiziert werden. [KATU20], [POLI10], [SADE19], [WRON19]

Im Gegensatz zur großen Anzahl von Arbeiten zur Schadensanalyse anhand von 2D-Scanbildern, existieren bis dato nur wenige zur automatisierten 3D-Schadensanalyse von CFK-Bauteilen. Dies liegt möglicherweise daran, dass sich B- und C-Scans mit kommerziellen

Phased-Array-Ultraschallmesssystemen häufig schon mit wenig Aufwand direkt am Gerät erzeugen und anzeigen lassen, wohingegen für in hinreichender Qualität vorliegende 3D-Messdaten ein post processing der Ultraschallmessdaten erfolgen muss.

Relevante Arbeiten zur automatisierten 3D-Schadensanalyse mittels Phased-Array-Ultraschallmesstechnik wurden erstmalig durch OSMAN ET AL. durchgeführt. Neben einer Untersuchung und Reduktion des durch inhomogen aufgebaute Verbundwerkstoffe hervorgerufenen Speckle-Rauschens wurde ein Verfahren zur automatisierten Detektion künstlicher Defekte in CFK-Bauteilen entwickelt. Das Verfahren basierte im Wesentlichen auf einer Extraktion der Schallreflexionen an der Oberfläche und der Rückwand des Bauteils und einer Segmentierung und Klassifizierung der zwischen Oberfläche und Rückwand liegenden Defektechos. Probleme zeigten sich bei der Detektion von Defekten nahe der Bauteiloberfläche oder der Rückwand, welche nicht zuverlässig detektiert werden konnten. [OSMA10], [OSMA13]

3.4 Ortungsverfahren für den Werkstatteinsatz

Neben den Fähigkeiten zur Detektion und Quantifizierung von Schäden in CFK-Strukturbauteilen muss die Ultraschallmesstechnik den speziellen Anforderungen des Werkstatteinsatzes genügen. Hierzu gehört neben einer einfachen Interpretation der Ergebnisse der Schadensanalyse auch ein bedienerfreundliches Handling der Messtechnik. Da ein Ultraschallmesskopf auch im Fall eines Phased-Array-Messkopfes nur einen kleinen Teil des zu messenden Bereichs simultan aufnehmen kann, muss der Messkopf über die zu messenden Flächen des CFK-Strukturbauteils geführt werden. Dieses kann robotergestützt erfolgen, wird im Werkstatteinsatz jedoch in der Regel manuell durch einen Bediener erfolgen. Hierbei muss zu einer anschließenden Schadenslokalisierung der Messkopf relativ zum Bauteil lokalisiert bzw. geortet werden. In der Literatur existieren bereits mehrere Ansätze zur Ortung von Ultraschallmessköpfen, welche im Folgenden diskutiert werden. Hinsichtlich des Ortungsprinzips kann zwischen mechanischer, elektromagnetischer, akustischer sowie optischer Ortung unterschieden werden. Ein qualitativer Vergleich der verwendeten Verfahren zur Ortung eines Ultraschallmesskopfes ist in Abbildung 3-4 dargestellt und wird im Folgenden begründet.

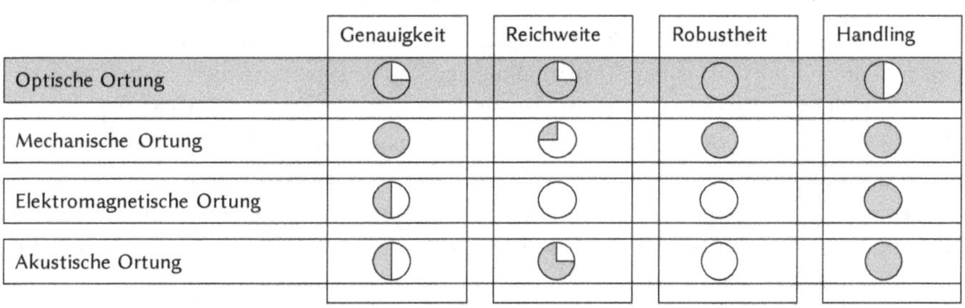

Abbildung 3-4: Vergleich von Verfahren zur Ortung eines Ultraschallmesskopfes

Am weitesten verbreitet und seit vielen Jahren kommerziell erwerbbar sind *mechanische Ortungssysteme* wie Rad-Encoder, Linearachsen oder Gelenkarme. Rad-Encoder werden häufig bei einfachen Geometrien eingesetzt, bei denen relative Bewegungen mit maximal ein bis zwei Freiheitsgeraden aufgezeichnet werden müssen. Hierbei kann der Rad-Encoder entweder neben dem Ultraschallmesskopf geführt werden oder der Ultraschallkopf ist im Zentrum einer größeren Rolle integriert, welche gleichzeitig zur Schalleinkopplung und zur Positionserfassung genutzt wird [OLYM14b]. Problematisch sind hier zum einen die nur relative Positionsmessung und zum anderen die Entstehung von Messfehlern durch blockierende Räder bzw. Schlupf. Bei Rad-Encodern mit einem Freiheitsgrad ist das Messen gerader Linien bei manueller Führung fehlerbehaftet, wodurch bei einigen Herstellern zur Orientierung eine gerade Spur vor den Messkopf projiziert wird [SONA16]. Linearachssysteme und Gelenkarme sind bezüglich der Positionsmessung mit geringeren Unsicherheiten verbunden, sind jedoch stets für einen fixen Arbeitsraum ausgelegt und dadurch räumlich begrenzt [GUO19]. Bei einer mit Schrittmotoren ausgestatteten automatisiert betriebenen Linearachse ist zudem eine konstante, nicht ausreißende Schalleinkopplung nur mit Hilfe eines nicht werkstattgerechten Tauchbeckens möglich. In dieser Arbeit wurde ein Linearachsaufbau ausschließlich zur Bestimmung der optimalen Messparameter der Phased-Array-Ultraschallmessung von CFK-Bauteilen konzeptioniert und prototypisch verwendet (vgl. 7.3, S. 83).

Alternativ zu mechanischen werden insbesondere im medizinischen Bereich *elektromagnetische Ortungssysteme* eingesetzt. Sie können ohne mechanische Bindungen frei bewegt werden und benötigen im Gegensatz zu optischen Ortungssystemen nicht zwingend eine Sichtlinie zwischen Sende- und Empfangseinheit. Defizite bestehen jedoch hinsichtlich der bestenfalls erzielbaren Messunsicherheiten und bezüglich Störeinflüssen, hervorgerufen durch metallische oder magnetische Gegenstände im Arbeitsraum. Aus diesen Gründen werden elektromagnetische Ortungssysteme in erster Linie für Laborversuche mit kontrollierten Umgebungsbedingungen eingesetzt. [GEE03], [KÖPF12]

Auch Ultraschall eignet sich nicht nur zur Schadensanalyse im Bauteil, sondern auch zur Ortung des Messkopfes außerhalb des Bauteils. Hierzu werden Luftultraschallsysteme eingesetzt, die den *akustischen Ortungssystemen* zuzuordnen sind. Akustische Ortungssysteme sind vergleichsweise preisgünstig und können ein großes Messvolumen abdecken. Nachteilig ist jedoch die hohe Anfälligkeit gegenüber Störgeräuschen und die aufgrund der Latenzen zwischen gesendetem und empfangenem Signal geringen Messfrequenzen [FOXL02].

Als vierte Gruppe sind die *optischen Ortungssysteme* zu erwähnen, welche in den letzten Jahren zunehmend zur Ortung von Ultraschallmessköpfen eingesetzt wurden. In der Regel wird dabei der Ultraschallmesskopf mit aktiv leuchtenden oder passiven Markern bestückt, dessen Positionen von einer oder mehreren im Arbeitsraum positionierten Kameras gemessen wird. Passive Marker haben den Vorteil, dass sie leicht herzustellen sind, wohingegen bei aktiven Markern der Einfluss der Umgebungsbeleuchtung und damit in vielen Fällen auch die Messunsicherheit minimiert wird. Optische Ortungssysteme wie z.B. das kommerziell verfügbare System Polaris Vega können auch in großen Messvolumina bei Grundflächen bis zu 6 m^2 noch eine hinreichende Genauigkeit erzielen. Kombiniert hierzu liefern sie Messdaten in hoher Messfrequenz bei gleichzeitig moderaten Kosten. Dem zentralen Problem der Anfälligkeit für Verdeckungen in den Sichtlinien kann dabei durch eine redundante Auslegung der Kameras begegnet werden. [KÖPF12], [NDIM21], [TJAD15]

In der Literatur existieren neben den genannten viele weitere Ansätze der Kombination eines optischen Ortungssystems mit einem Ultraschallmesssystem, wodurch im Folgenden nur auf die aktuellen und für den Kontext dieser Arbeit relevanten Quellen und Vorarbeiten eingegangen wird. Insbesondere durch die in den letzten 10 Jahren deutlich verbesserten Rechenkapazitäten wurden die optischen Ortungssysteme zunehmend optimiert. Neben einfachen passiven und aktiven Markern [PICK14] wurden Marker nicht nur am Ultraschallmesskopf, sondern auch am Bauteil befestigt um die eine Messung der relativen Lage zwischen Ultraschallmesskopf und Bauteil zu ermöglichen [SAIN11]. Zudem existieren Ansätze zur kabellosen optischen Ortung durch den Transfer der Positionsmessdaten über eine Bluetooth-Schnittstelle [DULA06]. In den letzten Jahren wurden für die Luftfahrtindustrie vermehrt optisch geortete Ultraschallmesssysteme zur Messung großvolumiger CFK-Bauteile wie z.B. Flugzeugtüren entwickelt. Hierzu wurde beispielsweise ein Messsystem bestehend aus einem Phased-Array-Ultraschallmesskopf entwickelt, welcher mit aktiven Markern bestückt ist und mittels einer Stereokamera geortet wird. Das Messsystem wurde sowohl an CFK-Testbauteilen mit künstlichen Defekten als auch an einem realen Luftfahrtbauteil aus Aluminium erprobt. Die Ergebnisse der Messung der CFK-Testbauteilen wurde in Form von 2D-C-Scans visualisiert, die der Luftfahrtbauteil-Messung in Form von 3D-C-Scans [BEAU19]. Eine vielversprechende Entwicklung ist zudem das Messsystem „3D-SmartInspect", entwickelt durch das Fraunhofer IZFP in Saarbrücken. Es arbeitet mit passiven Markern und ermöglicht eine Nachverfolgung der bereits geprüften Fläche. Der Fokus dieser Entwicklung liegt jedoch auf der Bereitstellung eines benutzerfreundlichen ZfP-Systems mit Echtzeit-Ortung in drei Dimensionen. Die Entwicklung erfolgte nicht spezifisch für Ultraschallanwendungen [IZFP20]. Im Gegensatz hierzu wurde im Rahmen einer Kooperation der Fa. Innerspec technologies und der Fa. Tecnatorm in den USA speziell für Ultraschallmessanwendungen das System Camus 3D entwickelt. Dieses Messsystem arbeitet bereits mit Phased-Array-Ultraschallmessköpfen und ermöglicht durch den Zusammenschluss von mindestens drei aber bis zu zwanzig Infrarotkameras eine Ultraschallmessung großvolumiger CFK-Bauteile. Die Ankopplung zwischen Ultraschallmesskopf und Bauteil wird mittels fließendem Wasser bewerkstelligt. Analog zu den zuvor aufgeführten Messsystemen fokussierte sich die Entwicklung hier jedoch primär auf die optische Ortung und Nachverfolgung des Ultraschallmesskopfes in großen Volumina. Die Messdaten werden typischerweise aufgezeichnet und in Form von C- oder D-Scans auf ein vorhandenes CAD-Modell des zu messenden Bauteils projiziert. Aufgrund dieses Mappings kann weder eine automatisierte Schadensdetektion noch eine werkstattgerechte Lokalisierung oder Quantifizierung des detektierten Schadens im 3D-Geometriemodell des CFK-Bauteils erfolgen. [LOPE18], [OJED18], [TECN18]

3.5 Unsicherheitsbestimmung der Ultraschallmesstechnik

Jeder von einem Messsystem ausgegebene Messwert ist mit einer Messunsicherheit verbunden. Diese Messunsicherheit (kurz: „Unsicherheit") ist definiert als ein „Kennwert, der aus Messungen gewonnen wird und zusammen mit dem Messergebnis zur Kennzeichnung eines Wertebereichs für den wahren Wert der Messgröße dient" [DIN1319-1]. Ohne Kenntnis über die Unsicherheit eines Messergebnisses kann dieses nicht verglichen werden, weder mit anderen Messergebnissen desselben Messmittels noch mit Messergebnissen eines Referenzmittels. Bei einem Messwert M und einer Unsicherheit u ist der Wertebereich für den in aller Regel nicht genau bekannten wahren Wert durch die untere Grenze $M - u$ und die obere

Grenze $M + u$ gekennzeichnet. Die Bestimmung der Messunsicherheit eines Messprozesses erfolgt idealerweise über die Aufstellung eines Modells, welches die Beziehung der Messgröße Y zu allen beteiligten Eingangs- und Einflussgrößen X mathematisch beschreibt:

$$Y = f(X_1, X_2, \dots, X_N) \tag{10}$$

Zur systematischen Bestimmung der Messunsicherheit existieren verschiedene Verfahren mit unterschiedlichen Komplexitätsgraden. Im Folgenden werden die geläufigsten Verfahren des Standes der Technik kurz skizziert und insbesondere die spezifischen Vor- und Nachteile erörtert. Anschließend werden bestehende Ansätze zur Unsicherheitsbetrachtung mit Fokus auf der ultraschallbasierten Schadensanalyse aufgeführt und die bestehende Forschungslücke aufgezeigt.

Überblick der Verfahren zur Messunsicherheitsbestimmung

Einen umfassenden Leitfaden zur Messunsicherheitsbestimmung liefert der „Guide to the expression of uncertainty" – kurz: GUM – welcher weitgehend der deutschen Vornorm DIN EN V 13005 [DIN13005] entspricht. Der GUM enthält Regeln zur Messunsicherheitsbestimmung, welche für ein breites Spektrum von Messverfahren anwendbar sind. Gemäß des GUM besteht die Unsicherheit eines Messergebnisses in der Regel aus mehreren verschiedenen Komponenten, dessen Unsicherheiten entweder auf Basis statistischer Methoden (Kategorie A) oder auf Basis historischer Daten, Erfahrungswerten oder Herstellerangaben (Kategorie B) ermittelt werden können. Die Komponenten der Kategorie A sind charakterisiert durch geschätzte Varianzen s_i^2 mit dazugehörigen Sensitivitätskoeffizenten v_i^2. Die Komponenten der Kategorie B hingegen sind charakterisiert durch Unsicherheitsbeiträge u_j^2. Die kombinierte Standardunsicherheit einer Messgröße y resultiert aus der Summe der partiellen Ableitungen des in Formel (10) entwickelten Modells wie folgt:

$$u_c^2\,(y) = \sum_{I=1}^{N} \left(\frac{\delta f}{\delta x_i}\right)^2 u^2(x_i) \tag{11}$$

Viele Messprozesse sind aufgrund einer Vielzahl von Einflussfaktoren und nicht-linearen Wirkzusammenhänge nicht in Form einer einfachen Messgleichung darstellbar. Zudem bietet der GUM keine konkreten Handlungsanweisungen zur Durchführung der Messunsicherheitsstudien. Es sind einzig und allein Methoden beschrieben, objektive Bestätigungen der Messunsicherheiten zu erhalten und zu dokumentieren [DIET17, S. 178]. Aus diesen Gründen und aus der Notwendigkeit einer praxistauglichen Abschätzung der Messunsicherheit zur Sicherstellung der Prozessfähigkeit wurden seit Beginn der 90er-Jahre insbesondere seitens der Automobilindustrie vereinfachte Verfahren zur Bestimmung der Messunsicherheit entwickelt.

Ein in der Industrie weit verbreiteter Leitfaden ist die „Measurement System Analysis", kurz MSA, herausgegeben durch die Automotive Industry Action Group (AIAG) im Jahr 1990. Dieser für die industrielle Anwendung vorgesehene Leitfaden basiert im Wesentlichen auf einer Beurteilung der Wiederhol- (EV) und Vergleichspräzision (AV) eines Messprozesses im Verhältnis zur Gesamtstreuung RF mit Hilfe der Berechnung des Eignungskennwertes $\%GRR$:

$$\%GRR = \frac{\sqrt{EV^2 + AV^2}}{RF} x\, 100\% \tag{12}$$

Ist der Betrag des $\%GRR$ kleiner als 10%, so gilt der Messprozess als geeignet. Zwischen 10% und 30% wird er als „bedingt geeignet" und ab 30% als „nicht geeignet" klassifiziert. [MSA10]

Aufbauend auf der MSA wurde Mitte der 90er Jahre vom Verband der Automobilindustrie e.V. (VDA) der Leitfaden „Band 5" (VDA 5) zur Prüfprozesseignung herausgegeben, aus welchem später die Norm ISO 22514-7 entstand. Ziel der VDA 5 ist es, die in den bestehenden Normen und Richtlinien (GUM, MSA etc.) enthaltenen Forderungen und Verfahren zu einem einheitlichen und praxisgerechten Modell zur Ermittlung der erweiterten Messunsicherheit zusammenzufassen. In der Praxis bewährte Methoden der Fähigkeitsanalyse gemäß der MSA werden darin integriert [VDA10]. Der VDA 5 unterscheidet sich von der MSA bezüglich der Anzahl der betrachteten Einflussgrößen, die beim Messen wirken (können). Bei der VDA 5 wird jede Komponente des Messprozesses, die Einfluss auf die Messunsicherheit hat, einzeln bewertet, indem für diese die spezifische Standardunsicherheit u_i berechnet wird. Daraus werden im Anschluss die erweiterte Messunsicherheit sowie ein Eignungskennwert bestimmt. Im Unterschied zum MSA werden die Berechnungen für Messsystem (MS) und Messprozess (MP) separat durchgeführt. Die typische Berechnungsformel der erweiterten Messunsicherheit eines Messsystems U_{MS} lautet wie folgt:

$$U_{MS} = k \times \sqrt{u_{CAL}^2 + \max(u_{EVR}^2, u_{RE}^2) + u_{BI}^2 + u_{LIN}^2 + u_{MS\_REST}^2} \tag{13}$$

Die erweiterte Messunsicherheit resultiert aus der kombinierten Messunsicherheit der Kalibrierung u_{CAL}, der Wiederholbarkeiten am Normal u_{EVR}, der Auflösung u_{RE}, der systematischen Messabweichung u_{BI}, der Linearität u_{LIN} und restlichen Unsicherheiten multipliziert mit dem Erweiterungsfaktor k. Zur Erreichung eines Vertrauensniveaus von 95% wird k in der Regel auf den Wert 2 gesetzt. Zur Beurteilung der Eignung des Messsystems wird die errechnete erweiterte Messunsicherheit U_{MS} mit der Toleranz TOL gemäß Formel (14) in Beziehung gesetzt und mit Hilfe des Eignungskennwertes Q_{MS} bewertet. Ist der Betrag Q_{MS} kleiner gleich 15% so wird das Messsystem als „geeignet" eingestuft.

$$Q_{MS} = \frac{2\, U_{MS}}{TOL} \times 100\% \tag{14}$$

Weitgehend analog zur Berechnung der Messunsicherheit des Messsystems erfolgt im VDA 5 die Berechnung der Messunsicherheit des Messprozesses. Neben den in Formel (13) aufgeführten Unsicherheitsbeiträgen kommen jedoch noch Beiträge der Wiederholbarkeit am Prüfobjekt u_{EVO}^2 sowie der Vergleichbarkeit der Bediener u_{AV}^2, der Messvorrichtungen u_{GV}^2 und der Zeitpunkte u_{STAB} hinzu. Falls relevant, werden auch noch Einflüsse der Inhomogenität des Prüfobjektes u_{OBJ}, der Temperatur u_T und mögliche Wechselwirkungen u_{IAj} betrachtet:

$$U_{MP} = k \times \sqrt{\begin{aligned} &u_{CAL}^2 + \max(u_{EVR}^2, u_{EVO}^2, u_{RE}^2) + u_{BI}^2 + u_{LIN}^2 + u_{AV}^2 \\ &+ u_{GV}^2 + u_{STAB}^2 + u_{OBJ}^2 + u_T^2 + u_{REST}^2 + \sum_i u_{IA_i}^2 \end{aligned}} \quad (15)$$

Die Berechnung des Eignungskennwertes Q_{MP} erfolgt analog zur Berechnung in Formel (14), wobei ein Messprozess mit einem Grenzwert von Q_{MP} kleiner gleich 30% noch als „geeignet" eingestuft wird. [DIET11a], [DIET11b], [VDA10]

Ein weiteres Verfahren zur Bestimmung der Messunsicherheit ist das „All-In-One"-Verfahren nach Dietrich (kurz: AIO-Verfahren), welches im Wesentlichen auf dem in der DIN EN ISO 15530-3 [DIN15530-3] beschriebenen Verfahren zur Ermittlung der Messunsicherheit von Koordinatenmessgeräten (KMG) beruht. Der Eignungsnachweis erfolgt beim AIO analog zum VDA 5 über einen Grenzwert G_{PP} für das Verhältnis der erweiterten Messunsicherheit U zur Toleranz TOL :

$$g_{pp} = \frac{2\,U}{TOL} \leq G_{pp} \quad (16)$$

Der zulässige Grenzwert G_{PP} ist je nach Phase der Prüfprozesseignung und je nachdem, ob es sich um eine vorläufige oder eine fortdauernde Prüfprozesseignung handelt, unterschiedlich festzulegen. Dietrich empfiehlt einen Grenzwert zwischen 0,1 und 0,3 für die vorläufige Prüfprozesseignung. Die erweiterte Messunsicherheit U_{MS} berechnet sich erneut aus einer kombinierten Messunsicherheit und einem Erweiterungsfaktor k. Die kombinierte Messunsicherheit setzt sich bei AIO jedoch aus vier fest definierten Unsicherheitsbeiträgen zusammen, durch welchen folgender funktionaler Zusammenhang resultiert:

$$U_{MS} = k \times \sqrt{u_{CAL}^2 + u_P^2 + u_B^2 + u_W^2} \quad (17)$$

Wie im VDA 5 entspricht u_{CAL} der Unsicherheit der Kalibrierung des kalibrierten Werkstücks. Hinzu kommen bei AIO die Standardunsicherheit aus dem Messverfahren u_p, die Standardunsicherheit der systematischen Abweichung u_B, sowie die Standardunsicherheit aus Werkstoff- und Produktionsstreuung u_W [DIET17, S. 280].

Als Entscheidungshilfe zur Auswahl und Anwendung bestehender Verfahren zur Messunsicherheitsbestimmung sei an dieser Stelle noch die Richtlinie VDI/VDE 2600 Blatt 1 erwähnt.

Diese stellt kein neues Verfahren zur Messunsicherheitsbestimmung dar, sondern ermöglicht eine risikogerechte Anwendung bestehender Verfahren auf Basis einer Risikoklassifizierung hinsichtlich der Bedeutung des Prüfmerkmals für die Produktqualität und der Wahrscheinlichkeit und der Folgen eines Fehlentscheids. [VDI2600a]

Die im Anschluss erschienene Richtlinie VDI/VDE 2600 Blatt 2 liefert ergänzend hierzu Handlungsanweisungen zur Messunsicherheitsbestimmung komplexer Prüfprozesse, welche sich u.a. durch eine Vielzahl an Einflussfaktoren, nichtlineare mathematische Modelle sowie über den Parameterraum inhomogene Messunsicherheiten auszeichnen. Basierend auf einer Identifikation der Einflussfaktoren und Klassifizierung gemäß der 5M (Mensch, Messobjekt, Methode, Mitwelt, Messgerät) soll analytisch oder ggf. experimentell ein Modell der Messung abgeleitet werden. Als experimentelles Vorgehen wird eine Versuchsplanung gemäß Design of Experiments (DOE) mit anschließender Regressionsanalyse empfohlen. [VDI2600b]

Messunsicherheit in der Ultraschallmesstechnik

Den vorgestellten Verfahren zur Bestimmung der Messunsicherheit wird zwar eine Allgemeingültigkeit und somit eine Anwendbarkeit für allerlei Messprozesse zugeschrieben, entstanden sind sie jedoch vor dem Hintergrund der (in der Regel taktilen) Messung geometrischer Größen. Zerstörungsfreie Prüfverfahren wie bspw. die Ultraschallprüfung arbeiten jedoch indirekt; sie treten mit dem Werkstoff des zu prüfenden Bauteils in eine physikalische Wechselwirkung. Dies hat zur Folge, dass die Wirkbeziehungen der Einflussgrößen zur Messgröße deutlich komplexer und damit kaum in einen GUM-konformen funktionalen Zusammenhang zu bringen sind. Auch die vereinfachten Verfahren gemäß MSA, VDA 5 oder AIO müssen zur Anwendung für zerstörungsfreie Prüfverfahren spezifisch adaptiert und weiterentwickelt werden.

Die Thematik der systematischen Messunsicherheitsbestimmung im Sinne des GUM war im Bereich der zerstörungsfreien Ultraschallmesstechnik über lange Zeit weitgehend unbekannt. Ultraschallmessverfahren wurden anhand von Wiederholversuchen und Vergleichsmessungen mit Referenzkörpern qualifiziert. In vielen Fällen wurde die Fähigkeit zur Schadensdetektion anhand von Referenzkörpern mit künstlichen Reflektoren wie treppenförmig angeordneten Bohrungen in verschiedenen Tiefenlagen bewertet. In Teilversuchen wurde die Relevanz einzelner Einflussfaktoren wie der Temperatur, der Signalverstärkung bzw. der Reflektorgröße und -tiefe experimentell untersucht [BENZ02] [HAFN08]. Viele Studien existieren zudem zur Optimierung der Wanddickenmessung [SCHÄ10], die eine der häufigsten Anwendungen der Ultraschallmesstechnik darstellt.

Erst in den letzten Jahren wurden Ansätze zur GUM-konformen analytischen oder experimentellen Messunsicherheitsbestimmung entwickelt, welche sich jedoch auf Teilprozesse des komplexen Ultraschallmessprozess geometrischer Größen beschränkten. Eine in diesem Kontext relevante Forschungsarbeit bezog sich beispielsweise auf die mathematische Beschreibung des Temperatur- und Kalibriereinflusses auf die Unsicherheit der Time-Of-Flight-Dickenmessung mittels eines S/E-Ultraschallmesskopfes [ANDR13]. Zudem wurde die Unsicherheit der hardwareseitig vorgegebenen Schallbündel-Parameter bei Tauchtechnik-Ultraschallmessköpfen untersucht. Die Unsicherheitsbeiträge der Fokuslänge und des

Divergenzwinkels wurden dabei zum einen analytisch und zum anderen simulativ mit Hilfe einer Monte-Carlo-Simulation der Schallausbreitung ermittelt [SANT18].

3.6 Handlungsbedarf aus messtechnischer Sicht

Da für die Festigkeit relevante Schäden in CFK gar nicht bzw. oft nicht in vollem Ausmaß von außen sichtbar sind, bedarf es des Einsatzes zerstörungsfreier Prüfverfahren zur Schadensanalyse, welche mittels physikalischer Wechselwirkungen indirekt einen Messwert ermitteln. Zur Schadensanalyse in CFK werden meist tomografische Messverfahren wie die Ultraschallmesstechnik, die Thermografie, die Röntgen-Computertomografie oder das Wirbelstromverfahren eingesetzt. (vgl. 3.1)

Prinzipiell eignen sich alle in 3.1. aufgeführten tomografischen Messverfahren zur Schadensanalyse in CFK; keines zeigt eine absolute Überlegenheit hinsichtlich der Bewertungskriterien „Detektion", „Auflösung", „Zeit" und „Kosten". Aufgrund des hohen Vermögens zur Schadensdetektion und des hohen Auflösungsvermögens bei gleichzeitig werkstattgeeigneter Bedienerfreundlichkeit resultiert die Ultraschallmesstechnik als das am besten geeignete Verfahren zur werkstattgerechten Schadensanalyse von CFK. (vgl. 3.2)

Die Literatur zur ultraschallbasierten Schadensanalyse in CFK besteht zu Großteilen aus Arbeiten zur Auswertung von 2D-C-Scans mittels Methoden der Bildverarbeitung. Nur wenige Arbeiten existieren zur 3D-Schadensanalyse; die Algorithmen zur Quantifizierung und Lokalisierung von Schäden im dreidimensionalen Raum sind nur eingeschränkt anwendbar und für oberflächen- oder rückwandnahe Schäden wie bei Impactschäden nicht anwendbar (vgl. 3.3)

Für den Werkstatteinsatz muss der Ultraschallmesskopf im Messvolumen und insbesondere relativ zum beschädigten CFK-Strukturbauteil geortet werden. Optische Ortungssysteme schneiden hinsichtlich der Kriterien „Genauigkeit", „Reichweite", „Robustheit" und „Handling" im Vergleich zu mechanischen, elektromagnetischen oder akustischen Systemen am besten ab. In der Literatur existieren bereits Ansätze zur optischen Ortung von Ultraschallmessköpfen. Diese unterliegen jedoch Einschränkungen hinsichtlich des zu verwendenden Prüfkopfes, der Werkstatttauglichkeit oder der Verarbeitung der Positions- und Ultraschallmessdaten. (vgl. 3.4)

In der ultraschallbasierten Schadensanalyse ist eine den vollständigen Messprozess umfassende Messunsicherheitsanalyse in Konformität zum GUM oder unter Anwendung vereinfachter Verfahren der VDA 5, der AIO oder VDI 2600-2 bis dato unbekannt. (vgl. 3.5)

Zusammengefasst stellt die optisch geortete Ultraschallmesstechnik unter Voraussetzung hinreichend bekannter Messunsicherheitsbeiträge einen möglichen Lösungsansatz zur werkstattgerechten Schadensanalyse in der CFK-Reparatur dar.

4 Forschungsdesign und methodisches Vorgehen

Research design and methodical approach

In Anlehnung an TÖPFER und die Definition des wissenschaftlichen Arbeitens als „begründetes und nachvollziehbares Gewinnen neuer Erkenntnisse und deren Anwendung zur Lösung praktischer Problemstellungen" [TÖPF09, S. 20] ist dieses Forschungsvorhaben der angewandten, explorativen Forschung zuzuordnen. Explorativ aus dem Grund, dass nicht die Überprüfung hypothetischer Ursachen-Wirkungs-Beziehungen, sondern die Aufdeckung von Wirkzusammenhängen und Strukturen Gegenstand der Forschung ist.

In diesem Kapitel wird der aus dem Stand der Technik resultierende Forschungsbedarf konkretisiert und in forschungsleitende Teilforschungsfragen überführt (4.1). Anschließend wird der Aufbau dieses Forschungsvorhabens in Anlehnung an das Forschungsdesign des Design Science Research (DSR) dargelegt (4.2).

4.1 Forschungsbedarf und forschungsleitende Fragen

Das Hauptargument für den Einsatz carbonfaserverstärkter Kunststoffe (CFK) ist die deutliche Gewichtsersparnis im Vergleich zu metallischen Werkstoffen. Dieses geht sowohl in der Luftfahrt- als auch in der Automobilindustrie unmittelbar mit der Einsparung von Treibstoff einher, welches wiederum mit der Reduktion von Kosten, aber insbesondere von CO_2-Emissionen einhergeht. Die Reduktion der CO_2-Emissionen ist zur Erreichung der Klimaziele vor dem Hintergrund der Erderwärmung gesetzlich vorgeschrieben. Hinsichtlich elektrisch angetriebener Kraftfahrzeuge ermöglicht der CFK-Leichtbau eine Kompensation des Batteriegewichts und eine damit einhergehende Reichweitenerhöhung. (vgl. Kapitel 1)

CFK besitzt im Vergleich zu konventionellen metallischen Werkstoffen eine höhere gewichtsbezogene Festigkeit und Vorteile hinsichtlich der Steifigkeit und der Fahrdynamik bei Kraftfahrzeugen. Ein großflächiger Serieneinsatz von CFK im Automobilbau ist derzeit nicht absehbar; es kommt in der Regel gezielt dort zum Einsatz, wo es gegenüber konventionellen Materialien besonders im Vorteil ist. Die Nachfrage nach CFK wächst seit vielen Jahren kontinuierlich im zweistelligen Prozentbereich; es fehlen jedoch Konzepte zur Reparatur der oft nicht oder nicht in vollem Ausmaß sichtbaren Schadensbilder. (vgl. Kapitel 2)

Die zerstörungsfreie Ultraschallmesstechnik eignet sich besonders zur Detektion und Quantifizierung der in CFK auftretenden Schadensbilder. Für den Werkstatteinsatz muss sie jedoch mit einem Ortungssystem verknüpft werden. In der Literatur existieren bereits erste Ansätze zur optisch-getrackten Ultraschallmessung; diese ermöglichen jedoch keine werkstattgerechte Schadensanalyse vor dem Hintergrund der CFK-Reparatur. Auch Fragen der Messunsicherheit derartiger Systeme bleiben unbeantwortet. (vgl. Kapitel 3)

Zusammenfassend besteht der Forschungsbedarf in der Konzeptionierung und der Unsicherheitsbetrachtung eines selbstortenden Ultraschallmesssystems zur werkstattgerechten Detektion, Lokalisierung und Quantifizierung von Schäden in CFK-Strukturbauteilen.

Vor der Ausgestaltung des Forschungsdesigns empfiehlt TÖPFER die Formulierung forschungsleitender Teilforschungsfragen zur besseren Durchdringung der Themenstellung [TÖPF09, S. 128]. Basierend auf der in Kapitel 1 gestellten Hauptforschungsfrage

„Ist ein optisch geortetes Ultraschallmesssystem dazu geeignet, Schäden in CFK-Strukturbauteilen werkstattgerecht und mit einer für die CFK-Reparatur hinreichenden Unsicherheit zu lokalisieren und zu quantifizieren?“

werden die forschungsleitenden Teilforschungsfragen wie folgt konkretisiert:

„Wie kann ein optisch geortetes Ultraschallmesssystem konzeptioniert und für den praxisgerechten Einsatz in der CFK-Reparatur prototypisch realisiert werden?“

„Wie sind die werkstattgerechten Messprozesse und die Algorithmen zur Lokalisierung und Quantifizierung der relevanten Schäden für die CFK-Reparatur auszulegen?“

„Wie können die Unsicherheitsbeiträge der Messsystemkomponenten modelliert und hinsichtlich einer werkstattgerechten CFK-Reparatur quantifiziert werden?“

„Wie lassen sich die Unsicherheitsbeiträge durch eine Messparameteroptimierung und unter Einbeziehung von Oberflächenmessdaten für die CFK-Reparatur hinreichend reduzieren?

Die Beantwortung der Forschungsfragen erfolgt im Wesentlichen im Hauptteil dieses Forschungsvorhabens (Kapitel 5-7). Der strukturelle Aufbau und die Inhalte der Kapitel werden nach einer Vorstellung des angewandten Forschungsdesigns in Abschnitt 4.2 vorgestellt.

4.2 Forschungsdesign und Aufbau der Arbeit

Das Forschungsdesign dieses Forschungsvorhabens basiert auf den Grundlagen des Design Science Research (DSR). Im Folgenden wird zunächst das allgemeine Vorgehen des DSR erläutert; daran anschließend wird die Anwendung des DSR zur Strukturierung der weiteren Kapitel dieses Forschungsvorhabens sowie zur Formulierung der forschungsleitenden Fragen erläutert.

<u>Kernelemente des Design Science Research (DSR)</u>

Das DSR grenzt sich von den klassischen, erklärenden Wissenschaften dadurch ab, dass es die praktische Relevanz und Nützlichkeit einer Forschungsarbeit in den Vordergrund stellt. Die traditionellen, erklärenden Wissenschaften haben ihre Wurzeln in der Naturwissenschaft. Die Forschungsarbeit der erklärenden Wissenschaften zielt darauf ab, Theorien zu entwickeln, ein besseres Verständnis bezüglich eines Phänomens zu erhalten und dieses der Allgemeinheit zugänglich zu machen. Es bezieht sich auf „die Suche nach der Wahrheit“ [AKEN05]. Im Gegensatz hierzu liegen die Wurzeln des DSR in den Ingenieurwissenschaften. Das DSR ist klar lösungsorientiert und hat die Aufgabe, Wissen zu entwickeln, welches Fachleute einer Disziplin zu der Lösung eines konkreten Problems anwenden können [AKEN05]. Das DSR nutzt neben eigenen Forschungsergebnissen auch Ergebnisse der erklärenden Wissenschaften, um Wissen zu produzieren, welches für Lösungen in einem konkreten Anwendungsbereich nützlich ist. Die Wissenschaftler nutzen allgemeines Wissen ihrer Disziplin, um spezifische Lösungen für spezifische Probleme zu entwickeln. [HEVN04]

Das DSR besteht aus der Verkörperung dreier, miteinander in Beziehung stehender Zyklen der Forschungsaktivität, welche in der Literatur als Relevanz-Zyklus, Rigor-Zyklus und Design-Zyklus bezeichnet werden. Mittels der drei Zyklen wird die Domäne der Forschungsarbeit mit der des initiierenden Anwendungsbereichs und der zu erweiternden Wissensbasis verknüpft. Das Zusammenspiel dieser drei Zyklen und Domänen ist in Abbildung 4-1 schematisch dargestellt.

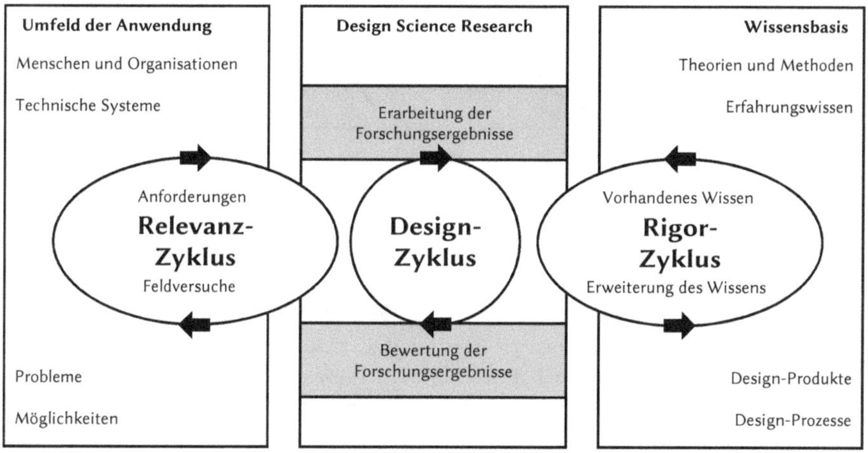

Abbildung 4-1: Die Zyklen des Design Science Research in Anlehnung an [HEV07]

Der Relevanz-Zyklus stellt die Brücke zwischen dem DSR-Forschungsvorhaben und der Umwelt bzw. dem Anwendungszusammenhang dar. Mittels des Relevanz-Zyklus werden die Forschungsvorhaben des DSR in einem konkreten Anwendungskontext initiiert. Dieser liefert nicht nur das zu adressierende Problem als Input für das DSR-Projekt sondern validiert zudem die im DSR-Projekt erzielten Ergebnisse und definiert Akzeptanzkriterien für diese. Der Rigor-Zyklus verbindet dagegen die DSR-Aktivitäten mit der Wissensbasis. Die Wissensbasis besteht aus wissenschaftlichen Grundlagen, Erfahrungen, fachlicher Expertise und bereits existierenden Lösungen, die den Stand der Technik definieren. Hier wird vorhandenes Wissen zur Verfügung gestellt, welches zudem die erzielten Ergebnisse des DSR als Innovation herausstellt. Erzielte Ergebnisse des DSR werden zudem mit der Zeit zu „best practices" und damit an die Wissensbasis zurückgespielt. Kern eines jeden DSR-Projekts ist der Design-Zyklus welcher kontinuierlich zwischen den Kernaktivitäten des Erschaffens und des anschließenden Bewertens der Forschungsergebnisse iteriert. Anhand der unmittelbaren Bewertung werden die Forschungsergebnisse kontinuierlich verfeinert. [HEVN07]

Das Forschungsdesign dieses Forschungsvorhabens

Das methodische Vorgehen dieser Arbeit lehnt sich an die in Abbildung 4-1 dargestellte grundlegende Struktur eines DSR-Projekts an und gliedert sich in neun Kapitel. Die Verortung der Kapitelinhalte im Design dieser Forschungsarbeit sind in Abbildung 4-2 dargestellt und wird im Folgenden erläutert.

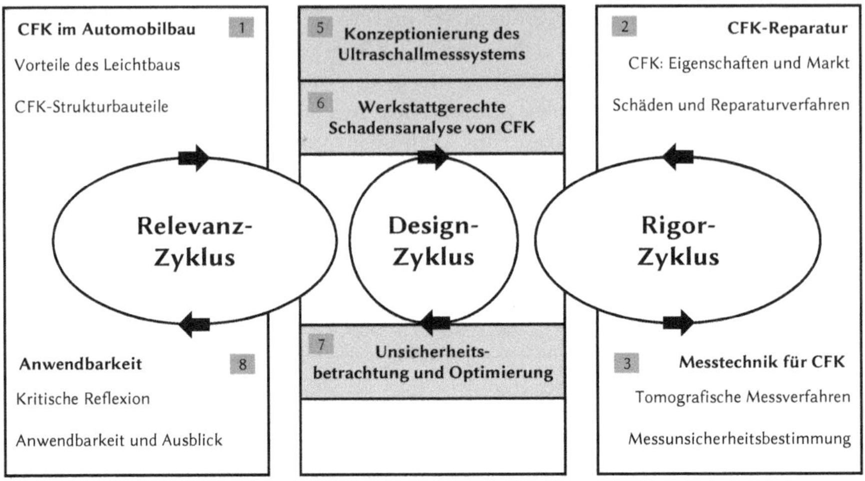

Abbildung 4-2: Methodisches Vorgehen dieses Forschungsvorhabens

Kapitel 1 motiviert das Forschungsvorhaben aus einer Charakterisierung des Anwendungszusammenhangs „CFK im Automobilbau" heraus. Es werden die Vorteile des CFK-Leichtbaus hinsichtlich Gewichtsersparnis und Treibstoffreduktion hergeleitet und der Einsatz von CFK im Automobilbau diskutiert. Anschließend wird die Problematik fehlender Reparaturkonzepte und die Notwendigkeit einer werkstattgerechten Schadensanalyse aufgezeigt.

Kapitel 2 beschreibt zunächst die vorhandene Wissensbasis bezüglich der Eigenschaften und des strukturellen Aufbaus von CFK und zeigt die aktuelle Marktentwicklung auf. Anschließend werden die Schadensbilder in CFK charakterisiert und vorhandene Reparaturmaßnahmen vorgestellt.

Kapitel 3 befasst sich ebenfalls mit der vorhandenen Wissensbasis, jedoch aus messtechnischer Sicht. Es werden die tomografischen Messverfahren für CFK beschrieben und deren Eignung für die Schadensanalyse bewertet. Insbesondere wird der Stand der Technik in der ultraschallbasierten Schadensanalyse und Messunsicherheitsbetrachtung dargelegt und die Forschungslücke aufgezeigt.

Nach einer Erläuterung der angewandten Forschungsmethodik in *Kapitel 4* stellen die Kapitel 5, 6 und 7 den Hauptteil des Forschungsvorhabens dar. Hier werden vor dem Hintergrund der forschungsleitenden Teilforschungsfragen die Forschungsergebnisse in Teilschritten iterativ erarbeitet und experimentell validiert.

Kapitel 5 befasst sich mit der Konzeptionierung des optisch georteten Ultraschallmesssystems, der Auslegung der beteiligten Komponenten und Schnittstellen und der Beschreibung der prototypischen Realisierung; der Auswahl und Konfiguration der Hardwarekomponenten, der Entwicklung einer Steuerungselektronik zur synchronen Messdatenaufnahme sowie die Konzeptionierung der Messsoftware zur Messdatenauswertung und -visualisierung.

Auf Basis dieses konzeptionierten Systems werden in *Kapitel 6* die Algorithmen zur Detektion, Lokalisierung und Quantifizierung von Schäden ermittelt.

Während die Kapitel 5 und 6 der Erarbeitung der Forschungsergebnisse dienen, erfolgt in *Kapitel 7* die iterative Bewertung der Forschungsergebnisse hinsichtlich des Kriteriums der erzielbaren Messunsicherheit. Es werden zwei separate Prüfstände zur Optimierung der Messdatenaufnahme des Ultraschallmesssystems und des Ortungssystems entwickelt. Anschließend wird das Gesamt-Messsystem im Verbund betrachtet und im dritten Schritt die Möglichkeit der Messunsicherheitsreduktion unter Zuhilfenahme von Oberflächenmessdaten eines separaten Messsystems.

Kapitel 8 bewertet über den Relevanz-Zyklus die erarbeiten Forschungsergebnisse vor dem Hintergrund des in Kapitel 1 dargelegten Anwendungszusammenhangs und befasst sich mit der Beantwortung der Hauptforschungsfrage. Das durchgeführte Forschungsvorhaben sowie das verwendete Forschungsdesign werden kritisch reflektiert. Zuletzt wird ein Ausblick auf anknüpfende, künftige Forschungsfragen gegeben.

5 Konzeptionierung und Realisierung des optisch georteten Ultraschallmesssystems

Design and realization of the optically tracked ultrasonic measurement system

Der aus dem Stand der Technik resultierende Lösungsansatz besteht in der werkstattgerechten Schadensanalyse mit Hilfe eines optisch georteten Ultraschallmesssystems. Vor Entwicklung und experimenteller Validierung der Algorithmen zur werkstattgerechten Schadensanalyse in *Kapitel 6* muss das hierfür einzusetzende optisch geortete Ultraschallmesssystem konzeptioniert und prototypisch aufgebaut werden. Hierzu werden in diesem Kapitel zunächst die Anforderungen aufgeführt, denen ein solches Messsystem gerecht werden muss (5.1). Anschließend wird die Architektur des Messsystems mit den Systemkomponenten, Schnittstellen und Datenflüssen modelliert (5.2). Darauffolgend wird die prototypische Realisierung des erläutert (5.3) und ein Zwischenfazit zur Konzeptionierung und Realisierung des Messsystems gezogen (5.4). Dieses Kapitel adressiert die erste der vier Teilforschungsfragen:

„Wie kann ein optisch geortetes Ultraschallmesssystem konzeptioniert und für den praxisgerechten Einsatz in der CFK-Reparatur prototypisch realisiert werden?“

5.1 Anforderungen an das optisch geortete Ultraschallmesssystem

Entsprechend der Analyse des Standes der Technik (vgl. Kapitel 3) ist ein Ultraschallmesssystem mit optischer Ortung des Ultraschallmesskopfes zu konzeptionieren. Damit dieses sogenannte optisch geortete Ultraschallmesssystem zu der werkstattgerechten Schadensanalyse, d.h. insbesondere der Detektion, Lokalisierung und Quantifizierung von Impactschäden, geeignet ist, muss es besonderen Anforderungen genügen und daher um einige notwendige Elemente erweitert werden. Diese sind in der folgenden Abbildung grafisch dargestellt.

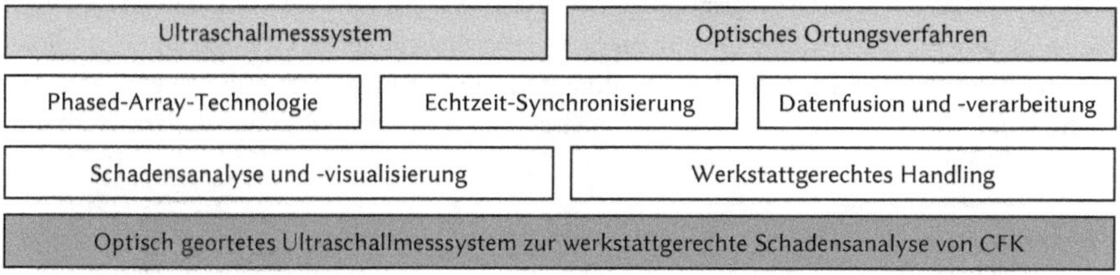

Abbildung 5-1: Elemente des optisch georteten Ultraschallmesssystems

Zur Prüfung großflächiger CFK-Karosseriebauteile und zur Erreichung einer hinreichenden Quantifizierungsgenauigkeit ist die Messung mittels konventionell eingesetzter nur punktuell messender Ultraschall-Einzelschwinger nicht zu empfehlen, weshalb die Phased-Array-Technologie zu verwenden ist. Die in Vorarbeiten angewandte zeitstempelbasierte Synchronisierung der Messdatenaufnahme (vgl. Kapitel 3) steht zudem dem Erreichen einer hinreichenden Lokalisierungsgenauigkeit entgegen, weshalb eine Echtzeit-Synchronisierung der Messdatenaufnahme zu entwickeln ist. Die Steuerung des Messprozesses sowie die Fusion, Verarbeitung und Auswertung der Messdaten muss über eine oder mehrere Messprogramme und -algorithmen durchgeführt werden, welche nicht nur der Schadensanalyse, sondern zugleich den

Anforderungen einer werkstattgerechten Schadensvisualisierung genügen müssen. Für den Einsatz in einer Kfz-Werkstatt sind zudem eine einfache Messdurchführung, ein einfaches Handling der Messsysteme und vergleichsweise geringe Hardwarekosten von Vorteil. Auf Basis der in Abbildung 5-1 aufgeführten Bausteine werden im Folgenden die Komponenten und die Systemarchitektur des optisch georteten Ultraschallmesssystems modelliert.

5.2 Systemarchitektur und Komponenten

Der Fokus dieses Abschnitts der Forschungsarbeit liegt nicht in der Entwicklung neuer Messtechnologien, sondern in der Verwendung innovativer Verfahren und Algorithmen zur Messdatenauswertung mit Hilfe einer neuartigen Kombination vorhandener Messtechnologien. Im Sinne der verwendeten Forschungsmethodik auf Basis des Design Science Research (DSR) werden Forschungsergebnisse produziert, welche für Lösungen im konkreten Anwendungsbereich der CFK-Reparatur nützlich sind.

Aus der Analyse des Standes der Technik resultiert die Notwendigkeit, ein Ultraschallmesssystem für den Einsatz in einer CFK-Reparaturwerkstatt zu befähigen sowie Schnittstellen bereitzustellen, über die notwendige Informationen für die strukturmechanische Schadensbewertung und die Schadensreparatur bereitgestellt werden können. Gemäß den in Abbildung 5-1 definierten Anforderungen besteht dieses Messsystem aus den folgenden vier zentralen Komponenten:

1.) Phased-Array-Ultraschallmesssystem (PAUS)
2.) Optisches Ortungssystem (OOS)
3.) Steuerungselektronik
4.) Messsoftware

Die erforderlichen Messdaten werden durch das Phased-Array-Ultraschallmesssystem (PAUS) und das optische Ortungssystem (OOS) generiert. Die zentrale Komponente ist jedoch die Messsoftware. Diese dient sowohl zur Steuerung des Messprozesses und zur Einstellung der Messparameter als auch zur Verarbeitung und Auswertung der Messdaten sowie zur Visualisierung der Messergebnisse. Die Systemarchitektur mit der Verknüpfung der vier Komponenten ist in Abbildung 5-2 dargestellt.

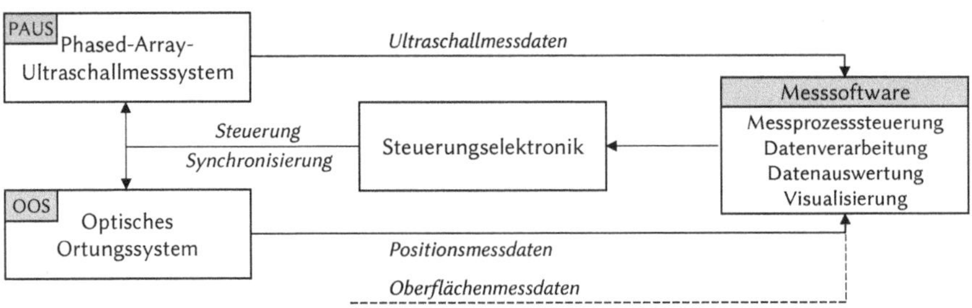

Abbildung 5-2: Systemarchitektur des Ultraschallmesssystems

Die Ultraschallmessung wird mit einem manuellen Phased-Array-Ultraschallmesssystem durchgeführt, wobei die Position und Orientierung des Ultraschallmesskopfes während der

Messung durch ein optisches Ortungssystem gemessen wird. Als Schnittstelle zwischen der Messsoftware und den Messsystemen fungiert eine Steuerungselektronik, welche die Aufnahme und Verarbeitung der Messdaten sowie die Synchronisierung zwischen den beiden Messsystemen (PAUS, OOS) übernimmt. Nach Aufnahme der Messdaten werden die Ultraschallmessdaten und die Positionsmessdaten von den Messsystemen an die Messsoftware übertragen. Zudem kann optional mit Hilfe eines optisch messenden 3D-Scanners ein 3D-Oberflächenmodell des geschädigten CFK-Strukturbauteils generiert werden. Die hieraus resultierenden Oberflächenmessdaten können, wie in Kapitel 7 gezeigt wird, nicht nur zur Detektion und Bewertung von Oberflächenschäden herangezogen werden, sondern zusätzlich die 3D-Lokalisierung der mittels Ultraschall erfassten innenliegenden Schadensgeometrien optimieren.

In Abbildung 5-3 ist ein mögliches Einsatzszenario des optisch-getrackten Ultraschallmesssystems in einer Kfz-Werkstatt dargestellt. Der PAUS-Messkopf wird durch einen Werker manuell zur Aufzeichnung der Ultraschallmessdaten über den zu messenden Bereich der CFK-Struktur geführt. Über die in der Messstation enthaltene Steuerungselektronik werden die Messsysteme (PAUS und OOS) gesteuert und synchronisiert. Die Positionsmessdaten werden dabei durch eine oder mehrere im Raum verteilte Kameras aufgezeichnet. Die Messstation enthält zudem den mit den Messsystemen gekoppelten Teil der Messsoftware, den der Werker zur Triggerung des Messprozesses und zur Begutachtung der Messqualität benötigt.

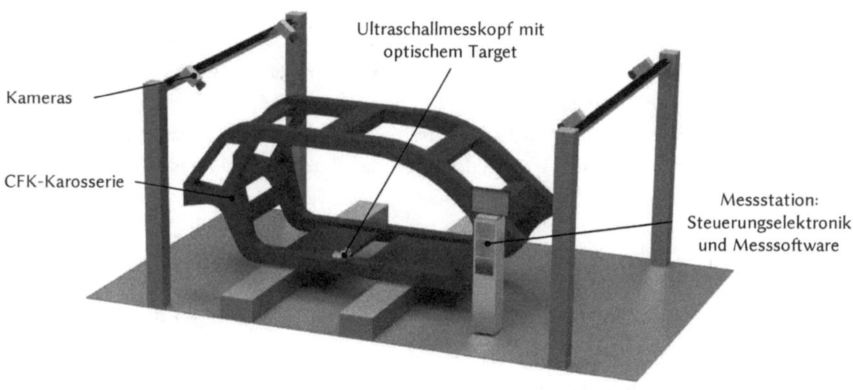

Abbildung 5-3: Einsatzszenario des optisch georteten Ultraschallmesssystems

Die wesentlichen Eigenschaften der vier Hauptkomponenten werden im Folgenden skizziert:

Phased-Array-Ultraschallmesssystem (PAUS)

Im Vergleich zu konventionellen Ultraschallmesssystemen können PAUS eine größere Messbreite abdecken und erlauben durch eine zeitversetzte Anregung nebeneinanderliegender Piezoelemente eine dynamische Fokussierung und Schalleinbringung bei verschiedenen Einschallwinkeln. Je nach Anordnung der Piezoelemente wird zwischen Linien-, 2D- und Ring-Arrays unterschieden. Größere Messköpfe bringen Probleme bei der

Messung kleiner Radien mit sich, erlauben jedoch eine größere Messbereichsabdeckung. In dieser Arbeit wird ein häufig für großflächige Messungen verwendeter Linien-Array eingesetzt. Als Kompromisslösung bietet dieser mehr Flexibilität als ein Matrix-Array bei einer im Vergleich zu konventionellen Einzelschwingern größeren Messbereichsabdeckung.

Aufgrund der Struktur des Linien-Arrays können an einer Messkopfposition direkt mehrere Ultraschall-A-Scans aufgenommen werden. Ein A-Scan resultiert aus einem Schallbündel, welches aus einer Gruppe zusammengeschalteter Piezoelemente, genannt Apertur A, besteht. Schallbündel bestehen in der Regel aus gruppierten Piezoelementen, da ein Element allein zu wenig Schallenergie induziert und somit zum Fehlernachweis nicht sensitiv genug ist. Diese Apertur A wandert – elektronisch gesteuert und in diesem Fall mit der Schrittweite von einem Piezoelement – von einem bis zum anderen Ende des Linien-Arrays, sendet einen Schallimpuls aus und generiert aus der Impulsantwort an jeder Position einen A-Scan. Die Anzahl der A-Scans je Messposition entspricht dabei der Anzahl der Aperturen n_A, welche sich aus der Anzahl aller Piezoelemente n_P und der Anzahl der Piezoelemente eines Schallbündels n_E gemäß Formel (18) berechnet.

$$n_A = n_P - n_E + 1 \tag{18}$$

Die optimale Einstellung der Anzahl n_E wird für den Anwendungsfall dieser Forschungsarbeit experimentell hinsichtlich der Eignung zur Schadensanalyse bewertet (vgl. Kapitel 7).

Im Bereich der natürlichen Nahfeldlänge N eines Schallfeldes ist die Schallintensität und somit die Sensitivität zur Fehlerdetektion am größten. Im Falle des Linien-Arrays berechnet sich diese aus der Länge der aktiven Apertur l_A, des Größenverhältnis-Faktors k_G, der Schallfrequenz des Messkopfes f_S und der Schallgeschwindigkeit c. Der mathematische Zusammenhang in Anlehnung an [OLYM14a] ist in der folgenden Formel (19) dargestellt.

$$N = \frac{k_G \cdot l_A \cdot f_S}{4 \cdot c} \tag{19}$$

Der Linien-Array-Messkopf besteht aus einer aktiven Apertur (in Array-Richtung – lange Seite des Messkopfes) und einer passiven Apertur (orthogonal zur Array-Richtung – kurze Seite des Messkopfes). Entlang der aktiven Apertur kann das Schallbündel im Bereich der Nahfeldlänge N bis zur Fokuslänge f_F fokussiert werden. Der Größenverhältnis-Faktor k_G ist abhängig von dem Längenverhältnis zwischen aktiver und passiver Apertur und ist dem Anhang dieser Arbeit zu entnehmen.

Insbesondere bei den im Vergleich zu metallischen Werkstoffen relativ dünnen CFK-Bauteilen ist diese Möglichkeit der Fokussierung von besonderer Bedeutung. Die Fokussierfähigkeit steigt mit der Anzahl der zu einer aktiven Apertur gebündelten Piezoelemente. Eine schematische Darstellung der aktiven und passiven Aperturen des Ultraschallmesskopfes sowie der Zusammenhänge zwischen Fokuslänge f_F , Nahfeldlänge N und der Länge der aktiven Apertur l_A ist in Abbildung 5-4 dargestellt.

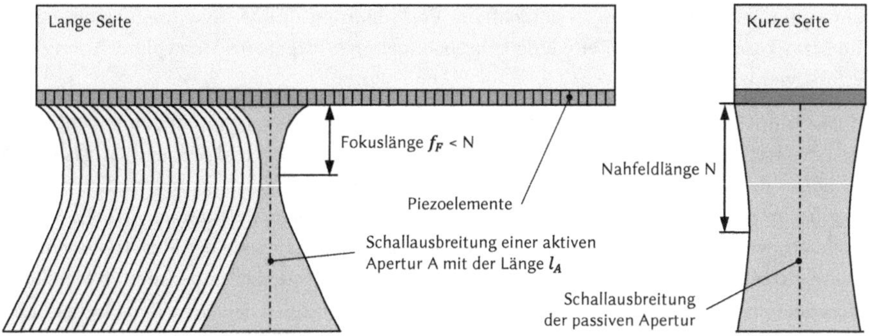

Abbildung 5-4: Aktive und passive Apertur eines Linien-Array-Messkopfes

Nach jeder Ultraschallmessung wird ein Satz von Ultraschallmessdaten UD generiert, der sich wie folgt zusammensetzt: Im Takt der Messaufnahmefrequenz werden je Triggerpunkt des PAUS alle n_A-Aperturen einmal durchlaufen und je Apertur A ein Ultraschall-A-Scan erzeugt. Dieser A-Scan stellt wiederum einen Array von Schallamplituden über der Laufzeit dar, wobei ein Amplitudenwert einem Sample s entspricht. Die mindestens erforderliche Anzahl von Samples richtet sich gemäß des Nyquist-Shannon-Abtasttheorems nach der oberen Schranke, d.h. der oberen Messfrequenz, des Ultraschallmesskopfes $f_{S,max}$ und der mittleren Schallgeschwindigkeit c des Werkstoffs gemäß Formel (21).

$$n_{s,min} = \frac{m}{c \cdot \Delta t_{max}}, \qquad \Delta t_{max} \leq \frac{1}{2 \cdot f_{S,max}} \tag{20}$$

Resultierend aus den Schallintensitäten der Anzahl der Samples n_s, der Anzahl der Aperturen n_A und der Aufnahme dieser Ultraschallmessdaten an der Anzahl der Triggerpunkte n_T resultiert die im Folgenden dargestellte dreidimensionale Matrix der Ultraschallmessdaten UD.

$$UD = \begin{bmatrix} U_{1,1,1} & \cdots & U_{1,n_S,1} \\ \vdots & \ddots & \vdots \\ U_{1,n_A,1} & \cdots & U_{1,n_A,n_S} \end{bmatrix} \begin{bmatrix} U_{n_T,1,1} & \cdots & U_{n_T,n_S,1} \\ & & \vdots \\ & & U_{n_T,n_A,n_S} \end{bmatrix} \tag{21}$$

<u>Optisches Ortungssystem (OOS)</u>

Das optische Ortungssystem besteht im Wesentlichen aus zwei Komponenten: einem zu ortenden Target, bestehend aus fest miteinander verbundenen Markern, und einem zur Ortung verwendeten Detektor. Zur Ortung der Position und Lage des Targets im Raum benötigt dieses mindestens drei lichtemittierende Marker, die durch den Detektor erfasst werden müssen. Als Detektor wird in dieser Forschungsarbeit eine Infrarot (IR)-Hochgeschwindigkeitskamera verwendet, welche unempfindlich gegenüber Fremdlicht-Einflüssen ist und die Positionen der Marker in einer großen Frequenz aufnehmen kann. Das OOS ist zudem skalierbar konzeptioniert, d.h. es können sowohl zur Vergrößerung des Messvolumens mehrere IR-Kameras zusammengeschaltet werden als auch mehrere Targets im Messvolumen zeitgleich erfasst werden.

Zur Ortung des PAUS-Messkopfes wird dieser fest mit einem Target verbunden, welches mindestens drei aktive Marker, im Folgenden bezeichnet als $M1, M2$ und $M3$, enthält. Da jedoch nicht nur der Messkopf, sondern in erster Linie die PAUS-Messdaten geortet werden müssen, werden an der Unterseite des PAUS-Messkopfes drei zusätzliche sogenannte virtuelle Marker definiert, welche die Ebene aufspannen, die alle Schallaustrittspunkte des Messkopfes enthält. Diese virtuellen Marker lassen sich in einem durch die aktiven Marker definierten Messkopf-Koordinatensystem KS_M verorten. Um nun nicht die Positionen der virtuellen Marker bezogen auf das Messkopf-Koordinatensystem KS_M, sondern bezogen auf das Kamerakoordinatensystem KS_K zu erhalten, muss für jeden virtuellen Marker im Koordinatensystem des Messkopfes ($VM1_M$, $VM2_M, VM3_M$) eine Koordinatentransformation durchgeführt werden. Die Rotation und Transformation des virtuellen Markers $VM1$ sind beispielhaft in folgender Formel dargestellt.

$$\begin{bmatrix} VM1\_X \\ VM1\_Y \\ VM1\_Z \end{bmatrix} = R_{KS_M \rightarrow KS_K} \cdot \begin{bmatrix} VM1_{X_M} \\ VM1_{Y_M} \\ VM1_{Z_M} \end{bmatrix} - T_{KS_M \rightarrow KS_K} \tag{22}$$

Da die Positionsinformationen der virtuellen Marker jedoch nicht nur einmal sondern kontinuierlich in hoher Frequenz während der Messprozessdauer T erfasst werden, resultiert aus einem Messprozess die im Folgenden dargestellte Matrix der Positionsmessdaten PD mit den Positionsmessdaten der virtuellen Marker zu allen Messpunkten (n_T).

$$PD = \begin{bmatrix} VM1\_X_1 & VM2\_X_1 & VM3\_X_1 \\ VM1\_Y_1 & VM2\_Y_1 & VM3\_Y_1 \\ VM1\_Z_1 & VM2\_Z_1 & VM3\_Z_1 \end{bmatrix} \cdots \begin{bmatrix} VM1\_X_{n_T} & VM2\_X_{n_T} & VM3\_X_{n_T} \\ & & VM3\_Y_{n_T} \\ & & VM3\_Z_{n_T} \end{bmatrix} \tag{23}$$

Steuerungselektronik

Die Steuerungselektronik dient als Schnittstelle zwischen der Messsoftware und den Messsystemen PAUS und OOS. Ziel ist es, den Messprozess vom Messrechner aus zu starten und zu stoppen, die Messdaten auf den Messrechner zu übertragen sowie die beiden Messsysteme miteinander zu synchronisieren. Hierzu ist eine Echtzeit-Datenaufnahme über einen Hardware-Trigger geplant. Der Trigger kann von einem der Messsysteme oder durch die Steuerungselektronik selbst erzeugt werden. Je nach Spezifikation der zur prototypischen Realisierung ausgewählten Messsysteme und der verfügbaren Schnittstellen ist eine der Varianten zu bevorzugen.

Messsoftware

Die Messsoftware dient zum einen der Steuerung des optisch georteten Ultraschallmesssystems und zum anderen der Verarbeitung und Visualisierung der Messdaten für die werkstattgerechte Schadensanalyse und besteht aus den in Tabelle 5-1 dargestellten Komponenten. Während die Komponenten zur Steuerung des Messsystems mit der Hardware gekoppelt und in der Regel auf dem Messrechner ausgeführt werden, sind die Komponenten zur Analyse und Visualisierung der Messergebnisse von der Hardware entkoppelt und räumlich ungebunden.

Tabelle 5-1: Komponenten der Messsoftware

Steuerung des Messsystems	Schadensanalyse und Visualisierung
Gekoppelt mit dem Messsystem (lokal)	Entkoppelt vom Messsystem (verteilt)
Frontend: GUI zur Steuerung der Aufnahme der Messdaten	Frontend: GUI zur Visualisierung der Messergebnisse
Backend: Triggerung, Aufnahme und Speicherung der Rohmessdaten	Backend: Verarbeitung und Analyse der Messdaten, Algorithmen zur Schadensanalyse

Die Steuerung des Messsystems erfolgt über eine an das System gekoppelte GUI zur Steuerung des Messprozesses. Aufgabe des Backends ist es, den Messprozess zu starten, zu stoppen, die Komponenten PAUS und OOS zu synchronisieren sowie die Messdaten inklusive aller Parametereinstellungen abzuspeichern. Die Auswertung der Messdaten mit Hilfe der Algorithmen zur werkstattgerechten Schadensanalyse ist zum einen entkoppelt vom eingesetzten Messsystem, zum anderen jedoch auch mit hohem Rechen- und Zeitaufwand verbunden und wird daher auf mehreren verteilten Systemen ausgeführt. Auch das Frontend zur Visualisierung der Messergebnisse muss von mehreren Rechnern aus zugänglich sein. Die Einstellungen und Messparameter der Messsysteme werden im Wesentlichen durch proprietäre mit den Messsystemen verbundene Konfigurationsprogramme durchgeführt.

5.3 Prototypische Realisierung

Gemäß der Systemarchitektur besteht das optisch geortete Ultraschallmesssystem aus vier Hardware-Komponenten: PAUS, OOS, Steuerungselektronik und Messsoftware. Die zur prototypischen Realisierung ausgewählten „realen“ Hardware-Komponenten werden im Folgenden zusammen mit den Schnittstellen zwischen den Komponenten sowie den resultierenden Rohmessdaten für die werkstattgerechte Schadensanalyse erläutert. Ein Szenario der prototypischen Realisierung ist beispielhaft in Abbildung 5-5 dargestellt.

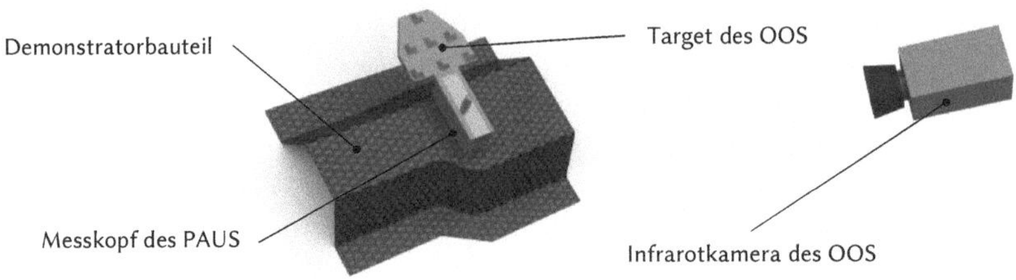

Abbildung 5-5: Szenario der prototypischen Realisierung

Der Ultraschallmesskopf wird dabei fest mit einem additiv gefertigten Target-Bauteil verbunden, welches die aktiven Marker enthält, dessen Positionen von einer Infrarotkamera geortet werden können. Die Demonstration des Messprozesses erfolgt anhand des sogenannten Demonstratorbauteils sowie anhand kalibrierter Versuchsbauteile. Die Versuchsbauteile sowie der Ablauf des Messprozesses und der modellbasierten Analyse der Ultraschallmessdaten werden im Anschluss in Kapitel 6 dargelegt.

Phased-Array-Ultraschallmesssystem (PAUS)

Zur Ultraschallmessung wird das Messgerät Olympus OmniScan MX2 mit den in Abbildung 5-6 aufgeführten Komponenten verwendet. Das Messgerät wird bereits industriell eingesetzt und eignet sich besonders zur Prüfung faserverstärkter Kunststoffe [OLYM21].

Der Ultraschallmesskopf besteht in dieser Konfiguration aus 64 einzeln ansteuerbaren Piezoelementen, die jeweils eine kalibrierte Mittelfrequenz von 5,18 Mhz aufweisen [OLYM13]. Durch eine zeitversetzte Ansteuerung der Piezoelemente lässt sich die Schallfeldgeometrie dynamisch anpassen. Zur Überbrückung der im Impuls-Echo-Betrieb unvermeidbaren „toten Zone“ und der Möglichkeit der Messung oberflächennaher Schichten wird ein aus Rexolit gefertigter Vorlaufkeil verwendet.

Olympus OmniScan MX2	
PA-Modul:	OMNI-M-PA32128
Messkopf:	5L64-64X7-NW1
Vorlaufkeil:	SNW1-OL

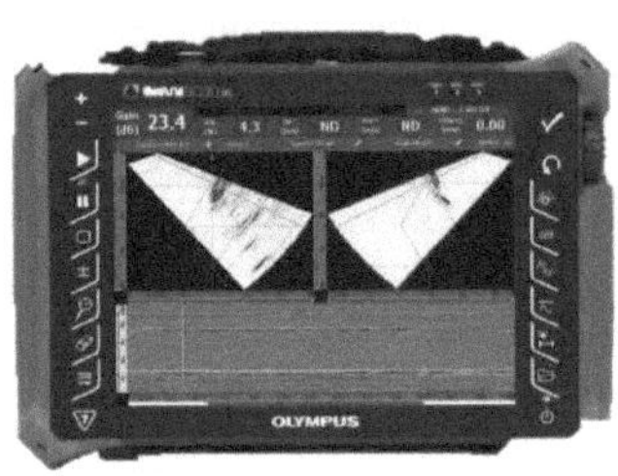

Abbildung 5-6: Konfiguration des PAUS Olympus OmniScan MX2

Die wesentlichen Einstellparameter zur Schadensanalyse werden in 6.3 (S. 52) erläutert und in 7.3 (S. 83) experimentell validiert. Alle Einstellungen werden im Olympus-eigenen OPS-Format gespeichert. Die A-Scans der virtuellen Aperturen werden hingegen im Olympus-OPD-Format hinterlegt, welches zur Schadensanalyse in ein ASCII-Format konvertiert werden muss. Hierzu wurde ein OPD-Konverter entwickelt und in die Messsoftware integriert. Zur Triggerung des PAUS über die Steuerungselektronik besitzt das Messgerät vier 5V-TTL-Digitaleingänge. Über einen 5V-TTL-Digitalausgang wird das OOS getriggert.

Optisches Ortungssystem (OOS)

Das optische Ortungssystem der Firma Nexonar dient zur Messung der Pose des Ultraschallmesskopfes. Es besteht aus einer Infrarotkamera mit Objektiv sowie mehreren Infrarot-Targets. Ein Target besteht aus einer Kunststoffhalterung, in welche mehrere Infrarotdioden integriert sind, welche als aktive Marker dienen. Über die Positionsmessung der vier IR-Dioden im Sichtfeld der IR-Kamera werden die Position und die Orientierung des Targets bestimmt. Die weiteren Dioden dienen der Identifikation des Targets sowie zu Service- und Wartungszwecken. Es können bis zu acht Targets gleichzeitig geortet werden. Die wesentlichen Komponenten des OOS sind in Abbildung 5-7 dargestellt.

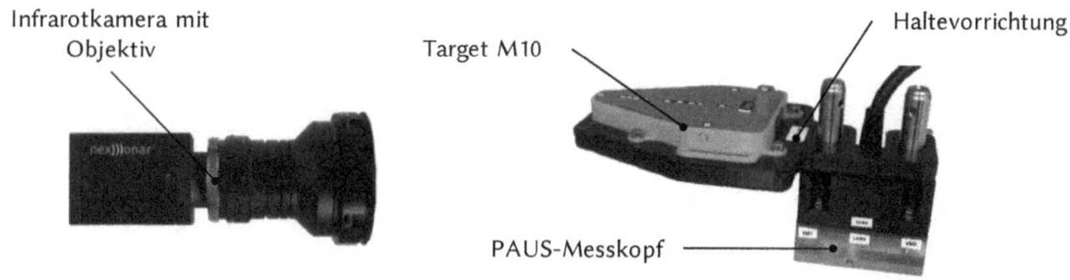

Abbildung 5-7: Komponenten des optischen Ortungssystems

Zur Ortung des Ultraschallmesskopfes wurde eine Haltevorrichtung konstruiert und additiv gefertigt, welche das Target fest mit dem Ultraschallmesskopf verbindet. Die Positionsdatenaufnahme kann über einen 5V-TTL-Digitaleingang des OOS über das Triggersignal des PAUS getriggert werden. Nach einer Messung werden die Positionsdaten in einem CSV-Format auf dem Messrechner abgelegt. Das OOS erlaubt eine Kombination von bis zu acht Infrarotkameras, sodass auch große Messvolumina wie bspw. zur Messung von CFK-Karosseriebauteilen abgedeckt werden können. Die technischen Daten des OOS sind in Tabelle 5-2 dargestellt.

Tabelle 5-2: Technische Daten des optischen Ortungssystems [NEXO20]

Messsystem:	nexonar IR SCT
Bildauflösung der Kamera:	1920 x 1200 Pixel
Frame-Rate der Kamera:	163 Hz
Sichtbereich der Kamera:	X-79° (yaw), Y-63° (pitch)
PAUS-Target:	M-Size M10
Target der Hard-Probe:	M-Size M6

In dieser Forschungsarbeit werden zwei baugleiche Targets verwendet. Eines ist über die oben dargestellte Haltevorrichtung mit dem Ultraschallmesskopf verbunden, das andere ist mit einer Messspitze zur Bildung einer Hard-Probe verbunden und dient zum Einlernen von Referenzpunkten am Bauteil oder an der Bauteilvorrichtung. Die Messunsicherheit des OOS variiert je nach Abstand, Winkel und Positionierung des Targets zur Kamera. Detaillierte Untersuchungen hierzu sind in Kapitel 7 dargelegt.

Entwickelte Steuerungselektronik

Ein elementarer Bestandteil des Systemaufbaus ist die entwickelte Steuerungselektronik zur Triggerung des Ultraschallmessgeräts und des Trackingsystems sowie zur echtzeitbasierten Datenfusion. Die Synchronisation der Positions- mit den Ultraschallmessdaten erfolgt dabei durch ein 5V-TTL-Signal, welches in einer definierten Messfrequenz vom Ultraschallmessgerät generiert wird. Je Messpunkt der Ultraschallmessung wird dieses Signal an die IR-Kamera gesendet, um dort die Positionsdaten aufzunehmen. Die Steuerung des Ultraschallmessgeräts (Start, Stopp, Speichern) erfolgt dabei vom Messrechner über eine USB-Verbindung und mit Hilfe eines Arduino Nanos V3. Ein vereinfachtes Schaltbild sowie eine Auflistung der Komponenten und Schnittstellen der Steuerungselektronik sind im Folgenden dargestellt.

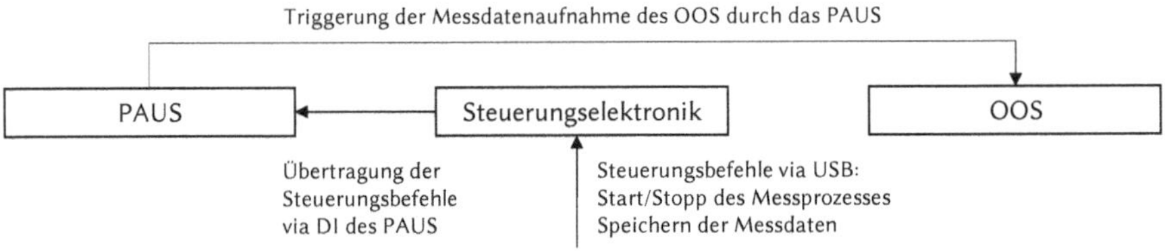

Trigger zur Steuerung der Messsysteme:	Arduino Nano V3
Schnittstelle zu den Messsystemen (PAUS, OOS)	D-Sub, 9-polig
Schnittstelle zur Messsoftware des Messrechners	USB

Abbildung 5-8: Schaltung der Steuerungselektronik

Entwickelte Messsoftware

Aufgrund der unterschiedlichen Anwendungsbedingungen der Messsoftware, besteht diese aus mehreren Komponenten, welche unter Verwendung verschiedener Programmiersprachen und -umgebungen entwickelt wurden. Analog zur Struktur der Konzeptionierung sind in Tabelle 5-3 die je Komponente verwendeten Programmierumgebungen dargestellt.

Tabelle 5-3: Implementierung der Messsoftware

Steuerung des Messsystems	Schadensanalyse und Visualisierung
Gekoppelt mit dem Messsystem (lokal)	Entkoppelt vom Messsystem (verteilt)
Frontend: Python, PyQt	Frontend: XML, CSS, JavaScript, ThreeJs
Backend: Python, C#, C (Arduino IDE)	Backend: Python

Die lokal am Messrechner verwendete GUI zur Steuerung des Messsystems sowie alle Algorithmen zur werkstattgerechten Schadensanalyse wurden in Python 3.6 realisiert. Die Programmierung der Mikrocontroller der Steuerungselektronik erfolgte in C mit der Arduino

IDE 1.8.13. Zur Realisierung einer verteilt nutzbaren browserbasierten GUI zur Visualisierung und Auswertung der Messergebnisse wurde JavaScript mit der 3D-Visualisierungs-Library ThreeJs in einer HTML-Einbettung verwendet. Zur Datenübertragung zwischen Frontend und Backend wird das Konzept AJAX (Asynchronous JavaScript and XML) sowie auf Seiten des Python-Backends das Mikro-Webframework Flask verwendet.

Die GUI zur Schadensanalyse und Visualisierung des Messprozesses sowie der Messergebnisse ist exemplarisch in Abbildung 5-9 dargestellt.

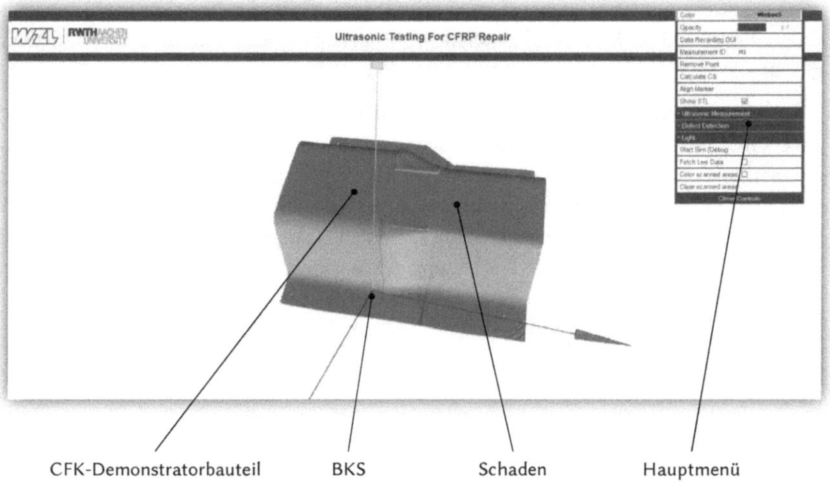

Abbildung 5-9: Frontend der Schadensanalyse und Visualisierung

Das Frontend besteht aus einer Projektionsfläche zur Visualisierung des CFK-Strukturbauteils, des Messprozesses sowie der Messergebnisse und einem Drop-Down-Hauptmenü zur Steuerung. Zu Beginn eines Messprozesses wird ein CAD-Modell oder alternativ ein 3D-Oberflächenmodell des realen geschädigten CFK-Strukturbauteils in den Webbrowser geladen. Die Darstellung entspricht dabei einer Projektionsfläche, welche zwischen der beobachteten Szene des 3D-Modells und einer in die Szene eingebetteten Kamera platziert ist.

5.4 Zwischenfazit zum optisch georteten Ultraschallmesssystem

Das optisch geortete Ultraschallmesssystem muss den Anforderungen der Schadensanalyse von CFK-Bauteilen im Werkstattumfeld gerecht werden. Die Aufnahme der Ultraschall- und Positionsmessdaten erfolgt in Echtzeit, wobei zur Ultraschallmessung die Phased-Array-Technologie zum Einsatz kommt. Neben einem werkstattgerechten Handling muss das zu konzeptionierende Messsystem die notwendigen Informationen zur Schadensbewertung und -reparatur bereitstellen (vgl. 5.1)

Der in dieser Arbeit entwickelte Lösungsansatz besteht aus vier zentralen Komponenten: einem Phased-Array-Ultraschallmesssystem (PAUS), einem optischen Ortungssystem (OOS), einer Steuerungselektronik und einer Messsoftware. Der Linien-Array des PAUS ermöglicht eine vergrößerte Messbereichsabdeckung und kann durch die flexible Bündelung mehrere Piezoelemente an einer Messposition auf verschiedene Tiefenlagen fokussieren. Das OOS enthält eine Infrarot-Kamera und erfasst lichtemittierende Marker, welche gebündelt in einem Target fest mit dem Ultraschallmesskopf verbunden sind, sodass die Ultraschallmessdaten in einem Bauteilkoordinatensystem geortet werden können. Die Messsoftware enthält lokal an das Messsystem gekoppelte und verteilte, nicht-gekoppelte Komponenten, welche sich funktional dem Front- oder Backend zuordnen lassen. Zur Steuerung sowie zur Synchronisierung der Messsysteme wird eine Steuerungselektronik entwickelt, die die Schnittstelle zur Messsoftware bildet und zur Steuerung und Synchronisierung des Messprozesses verwendet wird. (vgl. 5.2)

Für die prototypische Realisierung in einem vereinfachten Einsatzszenario wird ein PAUS des Typs OmniScan MX2 der Firma Olympus mit einem 64-Elemente-Linien-Array des Typs 5L64 und einem Rexolit-Vorlaufkeil des Typs SNW1 verwendet. Zur optischen Ortung des Messkopfes wird ein Infrarot-Ortungssystem der Firma Nexonar eingesetzt. Kombiniert werden beide Systeme mit einer Steuerelektronik bestehend aus einem Arduino Nano V3 zur Steuerung der Messsysteme. Die Datenverarbeitung der Messsoftware wird größtenteils in Python realisiert, wohingegen das Frontend browserbasiert mittels JavaScript implementiert wird (vgl. 5.3).

6 Werkstattgerechte Schadensanalyse von CFK

Shopfloor suitable damage analysis of CFRP

Voraussetzung der CFK-Reparatur und zugleich der Befähigung konventioneller Kfz-Werkstätten zur Reparatur von CFK-Strukturbauteilen ist die messtechnisch-gestützte und werkstattgerechte Schadensanalyse. Sie hat das Ziel, Schäden nicht nur zu detektieren, sondern zugleich zu quantifizieren und im Bauteil zu lokalisieren. Je zu messendem Merkmal resultieren Messwerte mit dazugehörigen Messunsicherheiten, welche als Input für die darauffolgende strukturmechanische Schadensbewertung zu nutzen sind. Dieses Kapitel befasst sich mit dem Messprozess, d.h. der Aufnahme, Verarbeitung und Analyse der Messdaten des zuvor konzeptionierten Messsystems. Analog zu 5.1 werden zunächst die Anforderungen und Elemente der werkstattgerechten Schadensanalyse identifiziert (6.1). Nach einer Beschreibung der verwendeten CFK-Versuchsbauteile (6.2) werden die Prozesse der Messvorbereitung, Messdurchführung und Messdatenaufnahme erläutert (6.3). Auf Basis der aufgenommenen Messdaten adressiert dieses Kapitel im Anschluss die zweite Teilforschungsfrage:

„Wie sind die werkstattgerechten Messprozesse und die Algorithmen zur Lokalisierung und Quantifizierung der relevanten Schäden für die CFK-Reparatur auszulegen?"

Hierzu werden zunächst auf Basis einer Modellierung der zustandsabhängigen Schallintensitätsverteilungen die Ultraschallmessdaten hinsichtlich vorhandener Struktur-Schäden analysiert. Zur Lokalisierung und Quantifizierung der detektierten Schadensgeometrien wird anschließend die 3D-Rekonstruktion der Ultraschallmessdaten und eine clusterbasierte Auswertung der Ultraschallpunktewolken durchgeführt und dokumentiert (6.4). Zudem erfolgt eine erste Funktionsprüfung der werkstattgerechten Schadensanalyse auf Basis einer Schadensbilder-Analyse der geschädigten Impactplatten (6.5) und ein Zwischenfazit zur werkstattgerechten Schadensanalyse (6.6).

6.1 Anforderungen an die werkstattgerechte Schadensanalyse

Aufbauend auf dem in Kapitel 5 konzipierten optisch georteten Ultraschallmesssystem und den im Stand der Technik ermittelten Anforderungen werden im Folgenden die notwendigen Elemente zur werkstattgerechten Schadensanalyse definiert. Eine Übersicht hierzu liefert die folgende Abbildung 6-1.

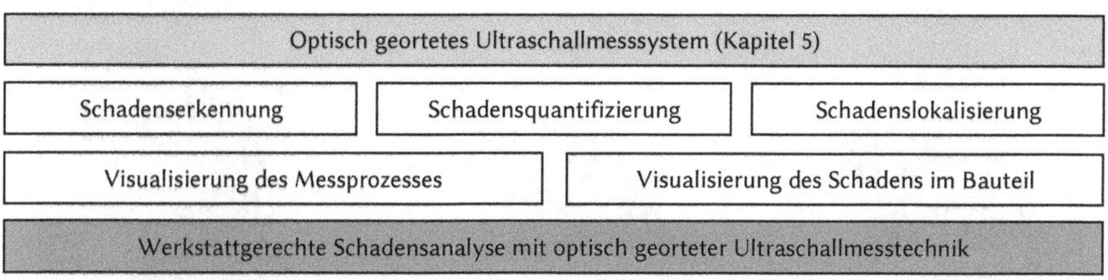

Abbildung 6-1: Elemente der werkstattgerechten Schadensanalyse

Zunächst sind Verfahren zur Referenzierung der Messdaten am Bauteil und im Rahmen der Messvorrichtung geeignete Messparameter zu ermitteln. Die Schadensanalyse selbst besteht aus Methoden und Algorithmen zur Erkennung relevanter Schäden in CFK-Strukturbauteilen, insbesondere sogenannter „low-velocity"-Impactschäden (vgl. 2.3, S. 9). Wird durch die Algorithmen ein Schaden detektiert, so ist dieser zu quantifizieren, beispielsweise durch ein Angleichen an bekannte Geometrien mit anschließender Messung, und bezogen auf ein am Bauteil definiertes Koordinatensystem zu lokalisieren. Ziel ist die Bereitstellung der notwendigen Schadensinformationen für die strukturmechanische Schadensbewertung sowie für die durchzuführende Reparatur. Damit die Schadensanalyse auch „werkstattgerecht" ist, d.h. in einer Kfz-Werkstatt durchgeführt werden kann, sind neben den zuvor definierten Anforderungen an das Messsystem zusätzliche Bedingungen an die Visualisierung zu stellen. Es muss nicht nur nach dem Messprozess der Schaden und insbesondere die Lage des Schadens im beschädigten Bauteil visualisiert werden, sondern zusätzlich die Bewegung des Messkopfes während des Messprozesses. Dadurch, dass der Ultraschallmesskopf linienförmig über das Bauteil geführt wird, ist zur Sicherstellung einer hinreichenden Messbereichsabdeckung insbesondere bei großflächigen Messungen von CFK-Strukturbauteilen eine Visualisierung der bereits gemessenen Bereiche erforderlich. Zur anschließenden Qualifizierung von Messsystem und Messprozess müssen zudem die Messunsicherheiten ermittelt und in Beziehung zu den einzuhaltenden Toleranzen gesetzt werden. Hierzu werden in Kapitel 7 die Messunsicherheitsbeiträge der Systemkomponenten experimentell ermittelt sowie durch Parameteroptimierungen und geeignete Versuchsaufbauten und -pläne in mehreren Iterationen reduziert.

6.2 Verwendete CFK-Versuchsbauteile

Zur prototypischen Erprobung der werkstattgerechten Schadensanalyse werden in dieser Forschungsarbeit drei Typen von CFK-Versuchsbauteilen verwendet: *Impactplatten* (d.h. mit einer spezifischen Einschlagenergie geschädigte CFK-Versuchsplatten), ein *Demonstratorbauteil* in Form eines sich verjüngenden Hutprofils sowie eine kalibrierte *Bohrungsplatte*. Die Vorder- und Rückseite einer der verwendeten Impactplatten mit multiaxialem Lagenaufbau (IM) und einer eingebrachten Impactenergie von 12 Joule sowie das Demonstratorbauteil sind in Abbildung 6-2 exemplarisch dargestellt. Diese Versuchsbauteile wurden im Prepreg-Ablegeverfahren hergestellt, im Autoklav ausgehärtet und anschließend mit Hilfe des Wasserstrahlschneidverfahrens zurechtgeschnitten.

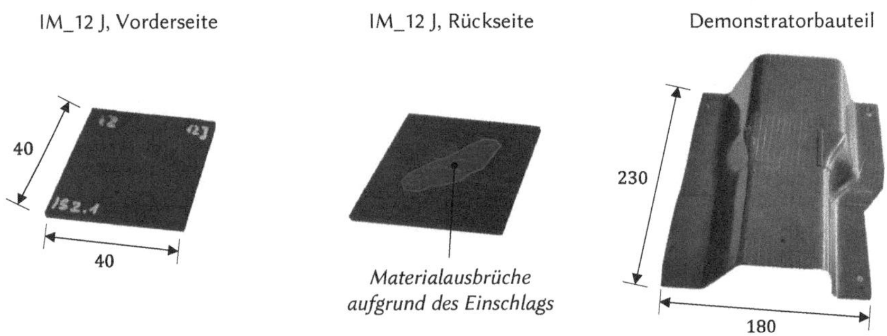

Abbildung 6-2: Vorder- und Rückseite einer Impactplatte IM und Demonstratorbauteil

In die *Impactplatten* wurden mit Hilfe eines Fallturms und eines halbkugelförmigen Fallbolzenkopfes gezielt Impactschäden eingebracht. Die Schadenseinbringung erfolgte unter Laborbedingung und Einhaltung der Norm DIN EN ISO 6603-2 [DIN6603-2]. Der Fallbolzenkopf hatte einen Durchmesser von 20 mm und die Impactplatten lagen auf einem kreisförmigen Auflager mit einem Durchmesser von 40 mm. In Annahme zunehmender Kontaktwiderstände bei zunehmender Einschlagenergie wurden Impactplatten mit Einschlagenergien zwischen 8 und 16 J hergestellt.

Das *Demonstratorbauteil* ist an die Geometrie eines CFK-Schwellers angelegt, welcher ein typisches und häufig eingesetztes CFK-Strukturbauteil in einer CFK-Karosserie darstellt. Es dient in dieser Forschungsarbeit zur experimentellen Validierung des in 7.5 (S. 108) geschilderten Optimierungsverfahren unter Zuhilfenahme von Oberflächenmessdaten.

In die *Bohrungsplatte* wurden 30 Flachbodenbohrungen mit variierenden Durchmessern zwischen 4 und 20 mm und variierenden Restwandstärken zwischen 0,5 und 3 mm eingebracht. Die Bohrungen dienen einer Simulation innenliegender Schäden und zur Quantifizierung der Einflüsse der Dimension und der Lage eines Schadens auf das Messergebnis und die damit verbundene Messunsicherheit. Im Gegensatz zu den Impactplatten weist die Bohrungsplatte den Vorteil auf, durch beidseitige Zugänglichkeit mit Hilfe eines Koordinatenmessgeräts kalibriert werden zu können. Die Vorder- und Rückseite der Bohrungsplatte sind in Abbildung 6-3 dargestellt.

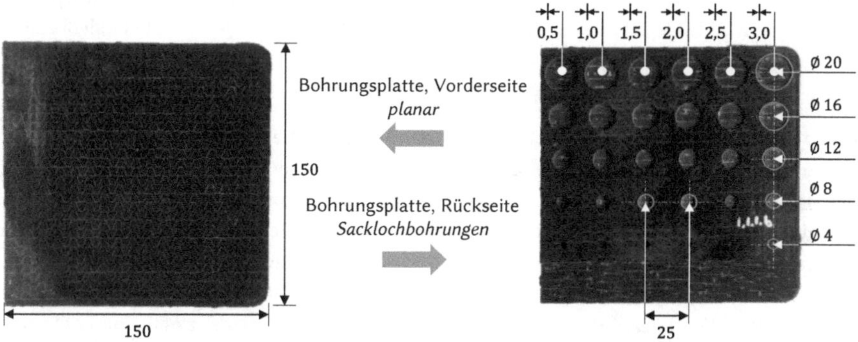

Abbildung 6-3: Aufbau der Bohrungsplatte

Die Bohrungsplatte und das Demonstratorbauteil weisen einen multiaxialen Laminataufbau auf, wohingegen die Impactplatten sowohl unidirektionale (IU), biaxiale (IBD bzw. IBV) als auch multiaxiale (IM) Laminataufbauten aufweisen. Die Bezeichnungen der verwendeten CFK-Versuchsbauteile sowie deren Lagenaufbauten und Dimensionen sind in der Versuchsbauteil-Übersicht in Tabelle 6-1 aufgeführt. Je Art des Lagenaufbaus werden Impactplatten mit Impactenergien von 8, 12 und 16 Joule eingebracht. Zur Erprobung der Reproduzierbarkeit existieren je Laminataufbau und Impactenergie zudem drei identisch aufgebaute und geschädigte Platten. Dementsprechend existieren von jeder Impactplatten-Kategorie neun Bauteile, die in dieser Forschungsarbeit untersucht werden.

Tabelle 6-1: Verwendete CFK-Versuchsbauteile

Bauteilkategorie	Laminataufbau	Dimensionen in mm^3
Impactplatte IU	[0]	60 x 60 x 4
Impactplatte IM	$[+45/-45/90/0]_{S4}$	60 x 60 x 2,7
Impactplatte IBD	[+45/-45/0*/0*/0*]	60 x 60 x 3,5
Impactplatte IBV	[0*/90*/0*/90*/0*/90*]	60 x 60 x 4,3
Bohrungsplatte	$[+45/-45/+90/0]_S$	150 x 150 x 5,5

6.3 Messprozess der werkstattgerechten Schadensanalyse

Vor Beginn des Messprozesses muss ein übergreifendes Bauteilkoordinatensystem zur Referenzierung der Ultraschall- und Positionsmessdaten definiert werden sowie die Messvorrichtungen für die CFK-Versuchsbauteile konzeptioniert werden (vgl. 6.3.1). Zur Erfassung von Oberflächenschäden sowie als Hilfsmittel zur Optimierung der Schadenslokalisierung in 7.5 wird mit Hilfe eines externen, optisch messenden Messsystems ein 3D-Oberflächenmodell der Bauteiloberfläche generiert und ebenfalls zum Bauteilkoordinatensystem referenziert (vgl. 6.3.2) Die Messdaten dieses 3D-Oberflächenmodells werden zwar erst in 7.5 verwendet, der Messprozess ist jedoch den Prozessen der werkstattgerechten Schadensanalyse zuzuordnen und wird demnach in diesem Kapitel erläutert. Vor Beginn der optisch georteten Ultraschallmessung müssen die beteiligten Messsysteme PAUS und OOS konfiguriert und deren wesentliche Messsystemparameter eingestellt werden (vgl. 6.3.3). Die aus dem Messprozess resultierenden Messergebnisse sind die Voraussetzung für die ab 6.4 erläuterte modellbasierte Analyse der Ultraschallmessdaten (vgl. 6.3.4).

6.3.1 Bauteilkoordinatensystem und Messvorrichtung

Zur Messung der CFK-Versuchsbauteile, insbesondere zur Referenzierung der positionsbehafteten Ultraschallmessdaten am Bauteil muss ein Bauteilkoordinatensystem (BKS) definiert werden, in dem alle dem Bauteil zugehörigen Messdaten verortet werden können. In dieser Arbeit wird die für das verwendete OOS standardmäßig vorgesehene Drei-Punkt-Definition auf das Gesamtsystem übertragen. Dieses Verfahren beruht auf der Definition eines Koordinatensystems durch die Positionierung von drei Markern bzw. das Antasten von drei Punkten. Der erste Punkt definiert den Ursprung des Koordinatensystems O, der zweite Punkt die erste Achse X und der dritte Punkt die Ebene der ersten beiden Achsen XY. Da die Messdaten der Impactplatten qualitativ mit dem Ziel der Funktionsprüfung in 6.5 analysiert werden, ist es in diesem Fall ausreichend, je Impactplatte drei der vier Eckpunkte als Marker zur Definition des BKS zu verwenden. Für die quantitative Auswertung der Messdaten der Bohrungsplatte und des Demonstratorbauteils zur Messunsicherheitsbestimmung in Kapitel 7 ist dies jedoch unzureichend. In die Randbereiche des Demonstratorbauteils wurden aus diesem Grund drei kleine Bohrungen integriert, welche als BKS-Marker zu verwenden sind. Die Referenzierung des BKS an der Bohrungsplatte erfolgt schließlich über entsprechende Marker in der Messvorrichtung (vgl. Abbildung 6-4).

Sowohl zur Messung der Bohrungsplatte als auch der verschiedenen Impactplatten wurden spezielle Halterungen konstruiert und additiv im FDM-Verfahren aus Polyamid gefertigt. Die für den FDM-Druck verwendeten CAD-Modelle der Halterungen sind in Abbildung 6-4 dargestellt.

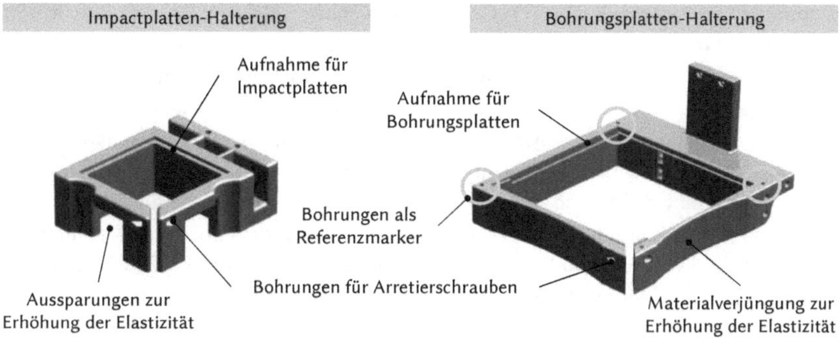

Abbildung 6-4: Konzeptionierte Bauteil-Halterungen

Beide Halterungen wurden so konzeptioniert, dass sie sowohl für die manuelle Ultraschallmessung als auch für die in 7.3 dargelegte automatisierte Messung im Tauchbecken verwendet werden können. Die Bohrungsplatten-Halterung wird zusätzlich für die taktilen Referenzmessungen auf dem Koordinatenmessgerät verwendet (vgl. Kapitel 7). Die CFK-Versuchsbauteile werden in die in der Visualisierung dargestellten Aufnahmen eingelassen und mit Hilfe einer Arretierschraube fixiert. Zur besseren Ausnutzung der Elastizität des Werkstoffs wurden an geeigneten Stellen der Halterungen Aussparungen und Verjüngungen vorgesehen. Nach Festziehen der Arretierschraube können die Bauteile spielfrei in den Halterungen fixiert werden.

6.3.2 3D-Oberflächenmodell des geschädigten CFK-Strukturbauteils

Mit Hilfe der Ultraschall- und Positionsmessdaten kann die mit Ultraschall gemessene Schadensgeometrie anhand eines CAD-Modells des CFK-Strukturbauteils lokalisiert und zur Schadensbewertung genutzt werden. Die Lokalisierung lässt sich optimieren, indem an Stelle des CAD-Modells ein 3D-Oberflächenmodell des realen, beschädigten Strukturbauteils verwendet wird. Durch die Fertigung oder die Schädigung hervorgerufene geometrische Abweichungen zwischen dem CAD-Modell und der realen Bauteilgeometrie können so berücksichtigt werden. Außerdem können Bereiche mit stark beschädigter Oberfläche messtechnisch erfasst werden, welche mit Ultraschall aufgrund nicht möglicher Signaleinkopplung nicht messbar sind. Aus diesen Gründen wird in dem hier beschriebenen Prozess zur werkstattgerechten Schadensanalyse zusätzlich ein 3D-Oberflächenmodell des geschädigten CFK-Strukturbauteil generiert.

Zur Erzeugung des 3D-Oberflächenmodells wird ein optisches Messsystem verwendet, welches nicht Bestandteil des optisch-getrackten Ultraschallmesssystems ist, jedoch den Prozess der werkstattgerechten Schadensanalyse ergänzt. Es eignen sich im Allgemeinen Verfahren der Streifenlichtprojektion oder Laserlichtschnittverfahren. Als werkstattgerechtes

Messsystem ist an dieser Stelle das im Forschungsprojekt der CFK-Werkstatt (vgl. 2.4, S. 11) verwendete System Steinbichler T-Scan zu nennen, welches aus einem handgeführten Laserlichtschnitt-sensor besteht, der durch eine kamerabasierte Trackingeinheit geortet wird.

Zur Erzeugung des 3D-Oberflächenmodells des Demonstratorbauteils wurde in dieser Arbeit das optische Messsystem GOM ATOS Core 300 verwendet, welches auf dem Prinzip der Streifenlichtprojektion basiert. Durch die Projektion von über die Zeit variierender Streifenmuster auf die Bauteilgeometrie und die anschließende kamerabasierte Erfassung der von der Bauteilgeometrie reflektierten Muster, lässt sich ein 3D-Oberflächenmodell erzeugen. Unter Zuhilfenahme der mit diesem Messsystem realisierbaren automatisierten Bildaufnahme und der gleichförmigen Drehung des Bauteils mit Hilfe eines getaktetem Drehtisches, lassen sich eine gleichmäßige Punktedichte und Aufnahmequalität sicherstellen, welche für die in 7.5 eingesetzten Optimierungsverfahren von Vorteil sind. Der Prozess der optischen Messung des Demonstratorbauteils ist in Abbildung 6-5 dargestellt. Zur Verbesserung des Reflexionsverhaltens wurde das Demonstratorbauteil vor dem Messprozess mit einem Kreidespray vorbehandelt.

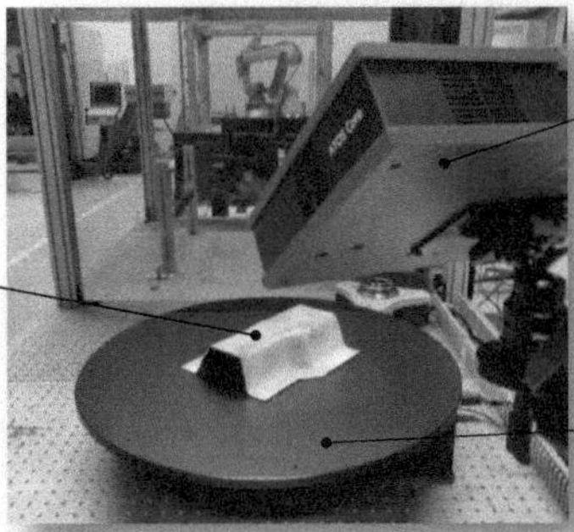

Abbildung 6-5: Optische Messung des Demonstratorbauteils

6.3.3 Parametereinstellungen der Messsysteme

Im Folgenden werden die wesentlichen Parameter der am Ultraschallmessprozess beteiligten Systemkomponenten erläutert und mögliche Einstellwerte diskutiert. Die Messparameter des OOS und des PAUS werden nicht durch die Messsoftware des optisch-getrackten Ultraschallmesssystems, sondern durch die proprietären Steuerungsprogramme der Teilsysteme konfiguriert.

Messparameter des Phased-Array-Ultraschallmesssystems (PAUS)

Die optimalen Einstellwerte des PAUS sind weder herstellerseitig noch anhand einfacher Vorversuche zu identifizieren, weshalb diese anhand einer statistischen Versuchsplanung und -durchführung sowie unter Verwendung eines spezifischen Versuchsaufbaus in 7.3 experimentell ermittelt werden. Die wesentlichen und relevanten Messparameter des PAUS sind mit ihren realistischen Default-Werten und einem als sinnvoll erachteten Wertebereich in Tabelle 6-2 aufgeführt.

Tabelle 6-2: Messparameter, Default-Wert und Wertebereich des PAUS-Systems

Messparameter	Default-Wert	Wertebereich
PAUS-Aufnahmefrequenz f_T	80 Hz	50-160 Hz
Anzahl der Samples n_S	320	160-640
Messbereich m	4 mm	2-10 mm
Anzahl der Elemente je Apertur n_E	8/12	6-12
Fokuseinstellung f	0,5 mm	0,5-∞ mm
Total Gain g	4 dB	0-4 dB
Time-Corrected-Gain TCG	Ein	Ein/Aus

Die PAUS-Aufnahmefrequenz f_T ist die Frequenz, in der die n_A Aperturen des Linien-Arrays einmal durchlaufen werden. Eine höhere Frequenz geht bei gleichbleibender Scangeschwindigkeit mit einer höheren lateralen Auflösung in Scanrichtung einher. Hier ist der maximale Wert zu wählen, bei dem die Synchronisierung zwischen Ultraschall- und Positionsdatenaufnahme noch funktionsfähig ist. Es wurde ein fester Wert von 80 Hz gewählt. Aus der Anzahl der Samples n_S und dem Messbereich m errechnet sich die erzielbare Tiefenauflösung d bei der gewählten Einschallrichtung von 0°. n_S lässt sich zwischen 160 und 640 stufenlos einstellen, hängt jedoch mit der Wahl des Messbereichs m zusammen. Durch die begrenzte Abtastfrequenz des im PAUS integriertem Analog-Digital-Wandlers muss bei $n_S = 320$ für den Messbereich die Bedingung $m \geq 4{,}8\ mm$ gelten. Die maximal erzielbare Tiefenauflösung d errechnet aus dem Quotienten von m und n_S demnach zu 0,015 mm. Eine effektive Einstellmöglichkeit bei PAUS ist die Festlegung der Elementanzahl je Apertur n_E. Ein größerer Wert verbreitert das ausgesendete Schallbündel und erhöht zugleich die Fokussierfähigkeit in Richtung der aktiven Apertur (vgl. Abbildung 5-4, S. 41). Gleichzeitig führt eine starke Abweichung zwischen Länge und Breite der Schallbündel zu möglichen Verzerrungen. Aufgrund der Elementbreite von 8 mm entsprechen 8 Elemente einem Schallbündel mit quadratischer Form. Die Einstellungen 6 und 12 werden ebenfalls als sinnvoll erachtet und werden daher in 7.2 (S. 76) experimentell untersucht.

Die Verstärkung kann zum einen über den Parameter Total Gain g für den gesamten Tiefen- und Samplebereich eingestellt werden und zum anderen je Tiefenbereich separat sowie linear ansteigend oder fallend eingestellt werden. Es gilt, g so einzustellen, dass die Amplitudenhöhe maximal wird, das Signal jedoch an keiner Stelle übersteuert. Auf Basis der verwendeten CFK-Strukturbauteile wurde ein g von 2 dB fest eingestellt. Für den Time-Corrected-Gain (TCG) existiert ebenfalls ein Optimalwert. Die Steigung der TCG-Geraden wird so gewählt, dass das durchschnittliche Rückwandecho RE auf dergleichen Höhe ist wie das durchschnittliche Oberflächenecho OE. So wird die durch das Material hervorgerufene Dämpfung optimal kompensiert. Die Funktionsweise des hier eingesetzten TCG lässt sich anhand der schematischen A-Scan-Darstellungen in Abbildung 6-6 erläutern.

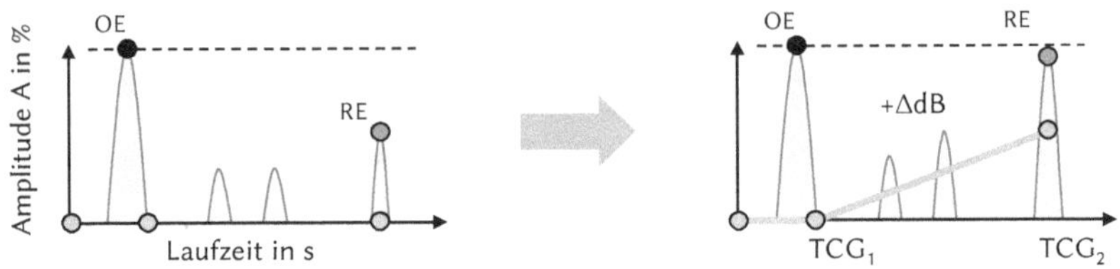

Abbildung 6-6: Einstellen der TCG-Kurve zur Kompensation der Dämpfung

Aufgrund der stark-schalldämpfenden Eigenschaften von CFK ist die Amplitude des ersten Rückwandechos RE bereits deutlich geringer als die des Oberflächenechos OE. Insbesondere Defektechos in der Nähe des Rückwandechos sind nur schwer zu detektieren. Ziel des TCG ist es, die werkstoffbedingte Dämpfung zu kompensieren. Hierzu wird in dieser Forschungsarbeit eine TCG-Kurve erstellt, welche durch die zwei Punkte TCG_1 und TCG_2 definiert ist. Die Signalverstärkung wird nach Abklingen des Oberflächenechos OE an TCG_1 bis zum Rückwandecho RE an TCG_2 derart verstärkt, dass die Amplitude des Rückwandechos RE in etwa die Höhe des Oberflächenechos OE erreicht. Die Verstärkungen für TCG_1 und TCG_2 sollten aufgrund nicht-konstanter Koppelbedingungen sowie aufgrund der Inhomogenität von CFK auf Basis mehrerer und an verschiedenen Stellen durchgeführter, punktueller Messungen eingestellt werden.

Messparameter des optischen Ortungssystems (OOS)

Die Einstellung des OOS beziehen sich zum einen auf die Einstellungen der IR-Kamera zum anderen auf die Konfiguration der IR-Targets und sind in Tabelle 6-3 aufgeführt. Typische Kameraeinstellungen sind die Belichtungszeit und die Blende. Diese wurden zu Beginn dieser Forschungsarbeit basierend auf Empfehlungen des Systemherstellers und einigen Vorversuchen fest eingestellt und bleiben unverändert. Wichtig ist die OOS-Aufnahmefrequenz, welche durch das PAUS getriggert wird. Mit der IR-Kamera werden zwei IR-Targets erfasst. Eines ist baulich fest mit dem PAUS-Messkopf verbunden und das andere ist mit einer Tastspitze verbunden und dient zum Antasten des Koordinatensystems und der virtuellen Marker (Hard Probe).

Tabelle 6-3: Messparameter, Default-Wert und Wertebereich des OOS-Systems

Messparameter	**Default-Wert**	**Wertebereich**
OOS-Aufnahmefrequenz f_T	80 Hz	50-160 Hz
Belichtungszeit	4 ms	2-10 ms
Blendenzahl	8	6-12
Fokuseinstellung	0,5	0,5-∞

6.3.4 Messdatenaufnahme

Nach Einstellung der Messparameter wird das Bauteil mit einem Koppelmittel versehen und die Messdatenaufnahme gestartet. Das Koppelmittel dient zur Übertragung der hochfrequenten Schallwellen von dem Ultraschallmesskopf in das Bauteil. Prinzipiell eignen sich diverse

Flüssigkeiten zur Schallübertragung, hauptsächlich wird jedoch Wasser, Glyzerin oder Ultraschallgel verwendet. Wasser lässt sich nach der Messung am einfachsten entfernen, bleibt jedoch an Schrägen nicht haften. Glyzerin und Ultraschallgel sind kostenintensiver und schwieriger zu entfernen, eignen sich jedoch besser zur Messung an Schrägen oder rauen Oberflächen.

Die Messdatenaufnahme wird durch die GUI des lokalen Frontends gestartet. Das Start-Signal wird vom Messrechner über die Steuerungselektronik an das PAUS weitergegeben. Daraufhin startet die Aufnahme der Ultraschallmessdaten mit der eingestellten PAUS-Aufnahmefrequenz f_T. In dieser Frequenz wird zudem von dem PAUS über die Steuerungselektronik ein Trigger-Signal an das OOS zur taktsynchronen Aufnahme der Positionsmessdaten gesendet. Während der Messdatenaufnahme wird der Ultraschallmesskopf in mehreren Bahnen über die Oberfläche des zu messenden Bauteils geführt. Wichtig dabei ist, dass während der Messung die Kopplung zwischen Ultraschallmesskopf und Bauteil gewährleistet ist und zwischen Messkopf-Target und OOS eine Sichtverbindung besteht. Die Kopplung kann sowohl auf dem Display des PAUS als auch im Frontend der Messsoftware geprüft werden. Zudem wird die Bewegung des PAUS zum Bauteil virtuell nachgebildet und der bereits gemessene Bereich farblich gekennzeichnet. Ein Ausschnitt des während des Messprozesses zu sehenden Frontends ist in Abbildung 6-7 dargestellt.

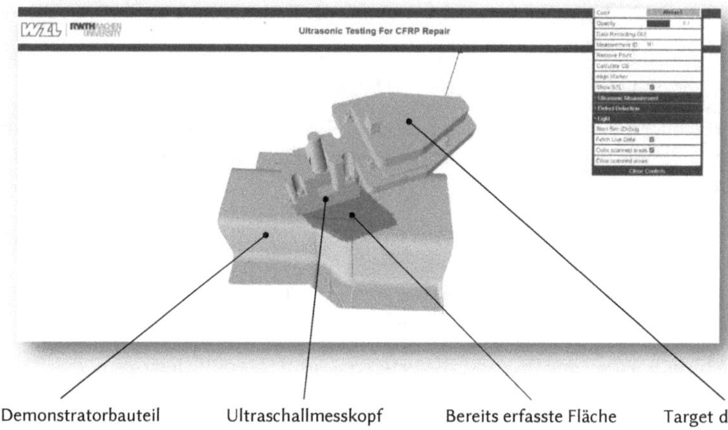

Abbildung 6-7: Visualisierung des Messprozesses im Frontend

Nach Beenden der Messdatenaufnahme werden beide Datensätze (UD und PD, vgl. 5.2, S. 38) an das lokale Backend der Messsoftware übertragen.

6.4 Modellbasierte Analyse der Ultraschallmessdaten

Vorüberlegung: Materialübergänge in CFK

Bei Verwendung des Impuls-Echo-Verfahrens werden von dem Ultraschallmesskopf Schallimpulse ausgesendet, welche an Materialübergängen und Grenzflächen im Bauteil, sogenannten Reflektoren, reflektiert und zum gleichen Ultraschallmesskopf zurückgesendet werden.

Im Falle von Schädigungen in CFK stellen diese Reflektoren in erster Linie Übergänge zwischen CFK und Luft oder zwischen CFK und Wasser bzw. Ultraschallgel dar. Basierend auf den akustischen Impedanzen Z der in diesem Prozess beteiligten Werkstoffe berechnet sich der Anteil des reflektierten Schalls R im idealisierten Fall einer ebenen Welle, die auf eine senkrechte Grenzfläche trifft, gemäß den Angaben in Tabelle 6-4.

Tabelle 6-4: Reflexionskoeffizienten an den Materialübergängen zwischen CFK, Wasser und Luft

CFK (20° C)	$c_1 = 3000\ \frac{m}{s}$	$\rho_1 = 1500\ \frac{kg}{m^3}$	$Z_1 = c_1 \cdot \rho_1 = 45 \cdot 10^5\ \frac{kg}{m^2 s}$
Wasser (20° C)	$c_2 = 1500\ \frac{m}{s}$	$\rho_2 = 997\ \frac{kg}{m^3}$	$Z_2 = c_2 \cdot \rho_2 = 15 \cdot 10^5\ \frac{kg}{m^2 s}$
Luft (20° C, NN)	$c_3 = 343\ \frac{m}{s}$	$\rho_3 = 1{,}2\ \frac{kg}{m^3}$	$Z_3 = c_3 \cdot \rho_3 = 4{,}1 \cdot 10^5\ \frac{kg}{m^2 s}$
$R_{12} = \frac{Z_2 - Z_1}{Z_2 + Z_1} = -0{,}5\ \cong 50\%$		$R_{13} = \frac{Z_3 - Z_1}{Z_3 + Z_1} = -0{,}83\ \cong 80\%$	

Beim Übergang von CFK zu Wasser wird demnach knapp 50% der Schallenergie und beim Übergang von CFK zu Luft ca. 80% reflektiert. Ziel der Ultraschallanalyse ist es, diese Reflektoren, oft bezeichnet als Echos, in der Intensitätsverteilung des empfangenen Schalls (Ultraschall-A-Scans) zu detektieren, zu lokalisieren sowie insbesondere korrekt zu interpretieren. Es werden dabei in der Regel die lokalen Maxima der Reflexionsechos, die sogenannte Peaks, der Schalintensitätsverteilung betrachtet.

Modellbasierte Analyse der Ultraschallmessdaten

Die im Folgenden dargelegte modellbasierte Analyse der Ultraschallmessdaten besteht aus vier zentralen Schritten, die sich gemäß folgender Auflistung auf die nächsten vier Unterkapitel aufteilen:

1) *Modellierung der Intensitätsverteilung und Segmentierung (6.4.1)*
2) *Detektion und Lokalisierung relevanter Peaks (6.4.2)*
3) *3D-Rekonstruktion relevanter Peak-Positionen (6.4.3)*
4) *Clustering der Ultraschallpunktewolken (6.4.4)*

6.4.1 Modellierung der Intensitätsverteilung und Segmentierung

Es wird zunächst ein idealisiertes, gleichgerichtetes Ultraschallsignal betrachtet, d.h. die Absolutbeträge der Schallintensitäten werden über die Laufzeit aufgetragen. Ziel ist es nun, zur Vorbereitung der folgenden Schadensdetektion, dieses Signal in charakteristische Bereiche aufzuteilen; bei der Messung flächiger CFK-Strukturen mit annähernd konstanter Dicke gibt es einen Oberflächenbereich O, einen Defektbereich D und einen Rückwandbereich R. In jedem Bereich lassen sich relevante Peaks detektieren, welche durch einen Amplitudenwert A und eine Sampleposition s gekennzeichnet sind. In Abbildung 6-8 ist ein segmentierter A-Scan mit den drei Bereichen und den drei Peaks des Oberflächenechos OE, des Defektechos DE und des Rückwandechos RE dargestellt. Das Oberflächenecho OE ist beispielsweise definiert durch den Amplitudenwert A_{OE} und die Sampleposition s_{OE}. Analog dazu sind DE und RE definiert.

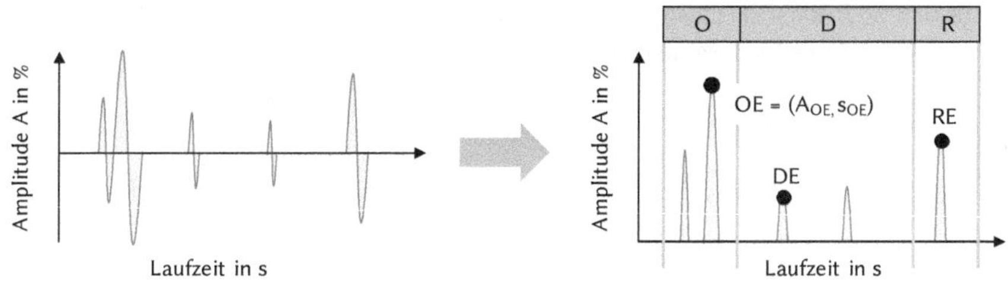

Abbildung 6-8: Gleichrichtung, Segmentierung und Peak-Definition im Modell

Je Bereich lassen sich unterschiedliche Informationen über die Struktur des gemessenen Bauteils gewinnen, welche im Folgenden erläutert werden:

Oberflächenbereich (O)

Die Echos in diesem Bereich enthalten, wie es der Bereichsname bereits suggeriert, Informationen über die Bauteiloberfläche und die Kopplung zwischen Ultraschallmesskopf und Bauteil. Ist der Koppelfilm dicker (insb. unter Verwendung von Ultraschallgel) erscheint ein Echo der Grenzfläche Messkopf-Koppelmedium und eines der Grenzfläche Koppelmedium-Bauteil. Im Fall eines dünnen Koppelfilms fallen diese Echos zu einem klar erkennbaren Oberflächenecho OE zusammen. Ist die Oberfläche beschädigt, so liegt das OE weiter rechts im A-Scan und ist in der Regel deutlich verkleinert.

Rückwandbereich (R)

Dieser Bereich kennzeichnet die Rückwand des gemessenen Bauteils und ist elementar für die Schadensdetektion. Fehlt ein klar detektierbares Rückwandecho RE oder ist die Amplitude des RE deutlich reduziert, so liegt bei hinreichender Kopplung sehr wahrscheinlich ein großer Reflektor im Bauteilinneren, welches auf einen Defekt hinweist. Die Breite von R ist entsprechend der Schwankungen der Bauteildicke einzustellen.

Defektbereich (D)

Liegen im Inneren des Bauteils Reflektoren vor, so werden deren Reflexionsechos im Defektbereich D sichtbar. Die Amplitudenhöhe und die Sample-Position geben hier Aufschluss über die Größe und Tiefenlage eines Defekts. Der Bereich D wird nur untersucht, wenn Auffälligkeiten in den Bereichen O oder R detektiert wurden.

Die Bereiche lassen sich nicht immer eindeutig segmentieren; zudem sind zur Segmentierung A-Scans defektbehafteter und defektfreier Messbereiche heranzuziehen. Sind die Bereichsgrenzen an einigen Messpunkten nicht korrekt gesetzt, so führt dies in erster Linie zu Fehlinterpretationen nahe der Bauteiloberfläche oder nahe der Rückwand. Defektechos werden fälschlicherweise zur Oberfläche oder zur Rückwand zugeordnet oder Reflexionen von Oberfläche und Rückwand werden fälschlicherweise als Defekte interpretiert. Im Folgenden wird die Segmentierung auf Basis der Informationen aller aufgenommenen A-Scans durchgeführt, unter den Prämissen, dass die Bauteildicke annähernd konstant ist und der unbeschädigte Bereich größer ist als der beschädigte. Mit Hilfe des Segmentierungsverfahrens wird erst der Oberflächenbereich festgelegt und anschließend der Rückwandbereich. Der Defektbereich ergibt sich schließlich als Gesamtbereich abzüglich der Bereiche von Oberfläche und Rückwand. Das Verfahren ist in Abbildung 6-9 schematisch dargestellt.

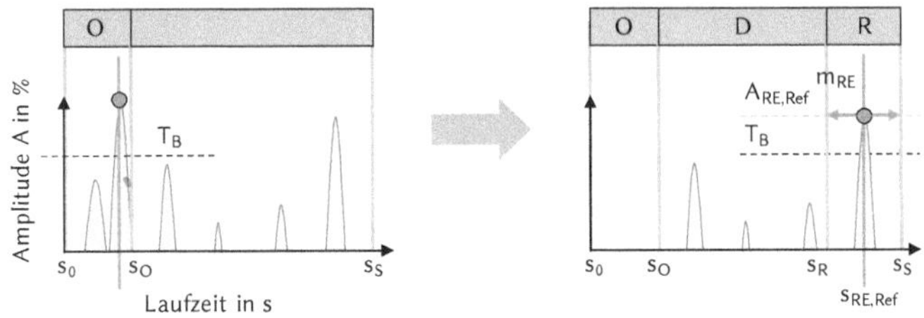

Abbildung 6-9: Prozess der Segmentierung

Zuerst wird je A-Scan der Samplebereich beginnend von s_0 durchlaufen, bis ein Peak detektiert wird, dessen Amplitude den Schwellwert T_B überschreitet. Die Sampleposition des darauffolgenden lokalen Minimums wird als $s_{O,i}$ markiert. Die Randbedingung der Schwellwertüberschreitung ist notwendig, um bei einem Doppel-Peak aufgrund eines zu dicken Koppelfilms die Position der stärkeren Amplitude der Grenzfläche zwischen Koppelfilm und Bauteiloberfläche zu erfassen. Zur Bestimmung des Grenzwertes s_O wird eine Häufigkeitsverteilung für die $s_{O,i}$ der A-Scans erstellt. s_O stellt nun die am häufigsten auftretende Position des abklingenden Oberflächenechos dar und markiert die Grenze zwischen Oberflächen- und Defektbereich.

Zur Festlegung des Rückwandbereichs werden in jedem A-Scan die Oberflächenbereiche entfernt. Anschließend werden beginnend vom neuen Nullpunkt s_O die Samplepositionen durchlaufen und es wird ein weiterer Peak detektiert, dessen Amplitude den Schwellwert T_B überschreitet. Von diesem Peak werden je A-Scan die Amplitude und die Sample-Positionen gespeichert. Die Amplitude des Referenz-Rückwandechos $A_{RE,Ref}$ ergibt sich erneut von dem häufigsten Wert. Gemäß der Prämisse, dass die Anzahl der A-Scans aus dem unbeschädigten Bereich größer ist als aus dem beschädigten, führt dazu, dass $A_{RE,Ref}$ die typische Amplitudenhöhe des Rückwandechos bei defektfreien Bereichen darstellt. Dieser Wert und die dazugehörige Sampleposition $s_{RE,Ref}$ sind elementar für die spätere Schadenserkennung anhand der A-Scans. Variierende Bauteildicken werden mittels der Margin m_{RE} berücksichtigt, sodass der Beginn des Rückwandbereichs bei $s_R = s_{RE,Ref} - m_{RE}$ beginnt.

6.4.2 Detektion und Lokalisierung relevanter Peaks

Auf Basis der in 6.3.1 definierten Bereichsgrenzen O, D und R, gekennzeichnet durch die Sample-Positionen s_O und s_R werden nun erneut alle A-Scans analysiert. Ziel ist es, die für die weitere Schadensanalyse relevanten Peaks zu detektieren und zu lokalisieren: das Oberflächenecho OE, das Defektecho DE und das Rückwandecho RE. Für die Detektion der relevanten Peaks wird ein Schwellwert T_P verwendet, der unter dem Schwellwertes T_B, jedoch über dem allgemeinen Rauschlevel liegt. Der optimale Wert für T_P wird in Kapitel 7 experimentell ermittelt. Es wird außerdem mit $d_{P,min}$ ein Mindestabstand definiert, der zwischen zwei Peaks vorherrschen muss. Dieser limitiert die Tiefenauflösung der Peak-Detektion, ist jedoch zur Vermeidung von Messfehlern durch die fehlerhafte Erkennung von Doppel-Peaks notwendig.

Das Vorgehen zur Detektion und Lokalisierung relevanter Peaks gliedert sich in drei Schritte, ist in Abbildung 6-10 schematisch dargestellt und wird im Folgenden erläutert.

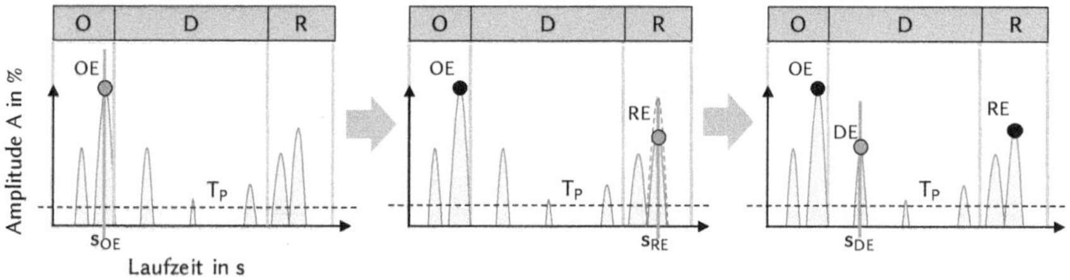

Abbildung 6-10: Detektion und Lokalisierung relevanter Peaks

Detektion und Lokalisierung des Oberflächenechos OE

Das Oberflächenecho markiert den letzten Peak im Bereich O, der den Schwellwert T_P überschreitet. Aufgrund der Beschränkung der OE-Suche auf den Bereich O wird bei starken Impact-Beschädigungen, die zu sichtbaren Kerben in der Oberfläche führen, kein OE erkannt.

Detektion und Analyse des Rückwandechos RE

Im zweiten Schritt wird im Bereich R nach dem Peak mit der höchsten Amplitude gesucht, welches als Rückwandecho RE bezeichnet wird. Die Amplitude des RE wird nun auf Basis des dB-Drop-Verfahrens mit der Amplitude des zuvor ermittelten Referenz-Rückwandechos $A_{RE,Ref}$ verglichen.

Das in der manuellen Ultraschallprüfung häufig eingesetzte dB-Drop-Verfahren beruht auf der Lokalisierung eines Defekts anhand der Änderung der Amplitude des DE. In der Praxis wird der Messkopf im Bereich des Defekts bewegt, bis die Amplitude des DE ihren Maximalwert erreicht. Diese Stelle markiert den Mittelpunkt des Defekts. Von diesem ausgehend wird der Messkopf in mehrere Richtungen bewegt. Je Bewegungsrichtung wird der Messkopf soweit bewegt, bis sich die Amplitude des DE um einen definierten Prozentsatz reduziert. Ein häufig eingesetzter Prozentwert ist 50%, welches einem Rückgang von 6 dB entspricht. Das geschilderte Verfahren ist in Abbildung 6-11 schematisch dargestellt und beschreibt den -6-dB-Drop des DE beim Übergang von Situation 3 zu Situation 2. Analog zur Veränderung des DE von 3 zu 2 lässt sich jedoch eine Veränderung des Rückwandechos RE von 1 zu 2 beobachten. Bei Betrachtung der idealisierten Darstellung reduziert sich die Amplitude des RE von 1 zu 2 um 50% bis es in 3 nahezu vollständig verschwindet.

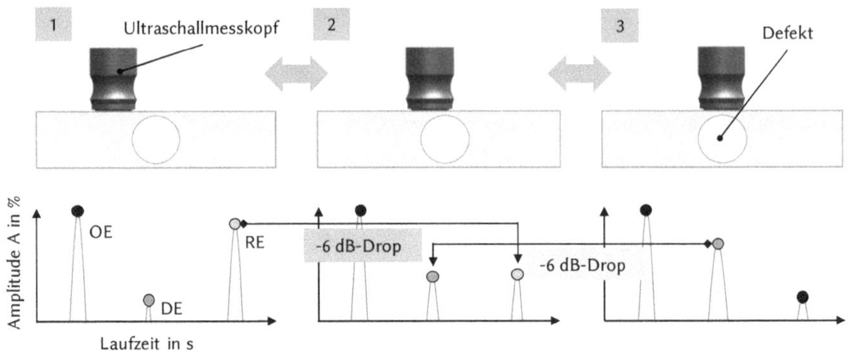

Abbildung 6-11: dB-Drop-Verfahren zur Schadensdetektion

Auf Basis dieser Zusammenhänge wird eine Reduktion der Amplitude des RE um 50% im Vergleich zur Referenz-Amplitude als Indikator verwendet, ob ein Defekt vorhanden ist. Nur beim Vorhandensein eines Defekts, erfolgt eine Defekt-Lokalisierung im dritten Schritt.

Detektion und Lokalisierung des Defektechos DE

Die Suche des Defektechos startet am Beginn des Defektbereichs. Sofern im Defektbereich D ein Peak vorhanden ist, dessen Amplitude den Schwellwert T_P überschreitet wird die Sample-Position dieses Peaks als s_{DE} gespeichert. Aufgrund der starken Schallreflexion am DE sind tieferliegende Defekte oft nicht detektierbar, da diese im Schallschatten des ersten DE liegen. Nur wenn die tieferliegenden Defekte in den Richtungen parallel zur Messkopf-Oberfläche eine größere Dimension aufweisen als das erste DE, sind diese zu detektieren. Mit dem Ziel der Abschätzung des Schadensvolumens zur sicheren Seite wird stets das DE gewählt, welches im A-Scan am weitesten links und somit der Bauteiloberfläche am nächsten ist.

6.4.3 3D-Rekonstruktion relevanter Peak-Positionen

Die lokalisierten Peaks müssen für die Schadensanalyse nun bezogen auf das zuvor definierte Bauteilkoordinatensystem BKS im Raum verortet werden. Je Triggerpunkt bereits bekannt sind die Positionsmessdaten der virtuellen Marker VM1, VM2 und VM3 sowie die drei Samplepositionen des Oberflächen-, Defekt- und Rückwandechos s_{OE}, s_{DE} und s_{RE}. Die zu verwendenden Input-Messdaten der 3D-Rekonstruktion sind in Form der Matrizen UP und PD in Abbildung 6-12 dargestellt.

$$UP = \begin{bmatrix} s_{OE,1} \\ s_{DE,1} \\ s_{RE,1} \end{bmatrix} \cdots \begin{bmatrix} s_{OE,n_T} \\ s_{DE,n_T} \\ s_{RE,n_T} \end{bmatrix} \qquad PD = \begin{bmatrix} VM1\_X_1 & VM2\_X_1 & VM3\_X_1 \\ VM1\_Y_1 & VM2\_Y_1 & VM3\_Y_1 \\ VM1\_Z_1 & VM2\_Z_1 & VM3\_Z_1 \end{bmatrix} \cdots \begin{bmatrix} VM1\_X_{n_T} & VM2\_X_{n_T} & VM3\_X_{n_T} \\ & & VM3\_Y_{n_T} \\ & & VM3\_Z_{n_T} \end{bmatrix}$$

Abbildung 6-12: Input-Messdaten für die 3D-Rekonstruktion

Ziel ist es nun, die Samplepositionen mit den Positionsdaten der virtuellen Marker zu verknüpfen, um eine Punktewolke der positionsbehafteten Ultraschallmessdaten zu generieren. Aufgrund der in Abbildung 6-13 dargestellten geometrischen Beziehungen zwischen den virtuellen Markern lässt sich ein Vektor der Schallausbreitungsrichtung $\overrightarrow{V_U}$ berechnen, der entlang der Achse der Schallausbreitung über die Mittelpunkte der Aperturen verschoben werden kann. Die Berechnung von $\overrightarrow{V_U}$ erfolgt mit Hilfe der Verbindungsvektoren $\overrightarrow{V_{12}}$ und $\overrightarrow{V_{13}}$ zwischen den virtuellen Markern VM1, VM2 und VM3 gemäß der in Tabelle 6-5 dargestellten Beziehungen.

Tabelle 6-5: Verbindungsvektoren und Vektor der Schallausbreitung

Vektor der virtuellen Marker VM1 und VM2	$\overrightarrow{V_{12}} = VM1 - VM2$
Vektor der virtuellen Marker VM1 und VM3	$\overrightarrow{V_{13}} = VM1 - VM3$
Vektor der Schallausbreitungsrichtung	$\overrightarrow{V_U} = \overrightarrow{V_{13}} \times \overrightarrow{V_{12}}$

Die virtuellen Marker sowie die Verbindungsvektoren und der senkrecht zur Messkopf-Ebene ausgerichtete Vektor der Schallausbreitung Vektor $\overrightarrow{V_U}$ sind zudem in Abbildung 6-13 grafisch dargestellt.

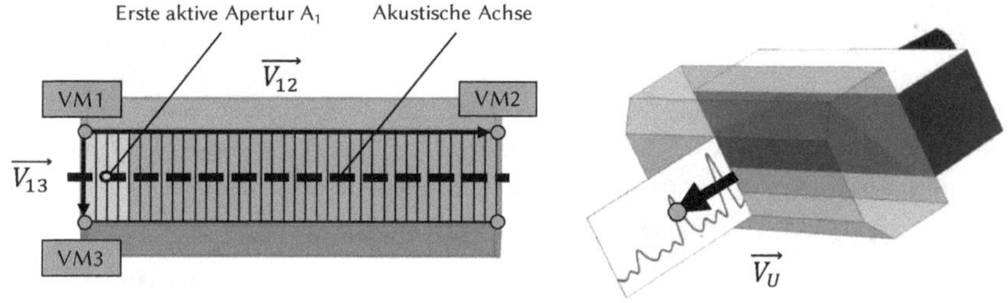

Abbildung 6-13: Vektor der Schallausbreitung

Zur 3D-Rekonstruktion der Ultraschallmessdaten mit Hilfe des Verschiebungsvektors $\overrightarrow{V_U}$ müssen im letzten Schritt die Samplepositionen in Distanzen zur Messkopfebene d_{ME} umgerechnet werden. Die Umrechnung erfolgt mit Hilfe der Anzahl der Samples n_S und dem Messbereich m gemäß dem für das Defektecho DE dargestellten Beispiel durch die folgende Formel.

$$d_{ME,DE} = s_{DE} \cdot \frac{m}{n_S} \tag{24}$$

Zuletzt können über die Ortung der relevanten Samplepositionen s_{OE}, s_{DE} und s_{RE} bezogen auf die Positionen der virtuellen Marker und dadurch bezogen auf das Bauteilkoordinatensystem drei Punktewolken erzeugt werden: die Punktewolke der Oberflächenechos, die der Defektechos und die der Rückwandechos. Die resultierenden Punktewolken mit den dazugehörigen Messdaten sind in Abbildung 6-14 idealisiert dargestellt.

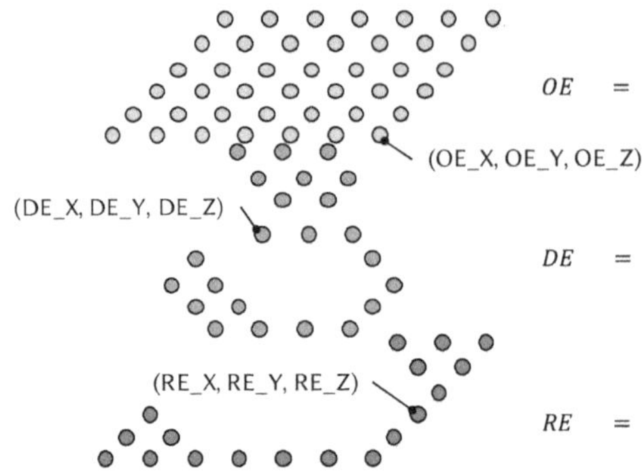

$$OE = \begin{bmatrix} OE\_X_{1,1} & OE\_Y_{1,1} & OE\_Z_{1,1} \\ \vdots & \vdots & \vdots \\ OE\_X_{1,n_A} & OE\_Y_{1,n_A} & OE\_Z_{1,n_A} \end{bmatrix} \quad \begin{bmatrix} OE\_X_{n_T,1} & OE\_Y_{n_T,1} & OE\_Z_{n_T,1} \\ & & \vdots \\ & & OE\_Z_{n_T,n_A} \end{bmatrix}$$

$$DE = \begin{bmatrix} DE\_X_{1,1} & DE\_Y_{1,1} & DE\_Z_{1,1} \\ \vdots & \vdots & \vdots \\ DE\_X_{1,n_A} & DE\_Y_{1,n_A} & DE\_Z_{1,n_A} \end{bmatrix} \quad \begin{bmatrix} DE\_X_{n_T,1} & DE\_Y_{n_T,1} & DE\_Z_{n_T,1} \\ & & \vdots \\ & & DE\_Z_{n_T,n_A} \end{bmatrix}$$

$$RE = \begin{bmatrix} RE\_X_{1,1} & RE\_Y_{1,1} & RE\_Z_{1,1} \\ \vdots & \vdots & \vdots \\ RE\_X_{1,n_A} & RE\_Y_{1,n_A} & RE\_Z_{1,n_A} \end{bmatrix} \quad \begin{bmatrix} RE\_X_{n_T,1} & RE\_Y_{n_T,1} & RE\_Z_{n_T,1} \\ & & \vdots \\ & & RE\_Z_{n_T,n_A} \end{bmatrix}$$

Abbildung 6-14: Ultraschallpunktewolken nach der 3D-Rekonstruktion

Die Punktewolke OE ermöglicht eine Darstellung der durch den Ultraschallmesskopf detektierten Oberflächeninformationen über das Bauteil. Sie liefert Informationen über Beschädigungen an der Bauteiloberfläche, kann jedoch auch zur Optimierung der Ausrichtung der Schadensgeometrie verwendet werden, welches in Kapitel 7 gezeigt wird. RE liefert Informationen, ob eine Stelle beschädigt ist oder nicht. Zur Lokalisierung und Eingrenzung der detektierten Schadensgeometrie wird jedoch die Punktewolke DE genutzt, welche mit den im Folgenden beschriebenen Cluster-Algorithmen weiterverarbeitet wird.

6.4.4 Werkstattgerechte Aufbereitung der Schadensinformationen

Die Aufbereitung der durch die werkstattgerechte Schadensanalyse gewonnenen Schadensinformationen sind im Kontext der CFK-Werkstatt (vgl. 2.4, S. 11) zweifach aufzubereiten:

1.) zur weiteren Analyse der FEM-basierten Schadensbewertung

2.) zur werkstattgerechten Reparatur der Schäden

Für die Schadensbewertung wird entweder direkt die Punktewolke DE verwendet, die die Kontur der Schäden beschreibt, oder aus der Punktewolke DE wird ein Gittermodell mit einer von der FEM vorgegebenen Gitterpunktdichte generiert. Befindet sich an einem Punkt des Gittermodells ein Punkt der Defektecho-Punktewolke, so bekommt dieser Punkt den Status „1" für Defekt vorhanden. Es ist hierbei zu beachten, dass DE lediglich den ersten Defekt unter der Oberfläche beschreibt, d.h. es müsste entweder beidseitig mit Ultraschall gemessen werden oder alles unterhalb des Defekts als beschädigt angesehen werden.

Für die werkstattgerechte Reparatur müssen die Informationen der Punktewolke in einfache geometrische Formen überführt werden, die ein Schadensvolumen beschreiben, welches im Schäftprozess der CFK-Reparatur einfach entfernt werden kann. Hierzu wird im Folgenden ein Hüllzylinder definiert. Zur Erstellung des Hüllzylinders wird die Punktewolke DE zunächst mittels Clustering-Algorithmen in einzelne Schadensgeometrien, sogenannte Cluster, segmentiert. Anschließend wird bei jedem relevanten Cluster ein Hüllzylinder erstellt und dessen Dimensionen und Lage der Zylinder für den Werker bereitgestellt.

Ziel des Clustering ist es, detektierte Schäden zu lokalisieren und zu quantifizieren, sowie relevante von nicht relevanten Schäden und Messfehlern zu trennen. Hierzu wird zunächst ein hierarchisches Clustering mit einer a priori nicht bekannten Anzahl von Clustern angewandt. Der Clustering-Algorithmus besitzt dabei lediglich die in Tabelle 6-6 dargestellten Clustering-Parameter mit den dazugehörigen Default-Werten.

Tabelle 6-6: Clustering-Parameter und Default-Werte

Faktor	Clustering-Parameter	Default-Wert
$d_{P,max}$	Maximaler Abstand zweier Punkte in einem Cluster	5 mm
$n_{P,min}$	Minimale Anzahl der Punkte je Cluster	10

Die Aufteilung der Cluster basiert auf dem Distanz-Kriterium $d_{P,max}$, welches den maximalen Abstand zweier Punkte innerhalb eines Clusters limitiert. Um zu verhindern, dass Fehler der Kopplung, oder kleine Inhomogenitäten als Schäden aufgefasst werden, wird zusätzlich das Kriterium $n_{P,min}$ eingeführt, welches einen Minimalwert für die Anzahl der Punkte eines Clusters festsetzt. Beide Faktoren sind abhängig von der PAUS-Aufnahmefrequenz f sowie der durchschnittlichen Messgeschwindigkeit des Bedieners. Die in Tabelle 6-6 angegebenen Default-Werte beziehen sich auf die in 6.3.3 definierten Default-Werte von $f_T = 80\ Hz$ und einer geschätzten, mittleren Messgeschwindigkeit von $v = 0{,}01\ m/s$. Die Einstellwerte werden analog zu den Messparametern des PAUS in 7.4. experimentell optimiert. Nach Erstellung der Cluster wird je DE-Cluster (Cluster der Punktewolke DE) ein Zentrum ermittelt und ein Hüllzylinder berechnet. Ein DE-Cluster mit dazugehörigem Zentralpunkt sowie der aus den Punkten berechnete Hüllzylinder sind in Abbildung 6-15 dargestellt.

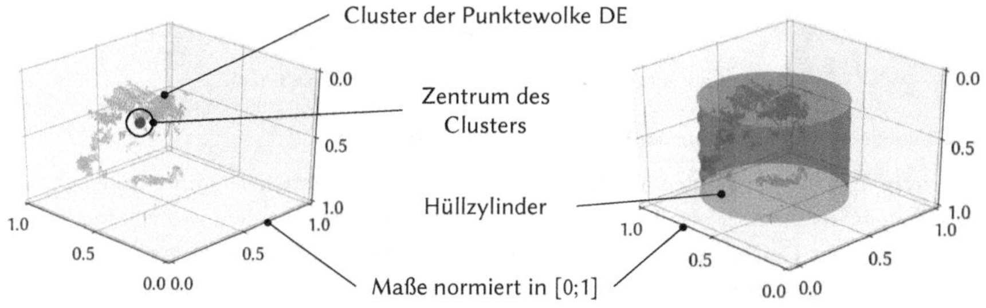

Abbildung 6-15: DE-Cluster und Fitting-Zylinder

Alle Punkte des Clusters werden an die Bauteiloberfläche, repräsentiert durch die Punktewolke OE, projiziert. Auf Basis dieser projizierten Oberflächenpunkte wird schließlich ein kleinstmöglicher Kreis ermittelt, in dem alle Oberflächenpunkte enthalten sind. Der Radius dieses Kreises definiert den Radius des Hüllzylinders, wobei die Bauteildicke am Kreismittelpunkt die Höhe des Hüllzylinders definiert.

6.5 Funktionsprüfung und Analyse der Schadensbilder

Vor der systematischen Messunsicherheitsbetrachtung in Kapitel 7 soll an dieser Stelle die grundlegende Funktionsfähigkeit des konzeptionierten Messsystems (Kapitel 5) und des dazugehörigen Messprozesses (6.1-6.3) validiert werden. Diese erste Validierung erfolgt anhand einer qualitativen Auswertung der Ultraschallmessungen an den in 6.2.1 aufgelisteten

Impactplatten unter Verwendung von Default-Einstellparametern. Zusätzlich werden die Wiederholbarkeit des Messprozesses sowie die Einflüsse der Impactenergie und des Lagenaufbaus auf die Schadensgeometrie analysiert.

6.5.1 Funktionsprüfung anhand der Ultraschallpunktewolken

Die Ergebnisse der Impactplatten-Messungen werden in Form der in 6.3.3 theoretisch beschriebenen Ultraschallpunktewolken dargestellt und anhand dieser bewertet. Exemplarisch zeigt Abbildung 6-16 eine Darstellung der drei resultierenden Ultraschallpunktewolken bezogen auf das an der Bauteilhalterung definierte Bauteilkoordinatensystem BKS. Während die Punktewolke der Oberflächenechos OE in blau und die der Rückwandechos RE in grau dargestellt sind, werden die Defektechos DE, sofern ein Defekt vorhanden ist, in orange dargestellt. Die quadratischen Impactplatten haben eine Breite und eine Länge von je 40 mm und weisen eine Dicke zwischen 2 und 3 mm auf. Für einen besseren Vergleich zwischen den verschiedenen Impactplatten werden Länge, Breite und Dicke normiert im Intervall [0;1] dargestellt.

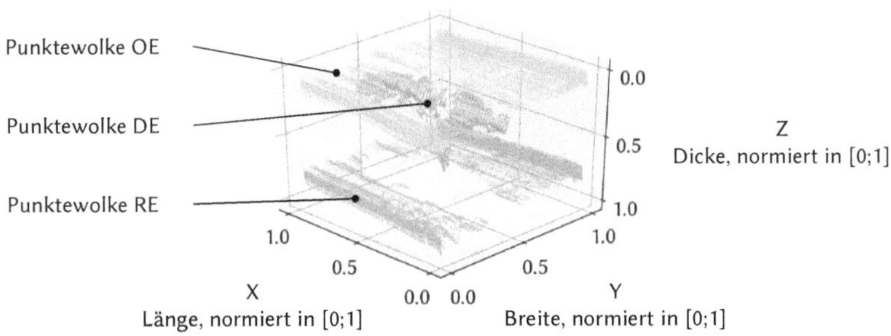

Abbildung 6-16: Visualisierung der Ultraschallpunktewolken

Dadurch, dass die Messungen analog zur Messung im Werkstatteinsatz nur von einer Seite des Bauteils in einem Intervall um die Ebene z=0 durchgeführt werden, ist insbesondere die Darstellung der Defekt-Punktewolke DE richtig zu interpretieren. Wird gemäß des in 6.3 beschriebenen Algorithmus ein Reflektor als Defekt erkannt, so wird dessen Tiefenlage $z_{DE} > 0$ im Bauteil als orangefarbener Punkt in der DE-Punktewolke sichtbar. Je nach lateraler Größe des Reflektors wird der Schall an dieser Position vollständig reflektiert, sodass tieferliegende Reflektoren an Positionen $z_{DE} < z \leq 1$ im sogenannten Schallschatten liegen und in der DE-Punktewolke nicht dargestellt werden können. Die DE-Punktewolke stellt dementsprechend nur eine einseitige Umhüllende der realen Schadensgeometrie dar. Die Punktedichte ist aufgrund der konstanten Aufnahmefrequenz des Messsystems allein von der Messgeschwindigkeit abhängig. Da die Messung in diesem Fall manuell durchgeführt wird, unterliegt die Punktedichte Schwankungen. Insbesondere in den Randbereichen der Impactplatte ist die Punktedichte aufgrund der längeren Verweildauer des PAUS-Messkopfes oft höher. Anhand der Punktedichte lassen sich somit keine Aussagen über die Schwere des Schadens herleiten. Eine weitere Auffälligkeit ist die schwankende Dichte der OE-Punktewolke sowie die teils fehlende Planparallelität zwischen OE und RE. Dies liegt zum einen an fehlender Parallelität der Platte selbst, häufiger jedoch an nicht konstanten Koppel-

Verhältnissen. Die Kopplung der manuellen Messung, insbesondere die Dicke des Koppelfilms bei der Verwendung von Ultraschallgel hat einen großen Einfluss auf die Punktewolke der Oberflächenechos OE. Zur Optimierung der Parameter des PAUS-Systems wird daher in Kapitel 7 ein spezieller Versuchsstand basierend auf einem Tauchbad und einer Linearachsführung konzeptioniert.

Exemplarisch werden Impactplatten mit unidirektionalem (IU), multiaxialem (IM) und biaxialen (IBD, IBV) Lagenaufbau und Impactenergien zwischen 8 und 16 Joule gemessen. Die Impactplatten werden in die hierfür konzeptionierten Bauteilhalterungen eingespannt. Anschließend wird Ultraschallkoppelmittel aufgetragen und der PAUS-Messkopf des optisch georteten Ultraschallmesssystems manuell über die Oberfläche der Impactplatten auf welcher der Impactor aufgeschlagen ist geführt. Die Fusion der Ultraschall- und Positionsmessdaten sowie die anschließende Auswertung der Ultraschallmessdaten erfolgt analog zu der Beschreibung in 6.2 und 6.3. Resultat des Messprozesses ist die Visualisierung der drei in 6.3.3 beschriebenen Punktewolken der Oberfläche OE, der Defekte DE und der Rückwandinformationen RE. Die quantitative Validierung des Messprozesses erfolgt in Kapitel 7 anhand der experimentellen und komponentenspezifischen Bestimmung der Messunsicherheitsbeiträge. Mit dem Ziel der Reduktion der Messunsicherheitsbeiträge werden die Einstellparameter des PAUS, des OOS und des Messprozesses iterativ optimiert. Da sich die Schadensgeometrien der Impactplatten nicht taktil vermessen lassen und keine alternativen zerstörungsfreien Messverfahren zur Verfügung stehen, deren Messunsicherheit für diesen Anwendungsfall entweder bekannt oder eine Größenordnung unter der der Ultraschallmesstechnik liegt, werden künstliche Fehlstellen als Referenz herangezogen. Dieses sind zum einen die Flachbodenbohrungen der Bohrungsplatten und zum einen die in das Demonstratorbauteil integrierten Bohrungen, welche sich beide taktil mit Hilfe eines Koordinatenmessgeräts kalibrieren lassen.

Zur Analyse der Ultraschallpunktewolken werden Wiederholmessungen an derselben Impactplatte sowie an gleich aufgebauten und belasteten Impactplatten durchgeführt. Anschließend werden Messungen an Impactplatten mit verschiedenem Lagenaufbau sowie mit verschiedener Impactenergie verglichen und bewertet.

An dieser Stelle sei auf Vorarbeiten zu diesem Forschungsvorhaben hinzuweisen, die sich mit der Messung und Analyse von Impactschäden mit der Ultraschallmesstechnik sowie dieser im Vergleich zu anderen Messtechnologien befassen. Eine Arbeit befasst sich mit der doppelseitigen Phased-Array-Ultraschallmessung von mit Low-velocity-Impactschäden beaufschlagten CFK-Platten bei festen und quasi-freien Lagerungsbedingungen. Durch eine bildverarbeitende Analyse der beidseitig erfassten Ultraschall-C-Scans wird in dieser die Schadensgeometrie über die gesamte Dicke der CFK-Platten rekonstruiert [SADE19]. In einer weiteren Arbeit werden verschieden aufgebaute und geschädigte Impactplatten mit den Technologien Phased-Array-Ultraschall, Lock-in-Thermografie und optischer Shearografie gemessen und die je Messtechnologie und Impactplatte generierten 3D-Punktewolken der Schadensgeometrien gegenübergestellt und ausgewertet [OLIV20].

6.5.2 Schadensbilder der Impactplatten

Einstellfaktoren und Default-Werte

Zur Erstellung der Ultraschallpunktewolken wird der in 6.3 erläuterte Algorithmus mit den in Tabelle 6-7 aufgeführten Einstellfaktoren und Default-Werten verwendet. Die Default-Werte wurden anhand von Versuchen an mehreren Impactplatten verschiedener Lagenaufbauten und Impactenergien ermittelt. Eine systematische Optimierung der Einstellfaktoren erfolgt mit Hilfe der statistischen Versuchsplanung in Kapitel 7.

Tabelle 6-7: Verwendete Einstellung zur Messung der Impactplatten

Faktor	Einflussgröße	Default-Wert
T_B	Schwellwert der Segmentierung	60% der BSH
T_P	Schwellwert der Peak-Detektion	27% der BSH
$s_{\Delta R}$	Spanne des Rückwandbereichs in Samples	32 Samples
T_{dB}	Schwellwert dB-Drop	6 dB = 50% der BSH

Die Schwellwerte T_B, T_P und T_{dB} beziehen sich auf die in der Ultraschallprüfung häufig verwendete Einheit der prozentualen Bildschirmhöhe (BSH). 100% BSH entspricht dem Amplitudenwert der Signalsättigung. Da der Faktor $s_{\Delta R}$ einen Laufzeit-Bereich darstellt, wird dieser in Samples beschrieben.

Im Folgenden werden nun jeweils drei Diagramme in eine Abbildung gefasst, wobei jedes Diagramm die Visualisierung einer Messung mit den Punktewolken OE, DE und RE darstellt.

Wiederholmessungen (Identische Probe)

Im ersten Schritt wird die Wiederholgenauigkeit des Messprozesses anhand von drei Wiederholmessungen an derselben Impactplatte geprüft. Die Ergebnisse der drei Messungen an der Impactplatte IBV_12J_01, d.h. einer Impactplatte mit einem biaxialen Lagenaufbau und einer beaufschlagten Impactenergie von 12 Joule (vgl. Tabelle 6-1, S. 52) sind in Abbildung 6-16 dargestellt. Anhand der Geometrie der DE-Punktewolke zeigt sich die aus der Theorie bekannte kegelförmige Struktur (vgl. 2.3, S. 9) der Schadensgeometrie mit einer mit zunehmender Tiefe sich vergrößernden Querschnitts. Das Schadensvolumen lässt sich dabei zum einen aus der Geometrie der DE-Punktewolke und zum einen aus den Lücken in der RE-Punktewolke abschätzen.

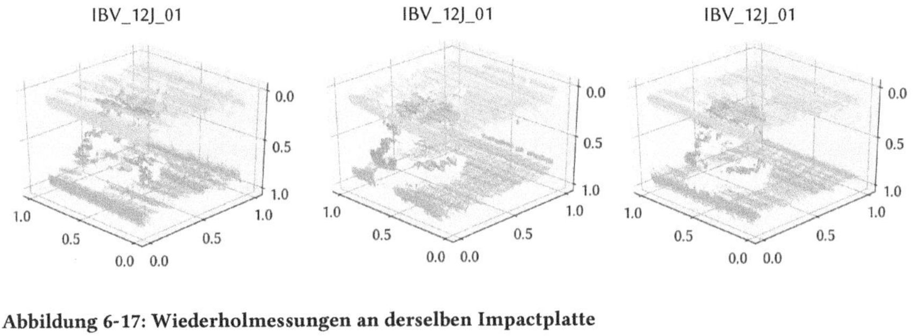

Abbildung 6-17: Wiederholmessungen an derselben Impactplatte

Die Punktewolken der in Abbildung 6-17 dargestellten Diagramme sind sich in Größe, Form und Lage sehr ähnlich. Nur im Detail lassen sich Unterschiede in der Form feststellen. Diese Formabweichungen sind ebenso wie die variable Punktedichte dem manuellen Messprozess geschuldet. Der Messkopf wird mit verschiedenen Geschwindigkeiten bewegt und die Kopplung zwischen Messkopf und Bauteil können nicht konstant gehalten werden.

Wiederholmessungen (Gleich aufgebaute und belastete Proben)

Im zweiten Schritt wurde die Wiederholbarkeit hinsichtlich gleich aufgebauter und belasteter (ebenfalls biaxialer Lagenaufbau und Impactbelastung von 12 Joule), jedoch nicht identischer Impactplatten untersucht. Die aus diesen Messungen resultierenden Punktewolken sind in Abbildung 6-18 dargestellt.

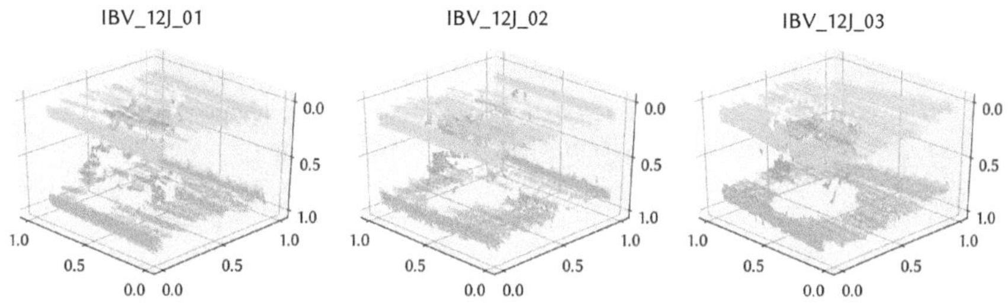

Abbildung 6-18: Wiederholmessungen an Impactplatten mit gleichen Eigenschaften

Das anhand der DE-Punktewolke dargestellte Schadensvolumen sowie die Grundstruktur des Schadens ähneln sich bei allen drei Messungen. Bezüglich der Geometrie und der Lage der DE-Punktewolken zeigen sich jedoch größere Unterschiede, welche in diesem Fall hauptsächlich auf Unterschiede bezüglich der Schadenseinbringung bei den Platten zurückzuführen sind. Die Ebenheit der Plattenoberfläche ist ebenso verschieden, welches anhand der Form der OE-Punktwolke ersichtlich ist.

Nach diesen Wiederholbarkeitsuntersuchungen werden im Folgenden die plattenspezifischen Einflüsse der Impactenergie und des Lagenaufbaus sowie die Einflüsse der Einstellparameter des Algorithmus auf die aus den Messungen resultierenden Ultraschallpunktewolken analysiert.

Einflüsse der Impactenergie und des Lagenaufbaus

Die mit größerer Impactenergie beaufschlagten Impactplatten beinhalten einen größeren Schaden. Diese zu erwartende Korrelation zwischen Impactenergie und Schadensvolumen bestätigt sich bei Betrachtung der Diagramme in Abbildung 6-19.

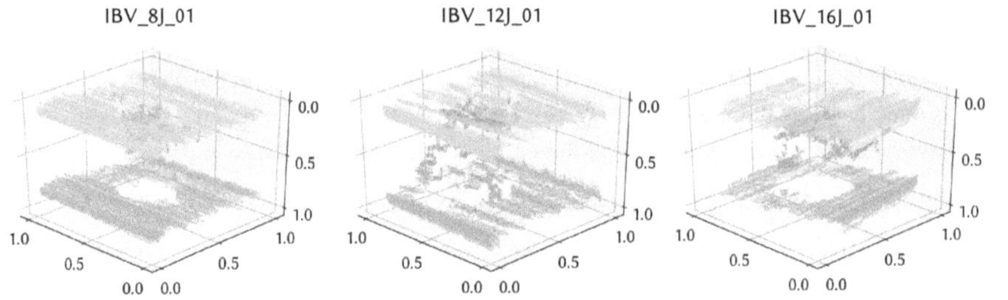

Abbildung 6-19: Messungen von Impactplatten mit verschiedenen Impactenergien

Neben dem Einfluss der Impactenergie ist insbesondere der Einfluss des Lagenaufbaus auf die Ultraschallpunktewolken von Interesse. Hierzu wurden je eine Messung an einer unidirektional, einer bidirektional und einer multiaxial-aufgebauten Impactplatte durchgeführt und die Messergebnisse in Form von drei Diagrammen in Abbildung 6-20 gegenübergestellt. In Lage, Form und Schadensgröße zeigen sich deutliche Unterschiede zwischen den Messungen an den drei verschiedenen Impactplatten. Die Schadensgröße ist in diesem Fall in der unidirektional aufgebauten Platte klein und in der multiaxial aufgebauten Platte deutlich größer.

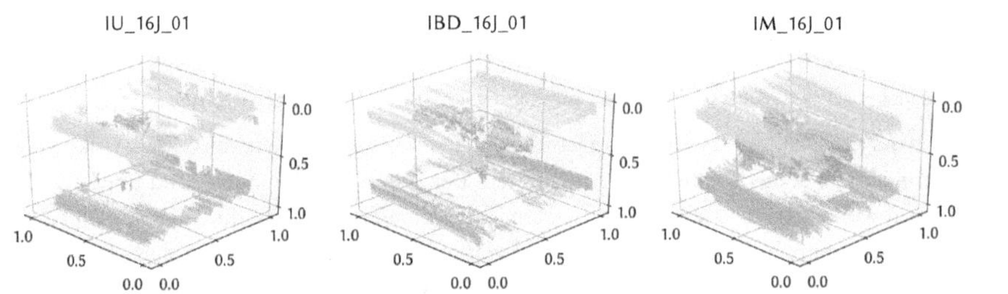

Abbildung 6-20: Messungen von Impactplatten mit verschiedenen Lagenaufbauten

Vor Abschluss dieses Kapitels soll im letzten Schritt auf die Bedeutung und den Einfluss der in Tabelle 6-7 aufgeführten Einstellparameter hingewiesen werden.

<u>Einfluss der Messparameter am Beispiel des Schwellwerts Tp</u>

Weniger bezüglich der Struktur und Lage des Schadens im Ganzen, sondern vielmehr bezüglich der Schadenskontur zeigt sich ein Einfluss der Schwellwertwahl auf die Punktewolken. Abbildung 6-21 zeigt die Ergebnisse der Messung einer bidirektional aufgebauten und mit 12J belasteten Impactplatte in Abhängigkeit der Einstellung des Schwellwerts T_p.

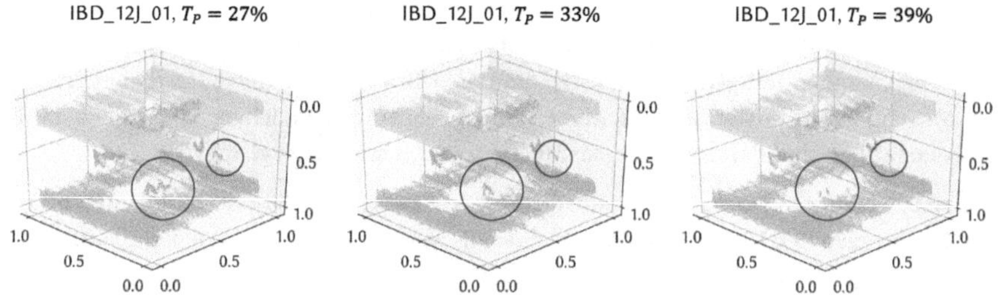

Abbildung 6-21: Messauswertung unter Verwendung verschiedener Schwellwerte

Wesentliche Unterschiede zeigen sich in der Darstellung der DE-Punktewolke und insbesondere in den rot markierten Bereichen. Die in Abbildung 6-21 dargestellten Diagramme motivieren die Notwendigkeit der experimentellen Parameteroptimierung zur Messunsicherheitsreduktion, welche im folgenden Kapitel 7 dargelegt wird.

6.6 Zwischenfazit zur werkstattgerechten Schadensanalyse

Zentrale Anforderungen an die werkstattgerechte Schadensanalyse sind die Detektion und Lokalisierung relevanter Schadensgeometrien in CFK-Strukturbauteilen. Die detektierten Schadensgeometrien sind zum einen als Input für die strukturmechanische Bewertung und zum anderen als Input für die werkstattgerechten Reparatur aufzubereiten. Hinsichtlich der Befähigung des Messprozesses für den Werkstatteinsatz sind eine intuitive Bedienbarkeit sowie eine dezentral zugängliche Messsoftware mit einer 3D-Visualisierung der Schadensinformationen von Bedeutung. (vgl. 6.1)

Der in dieser Arbeit entwickelte Messprozess wird anhand von CFK-Versuchsbauteilen mit definierten Eigenschaften und Schädigungen validiert. Zur qualitativen Bewertung werden Impactplatten mit realen Schäden verschiedener Schadensenergien verwendet. Die quantitative Bewertung erfolgt unter Verwendung einer kalibrierten Bohrungsplatte mit künstlich eingebrachten Schäden und eines an die Praxis angelehnten Demonstratorbauteils. (vgl. 6.2)

Zur Messprozessdurchführung werden je Versuchsbauteiltyp spezielle Messvorrichtungen konzeptioniert. Ein Referenzkoordinatensystem zur Verortung aller Messdaten wird durch eine Drei-Punkt-Antastung definiert. Ein mit einem optischen Messsystem generiertes 3D-Oberflächenmodell dient zur Gewinnung weiterer Schadensinformationen der Bauteiloberfläche, sowie zur Optimierung der Ausrichtung der Ultraschallpunktewolken. Die Messdatenaufnahme erfolgt über die Messsoftware, welche zunächst das Ultraschallmessgerät triggert und dann in einem definierten Takt Ultraschallmessdaten und Positionsmessdaten des Messkopfes aufzeichnet. Für die Messparameter werden zunächst Standardeinstellungen verwendet, welche im Anschluss iterativ zu optimieren sind. (vgl. 6.3)

Das Kernelement der Messdatenauswertung ist die modellbasierte Analyse der Ultraschallmessdaten. Hierzu werden zunächst die Ultraschall-A-Scans segmentiert, wodurch im Anschluss die Peak-Positionen der relevanten Reflexionsechos der Oberfläche, des möglichen Defekts und der Rückwand bestimmt werden. Mit Hilfe der zusätzlich gemessenen

Positionsmessdaten des Messkopfes sowie der geometrischen Beziehungen zwischen dem Infrarot-Target des optischen Ortungssystems und den Schallaustrittspunkten des Ultraschallmesskopfes können mittels 3D-Rekonstruktion die Ultraschallpunktewolken generiert werden. Mit Hilfe von Clustering-Algorithmen und des Fittings von Schadenszylindern erfolgt die werkstattgerechte Bereitstellung der Schadensinformationen. (vgl. 6.4)

Eine erste Validierung erfolgt durch die qualitative Auswertung der durch Messung der Impactplatten erzeugten Ultraschallpunktewolken. Es zeigt sich eine gute Wiederholbarkeit der Schadensanalyse an der identischen Platte. Die Dimension der Schadensgeometrie steigt mit zunehmender Impactenergie, wobei der Laminataufbau einen entscheidenden Einfluss auf die Schadensgeometrie hat. Insbesondere bei unidirektional aufgebauten Laminaten zeigt sich eine Vorzugsrichtung der Schadensausbreitung. (vgl. 6.5)

7 Unsicherheitsbetrachtung und Optimierung

Uncertainty consideration and optimization

Jeder von einem Messsystem ausgegebene Messwert ist mit einer Unsicherheit, der sogenannten Messunsicherheit, verbunden. Die Kenntnis über diese Messunsicherheit ist elementar für die Qualifizierung, d.h. die Entscheidung darüber, ob ein Messsystem bzw. ein Messprozess zur Prüfung der Toleranzen eines Qualitätsmerkmals geeignet ist. Dieses Kapitel befasst sich mit der Betrachtung der Messunsicherheitsbeiträge der Komponenten des optisch georteten Ultraschallmesssystems. Unter Verwendung der Messunsicherheit als zu reduzierende Zielgröße werden im Anschluss Optimierungsmaßnahmen und optimale Parametereinstellungen ermittelt. Zur ersten Orientierung bezüglich der in diesem Kapitel betrachteten Teilsysteme und den dazugehörigen Versuchsaufbauten diene die folgende Abbildung 7-1.

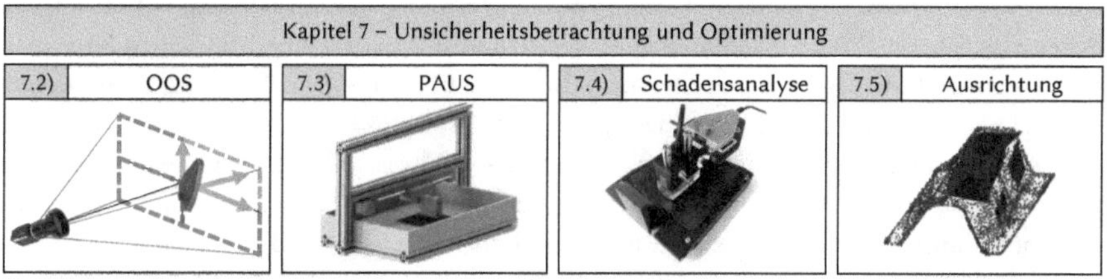

Abbildung 7-1: Betrachtete Teilsysteme des optisch georteten Ultraschallmesssystems

Zunächst werden in 7.1 alle relevanten Einflussfaktoren auf das optisch geortete Ultraschallmesssystem ermittelt und klassifiziert. Ab Abschnitt 7.2 werden die Einflussfaktoren je Systemkomponente separat sowie im Verbund betrachtet und die Messunsicherheitsbeiträge experimentell quantifiziert. Es wird in 7.2 zunächst das optische Ortungssystem (OOS) und dann in 7.3 das Phased-Array-Ultraschallmesssystem (PAUS) untersucht. Durch eine systematische Optimierung der Hardware-Parameter des Phased-Array-Ultraschallmesssystems mit Hilfe eines Linearachsprüfstands werden Möglichkeiten zur Reduktion der Messunsicherheit aufgezeigt. Der zweite Teil der Optimierung beinhaltet die softwareseitige Parameteroptimierung der werkstattgerechten Schadensanalyse in 7.4. Durch die komponentenweise Analyse der Unsicherheitsbeiträge adressiert dieses Kapitel die dritte der in Kapitel 4 formulierten Forschungsfragen:

„Wie können die Unsicherheitsbeiträge der Messsystemkomponenten modelliert und hinsichtlich einer werkstattgerechten CFK-Reparatur quantifiziert werden?“

Daran anschließend und auf Basis der ermittelten Messunsicherheitsbeiträge werden Möglichkeiten zur Parameteroptimierung für das PAUS (7.3) sowie die softwaregestützte Messdatenauswertung aufgezeigt (7.4), welches zugleich die vierte Forschungsfrage adressiert:

„Wie lassen sich die Unsicherheitsbeiträge durch eine Messparameteroptimierung und unter Einbeziehung von Oberflächenmessdaten für die CFK-Reparatur hinreichend reduzieren?

Die Optimierung der Ausrichtung unter Zuhilfenahme von Oberflächenmessdaten in 7.5 nimmt in diesem Kapitel eine Sonderrolle ein und resultiert aus dem in 7.4 erkannten Defizit des Unsicherheitsbeitrags hervorgerufen durch die Drei-Punkt-Ausrichtung des Bauteilkoordinatensystems. Es wird eine Methodik dargelegt, welche die Messunsicherheit der Ausrichtung unter Zuhilfenahme von Messdaten eines 3D-Scanners und der iterativen Lösung eines Minimierungsproblems zur Punktewolken-Ausrichtung, reduzieren kann. Die gewonnen Erkenntnisse werden im Zwischenfazit in Abschnitt 7.6 zusammengefasst.

7.1 Identifikation der Einflüsse auf die Messunsicherheit

Zur Qualitätssicherung verlangt die DIN EN ISO 9001 die systematische Ermittlung der zu überwachenden Messgrößen samt deren Einflussfaktoren. Bei jedem Messergebnis ist dabei neben dem ermittelten Messwert die dazugehörige Unsicherheit des Messergebnisses zu bestimmen. Zur Unsicherheitsbestimmung existieren verschiedene Ansätze und Verfahren, von denen einige bereits in 3.5 (S. 25) diskutiert wurden. Auf Basis der zu ermittelnden Messunsicherheiten sind Messsystem und Messprozess zu qualifizieren. Qualifizierung ist in diesem Kontext als eine Art Freigabe zur Nutzung eines Messsystems bzw. Messprozesses zu verstehen. Aufgrund der Komplexität des optisch georteten Ultraschallmesssystems und der Vielzahl an Einflussfaktoren auf die Kombination der involvierten Messsystemkomponenten ist die Aufstellung eines allumfassenden mathematischen Modells zur Beschreibung des Messprozesses nicht möglich. Es gilt vielmehr, die relevanten Einflussfaktoren auf den Messprozess zu identifizieren und anhand geeignet gewählter Versuchsdesigns experimentell zu quantifizieren. Die Quantifizierung ist insbesondere vor dem Hintergrund der Anwendung möglicher Optimierungsverfahren von Bedeutung.

Zur Identifikation der Einflussfaktoren auf das Messergebnis und die damit verbundene Messunsicherheit wird das in Abbildung 7-2 dargestellte Ishikawa-Diagramm erstellt, in welchem die Einflussfaktoren auf das optisch geortete Ultraschallmesssystem und den Messprozess der werkstattgerechten Schadensanalyse aufgeführt sind. Aufgrund der Komplexität des kombinierten Messprozesses der optischen Positionserfassung und der Phased-Array-Ultraschallmessung sind in Abbildung 7-2 jedoch nur die wesentlichen, als relevant eingestuften Einflussfaktoren aufgeführt. Analog zur empfohlenen Vorgehensweise der VDA 5 werden die Einflussfaktoren den acht Kategorien Mensch, Messobjekt, Auswertemethode, Umwelt, Messmethode, Messmittel, Aufnahmevorrichtung und Normal zugeordnet [VDA10].

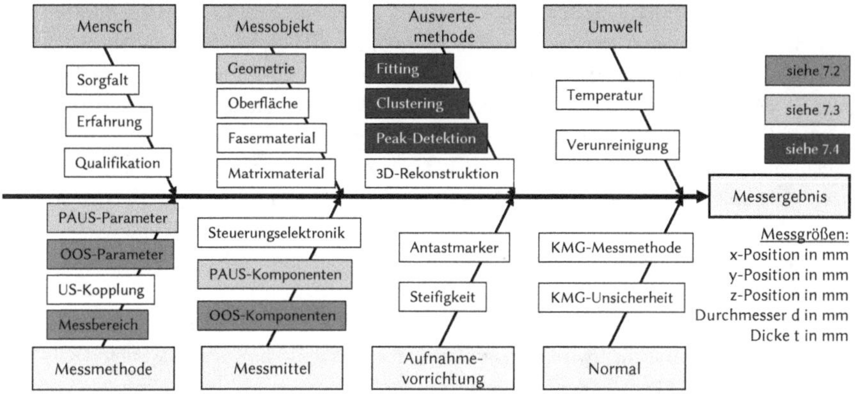

Abbildung 7-2: Einflüsse auf das Messergebnis der werkstattgerechten Schadensanalyse

Die im oberen Bereich und in dunkelgrau dargestellten vier Kategorien beziehen sich hauptsächlich auf den Messprozess; die unten und in hellgrau dargestellten vier Kategorien hingegen auf das Messsystem. Die Unterscheidung zwischen Messsystem und Messprozess ist insbesondere vor dem Hintergrund eines industriellen Einsatzes relevant. Die Eignung des Messsystems kann nämlich unabhängig vom realen Einsatz des Messgeräts (dem Messprozess) herstellerseitig beeinflusst und geprüft werden. [DIET17, S. 3]

Bei jedem manuell geführtem Messsystem ist der Einflussfaktor *Mensch* zu berücksichtigen. Neben der Sorgfalt und individuellen Art und Weise der Messdurchführung haben die praktische Erfahrung und die Qualifikation, d.h. die Kenntnis über die Prozesse der Ultraschallmessung und der kamerabasierten Ortung, einen Einfluss auf das Messergebnis. In dieser Arbeit wird der Bedienereinfluss berücksichtigt; es wird jedoch nicht im Speziellen zwischen Bedienern mit unterschiedlicher Erfahrung und/oder Kenntnis variiert. Als *Messobjekt* werden CFK-Platten und -Bauteile mit verschiedenen Geometrien und insbesondere mit künstlichen Fehlstellen verschiedener Dimensionen und Tiefenlagen untersucht. Die Unterschiede der Schadensgeometrien real induzierter Schäden in Bezug auf den Laminataufbau wurden in 6.5 (S. 65) aufgezeigt, die Einflüsse von Faser, Matrix oder Oberflächen-beschaffenheit auf die Messunsicherheit wurden jedoch gegenüber des Geometrieeinflusses als zweitrangig eingestuft und werden in diesem Kapitel nicht betrachtet. Wie in Kapitel 6 dargelegt, haben vor Allem die *Auswertemethode*, d.h. die Algorithmen zur Auswertung der positionsbehafteten Ultraschallmessdaten einen großen Einfluss auf das Messergebnis, seien es die Vorgehensweise und Einstellparameter bei der Peak-Detektion oder bei der anschließenden Auswertung der Punktewolken durch die Cluster- und Fitting-Algorithmen. Einflüsse der *Umwelt* wie die Umgebungstemperatur oder Verunreinigungen auf der Baueiloberfläche sind im Allgemeinen zu berücksichtigen, werden bezogen auf diese Arbeit jedoch als weniger relevant erachtet und daher nicht betrachtet und sofern möglich konstant gehalten.

Die Einflüsse der Kategorien *Messmethode* und *Messmittel* sind zu Teilen miteinander verknüpft und werden spezifisch für die eingesetzten Teilsysteme und Messtechnologien analysiert. Abschnitt 7.2 befasst sich mit einer Analyse und Quantifizierung der Einflussfaktoren auf das optische Ortungssystem (OOS), wobei sich Abschnitt 7.3 (S. 83) mit den Einflussfaktoren des Phased-Array-Ultraschallmesssystems (PAUS) befasst. Die Bediener werden angewiesen, während der Messdatenaufnahme auf eine ausreichende Kopplung zur Schalleinbringung zu achten. Einflüsse guter und schlechter Kopplung werden demnach nicht betrachtet. Wie in Abschnitt 7.4.2 (S. 103) dargelegt liefert jedoch die *Aufnahmevorrichtung* und insbesondere der Antastvorgang mit Hilfe der Referenzpunkte einen signifikanten Beitrag zur Messunsicherheit des Gesamtsystems. Da bei CFK-Werkstoffen kaum ein *Normal* verwendet werden kann, wird bei der Messunsicherheitsanalyse auf durch ein Koordinatensystem kalibrierte Musterwerkstücke zurückgegriffen.

7.2 Experimentelle Untersuchung der optischen Ortung

Basierend auf Vorversuchen wird angenommen, dass das optische Ortungssystem (OOS) und damit verbunden der Prozess der Ortung des Ultraschallmesskopfes einen relevanten Einfluss auf das Messergebnis der Schadensanalyse, d.h. das Ergebnis der Messung der Position und der Dimension einer Schadensgeometrie, hat. Die wesentlichen Faktoren, die in diesem Kontext einen Einfluss auf das Messergebnis haben, lassen sich den in Abbildung 7-3 dargestellten Kategorien *Kamera, Ortung der Marker, Target* und *Ausrichtung* zuordnen.

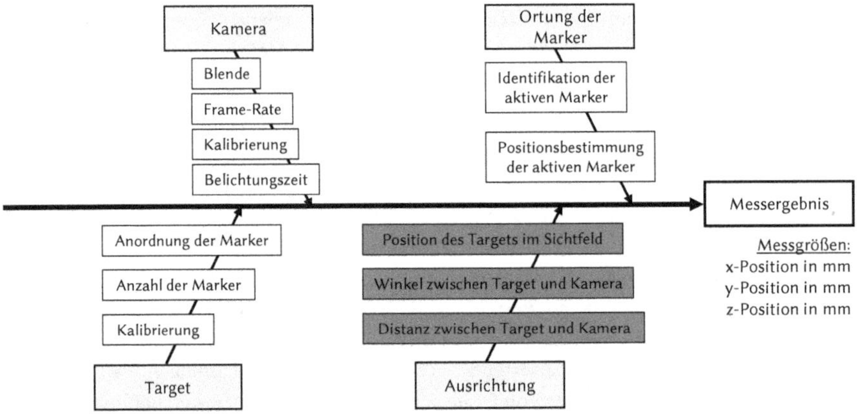

Abbildung 7-3: Einflussfaktoren der optischen Ortung

Typische Parameter der *Kamera* wie die Einstellung der Blende und der Belichtungszeit müssen zur Sicherstellung der Funktionsfähigkeit des OOS eingestellt werden. Aufgrund der Annahme, dass sich ein optimaler Wertebereich für die meisten Anwendungsfälle fest einstellen lässt und eine Variation der Einstellungen innerhalb dieses Wertebereichs einen geringen Einfluss hat, werden diese Parameter im Folgenden fest eingestellt und nicht weiter betrachtet. Ebenso sind die Einstellfaktoren der Kategorien *Target* und *Ortung der Marker* fest eingestellt und konstant. Sowohl die Targets als auch die Verfahren zur Positionserfassung der aktiven Marker im Kamerabild sind herstellerseitig vorgegeben und nicht veränderbar. Die *Ausrichtung* zwischen Target und Kamera lässt sich jedoch beeinflussen und hat sowohl einen Einfluss auf das Messergebnis als auch auf die Unsicherheit dieses Messergebnisses. Die wesentlichen Einflussfaktoren der *Ausrichtung* hierbei sind zum einen die Position des Targets relativ zur Kamera und zum anderen die Orientierung des Targets zur Kameraebene. Es wird vermutet, dass Grenzwerte des Abstands zwischen Kamera und Target und des Winkels zwischen diesen beiden Komponenten existieren bei dessen Unter- bzw. Überschreitung die Messunsicherheiten deutlich ansteigen.

Ziel ist es daher, den möglichen Parameterraum des OOS um diese kritischen Grenzbereiche zu bereinigen und damit einen zulässigen Parameterraum zu definieren, in dem die Messunsicherheit ein bezogen auf den Anwendungsfall definierten und gerade noch zulässigen Maximalwert nicht überschreitet.

7.2.1 Versuchsaufbau und Versuchsplanung

Nach einer Voruntersuchung zur Streuung des Messprozesses wird ein Versuchsdesign basierend auf einem vollfaktoriellen Versuchsplan entwickelt. Zur Versuchsdurchführung wird das M-Size-Target des OOS mit dem Messkopf eines Koordinatenmessgerätes (KMG) verbunden. Die parameterabhängige Messunsicherheit kann im Anschluss auf der Basis von vergleichenden Distanzmessungen des OOS und des KMG berechnet werden.

Voruntersuchung: Messprozessstreuung

Vor der Bewertung der Genauigkeit und der Aufstellung der Messunsicherheit gilt es, die Präzision des OOS zu bewerten. Hierzu wird ein in dieser Arbeit eingesetztes M-Size-Target (vgl. 5.3, S. 43) in einem Arbeitsabstand d_K parallel zur Linse und Kameraebene und in der Mitte des Sichtfelds der Kamera platziert. Anschließend werden auf Basis der Soll-Position $i = 10$ Wiederholmessungen der berechneten Distanz des Kameraabstands d_K durchgeführt. Die in diesem Versuch verwendeten Einstellwerte sind in Tabelle 7-1 aufgeführt.

Tabelle 7-1: Versuchsparameter zur Untersuchung der Prozessstreuung

Versuchsparameter	Einstellwert
Kameraabstand (Soll) d_K	1000 mm
OOS-Aufnahmefrequenz f_T	160 Hz
OOS-Aufnahmeperiode T_T	10 s
Anzahl der Wiederholmessungen i	10

Je Messung wurden bei einer OOS-Aufnahmefrequenz f_T von 160 Hz und einer Aufnahmeperiode $T_T = 10s$ je 1600 Messwerte für die Distanzen d_w der Wiederhol-Aufnahmeperioden w ausgewertet und in eine Regelkarte eingetragen. Bei Betrachtung der Standardabweichungen in der Qualitätsregelkarte in Abbildung 7-4 zeigten sich keinerlei Auffälligkeiten. Die ermittelten Standardabweichungen $\sigma(d_w)$ je Aufnahmeperiode sind der Darstellung in der Regelkarte zu entnehmen.

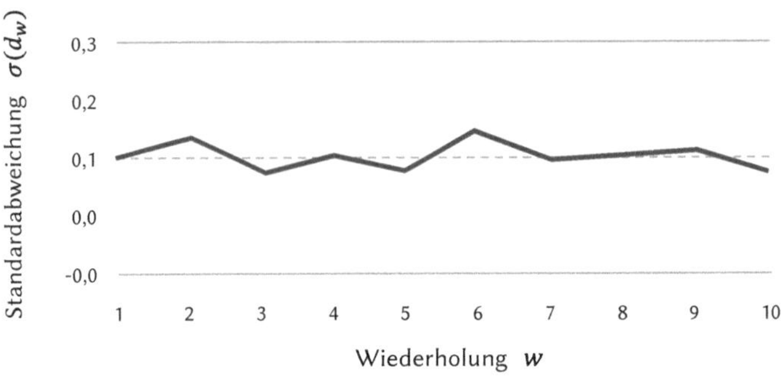

Abbildung 7-4: Wiederholmessungen zur Untersuchung der Prozessstreuung

Die Darstellung der Standardabweichungen über den Wiederholmessungen zeigt in der vereinfachten Regelkarte keine Auffälligkeiten wie Ausreißer, Trends etc., welches ein Zeichen für die Stabilität des Messprozesses ist.

Versuchsplanung zur Unsicherheitsbestimmung

In 7.1. wurden die relevanten Einflussfaktoren der Kamera, der Auswertemethode, des Targets und der Anordnung zwischen Kamera und Target identifiziert. Insbesondere die Position des Targets im Sichtfeld und die Winkelstellung zwischen Target und Kameraebene wurden als besonders relevant und beeinflussbar eingestuft. Aufgrund des Systemaufbaus ist es zu erwarten, dass Grenzwerte oder Grenzbereiche existieren, bei dessen Über- bzw. Unterschreitung die Messunsicherheit ansteigt bzw. das OOS für den jeweiligen Anwendungsfall nicht mehr einsetzbar ist. Zum Auffinden dieser Grenzwerte wird ein vollfaktorieller Versuchsplan gemäß DOE („Design of Experiments") mit den in Tabelle 7-2 dargestellten vier Faktoren und Einflussgrößen und jeweils drei zu variierenden Stufen erstellt.

Tabelle 7-2: Einflussgrößen und Parameterraum des vollfaktoriellen Versuchsplans

Faktor	Einflussgröße	Stufen
d_K	Kameraabstand in mm	1000; 1500; 2000
α	Drehwinkel der Längsachse in ° („Rollen")	0; 35; 70
β	Drehwinkel um die Querachse in ° („Nicken")	0; 35; 70
d_S	Distanzen im Sichtfeld	28,28; 381,61; 763,22

Der Abstand d_K zwischen Kamera und Target wird in Schritten von 500 mm zwischen 1000 mm und 2000 mm variiert. 1000 mm wird dabei als Mindestabstand für den Werkstatteinsatz des OOS definiert. Diesen Abstand muss das OOS mindestens bedienen können. Bezüglich der Drehwinkel wird zwischen dem Drehwinkel der längeren Achse des Targets α und dem der kürzeren Achse β unterschieden. Der Einfluss der dritten möglichen Drehachse, senkrecht zu α und β wird im Vergleich als geringwertig eingestuft und daher zur Reduktion der Komplexität des Versuchsplans vernachlässigt. Herstellerseitig werden maximal zulässige Grenzwinkel von $\alpha = \beta = 70°$ angegeben, bis zu denen die Position eines Targets gerade noch bestimmt werden kann. Diese Werte wurden in Vorversuchen experimentell bestätigt und bilden daher die Grenzen des Versuchsraums hinsichtlich der Einflussgrößen α und β. Zur Erläuterung der Einflussgrößen von α, β, d_S dienen die schematischen Darstellungen in der folgenden Abbildung 7-5.

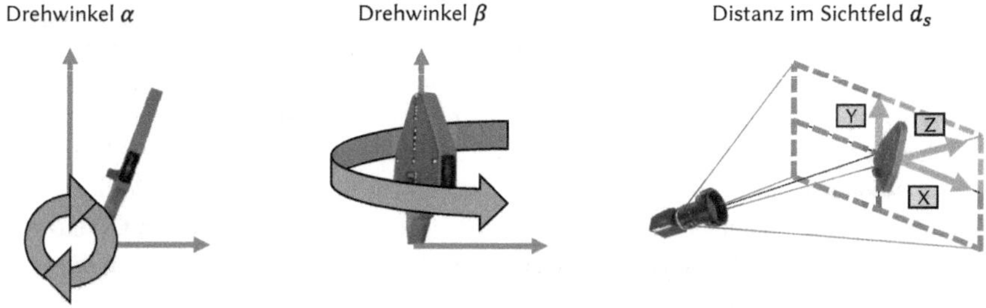

Abbildung 7-5: Schematische Darstellung der Einflussfaktoren α, β und d_s

Der vierte Einflussfaktor d_S bezieht sich auf die Position des Targets im Sichtfeld der Kamera und wird ebenfalls in drei Stufen variiert. Die Werte der Stufen resultieren aus den gemessenen Referenzstrecken des Koordinatenmessgeräts (KMG). Zur Erzeugung der erforderlichen Referenzwerte wird mit dem KMG ein spezieller Versuchsaufbau realisiert. Das KMG ist vom Typ Prismo Navigator der Fa. Zeiss und weist bei maximaler Messlänge eine Messunsicherheit von maximal 3 µm auf [CARL19]. Da dieser Wert die zu erwartende Messunsicherheit des OOS deutlich unterschreitet, ist das KMG zur Verwendung als Referenzmesssystem geeignet. Zur Versuchsdurchführung wird das M-Size-Target des OOS mit der Spitze des Messtasters über zwei Winkelgelenke und Schraubverbindungen an den Messkopf des KMG montiert. Mit Hilfe der Winkelgelenke lassen sich die zu untersuchenden Winkelstellungen der Einflussfaktoren α und β leicht einstellen und arretieren. Die Einstellwerte des Einflussfaktors d_S resultieren aus den zuvor definierten und in Abbildung 7-6 dargestellten Messpositionen P1-P4 des KMG.

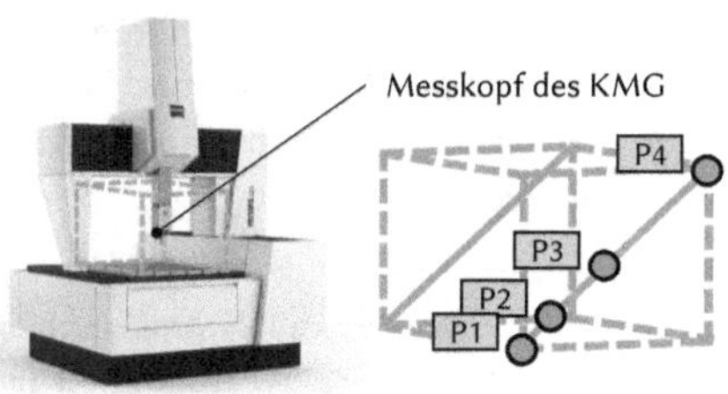

P	$d_{S,X}$ in mm	$d_{S,Y}$ in mm
P1	0	0
P2	20	20
P3	325	200
P4	650	400

d_S in mm	
P1-P2	28,28
P1-P3	381,61
P1-P4	763,22

Abbildung 7-6: Berechnung der Distanzen im Sichtfeld d_S

Die Messpositionen P1-P4 bilden jedoch nur einen der vier Quadranten des Kamera-Sichtfeldes ab (vgl.: gelb markierter Bereich in Abbildung 7-6. Die Messunsicherheitsbestimmung über alle vier Quadranten erfolgt unter der Annahme, dass die Messunsicherheit in allen vier Quadranten ein ähnliches Verhalten aufweist. Da das KMG die Messdaten in einem anderen Koordinatensystem verortet als das OOS, werden im Versuchsplan nicht Positionen, sondern

Distanzen zwischen Positionen gegenübergestellt. Ausgangspunkt hierfür sind die Definitionen der Positionen P1 und P4. P1 repräsentiert die Mittelachse der Kameraebene, wobei P4 die Position repräsentiert, an der in Vorversuchen gerade noch stabile Messwerte aufgenommen werden konnten.

Zur Durchführung des Versuchsplans wird die Kamera zunächst in einem definierten Abstand d_K zum Target positioniert. Zudem werden die Winkel (α, β) über die Winkelgelenke eingestellt. Anschließend wird je Einstellung von d_K, α und β ein NC-Programm ausgeführt, welches den KMG-Messkopf mit dem OOS-Target schrittweise zu den Positionen P1-P4 führt. An jeder Position stoppt das Programm für 30 Sekunden, wobei innerhalb einer Sekunde mit der gewählten OOS-Aufnahmefrequenz von $f_T = 160\ Hz$ die Positionsdaten des OOS-Targets aufgezeichnet werden. Nach jedem Programm-Durchlauf wird einer der Faktoren (d_K, α, β) variiert und anschließend das NC-Programm erneut ausgeführt.

7.2.2 Unsicherheitsbetrachtung

Für die Unsicherheitsbetrachtung werden nach der Versuchsdurchführung die Residuen berechnet, d.h. je Versuch die Differenz zwischen der mit dem OOS und dem KMG gemessenen Distanzen. Anschließend werden mit Hilfe einer Regressionsanalyse die mathematischen Zusammenhänge zwischen den Einflussgrößen und der Messgröße, d.h. der Position des TIP, mathematisch beschrieben. Die Bestimmung der Messunsicherheit für einen definierten Parameterraum erfolgt im Anschluss mit Hilfe der in 3.5 (S. 25) dargestellten All-In-One (AIO)-Formel nach Dietrich, welche auf der DIN EN ISO 15530-3 basiert:

$$U_{MS} = k \times \sqrt{u_{CAL}^2 + u_P^2 + u_B^2 + u_W^2} \tag{25}$$

Für u_{CAL} wird im Folgenden der errechnete Messunsicherheitswert des KMG von 3 µm eingesetzt. Die Standardunsicherheiten der systematischen Abweichung u_B und der zufälligen Streuung u_p werden im Folgenden auf Basis der Kennzahlen der Regressionsanalyse und in Abhängigkeit des Parameterraums errechnet. Der Erweiterungsfaktor k wird zum Erreichen eines Signifikanzniveaus von 95% auf $k = 2$ gesetzt. Die Standardunsicherheit aus Werkstoff- und Produktionsstreuung u_W wird als vernachlässigbar eingestuft.

Im ersten Schritt werden die ermittelten Residuen aller Versuche, d.h. des vollständigen Parameterraums analysiert. Die Anwendung des Anderson-Darling-Tests auf Normalverteilung zeigt jedoch, dass die Residuen unter der Annahme eines Signifikanzniveaus von 5% nicht normalverteilt sind. Durch eine Analyse des Wahrscheinlichkeitsnetzes können die Distanz $d_S = 763{,}22\ mm$ und die Einstellung $\alpha = 70°$ als Verursacher der Instabilität identifiziert werden.

Auf Basis dieser Erkenntnisse wird der Parameterraum im zweiten Schritt verkleinert. Die Residuen aller Versuche mit den Faktorstufen $d_S = 763{,}22\ mm$ und $\alpha = 70°$ werden den Messdaten entnommen und die Prüfung auf Normalverteilung wird wiederholt. Bei diesem zweiten Parameterraum zeigt sich nun eine Normalverteilung der Residuen. Das dazugehörige Wahrscheinlichkeitsnetz sowie die Häufigkeitsverteilung der Abweichungen sind in Abbildung 7-7 grafisch dargestellt.

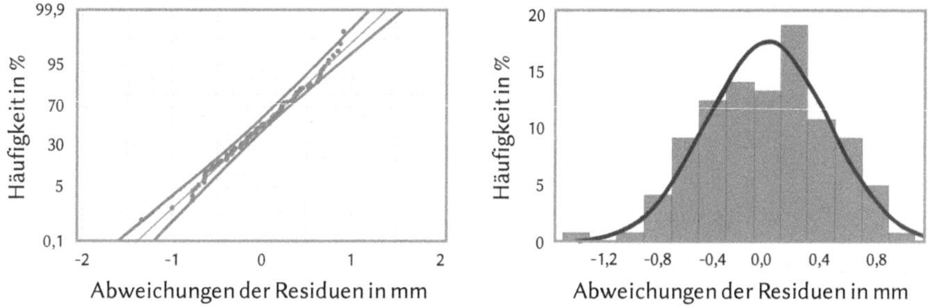

Abbildung 7-7: Regression des eingeschränkten Parameterraums ($\alpha \leq 35°$, $d_S \leq 381{,}61$ mm), dargestellt in einem Wahrscheinlichkeitsnetz und einem Histogramm

Das Bestimmtheitsmaß der Regression berechnet sich zu $R^2 = 85\%$. Unter Verwendung der Extremwerte der Regressionsgleichung lassen sich die Unsicherheit der systematischen Abweichung für den ungünstigsten Fall u_b und die zufällige Streuung am Punkt der maximalen Abweichung u_p berechnen. Nach Einsetzen dieser Werte in die AIO-Formel resultiert eine erweiterte Messunsicherheit U von 7,68 mm. Die wesentlichen Ergebnisse der Messunsicherheitsanalyse über den zweiten Parameterraum sind in Tabelle 7-3 aufgeführt.

Tabelle 7-3: Kennwerte des zweiten Parameterraums ($\alpha \leq 35°$, $d_S \leq 381{,}61$ mm)

Maximum und 95%-Konfidenzintervall	3,69 mm; [2,62 mm; 4,74 mm]
Minimum und 95%-Konfidenzintervall	-1,17 mm; [-2,21 mm; -0,14 mm]
Maximale systematische Abweichung u_B	3,69 mm
Zufällige Streuung bei maximaler Abweichung u_P	1,06 mm
Erweiterte Messunsicherheit U	7,68 mm

Zur weiteren Optimierung stellte sich die Frage, wie der Parameterraum zur Reduktion der erweiterten Messunsicherheit weiter verkleinert werden könnte, ohne zugleich die Werkstatttauglichkeit des OOS zu gefährden. Da die maximal zulässige Winkelstellung des Targets und die Positionierung parallel zur Kameraebene bereits eingeschränkt wurde, wurde im Folgenden die Positionierung vertikal zur Kameraebene, d.h. der Abstand zur Kamera d_K auf 1500 mm begrenzt. Daraus resultiert der dritte Parameterraum mit der in Abbildung 7-8 dargestellten Verteilung der Residuen.

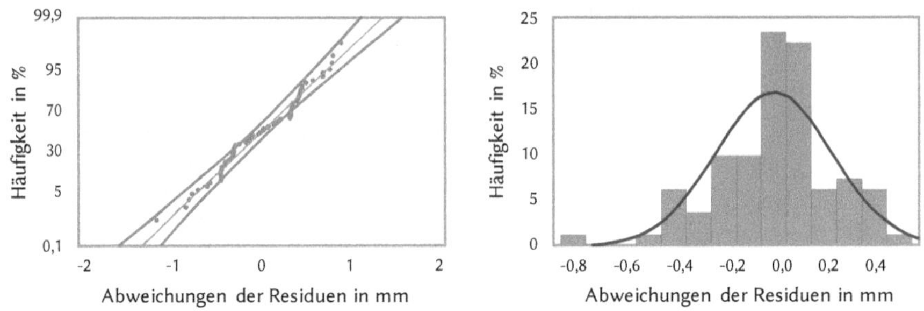

Abbildung 7-8: Regression des eingeschränkten Parameterraums ($\alpha \leq 35°$, $d_S \leq 381{,}61$ mm, $d_K \leq 1{,}5$ mm), dargestellt in einem Wahrscheinlichkeitsnetz und einem Histogramm

Die Residuen sind weiterhin normalverteilt; zudem kann die Güte der Regression, ausgedrückt durch ein Bestimmtheitsmaß R^2 von 94,4% deutlich erhöht werden. Nur 5,6% der Werte sind nicht durch die Regression erklärbar. Analog zu Tabelle 7-4 sind die Kennwerte des dritten Parameterraums in Tabelle 7-4 aufgeführt.

Tabelle 7-4: Kennwerte des dritten Parameterraums (d_K ≤ 1500 mm, α ≤ 35°, d_S ≤ 381,61 mm)

Maximum und 95%-Konfidenzintervall	1,78 mm; [1,33 mm; 2,24 mm]
Minimum und 95%-Konfidenzintervall	-1,46 mm; [-1,91 mm; -1,01 mm]
Maximale systematische Abweichung u_B	1,78 mm
Zufällige Streuung bei maximaler Abweichung u_P	0,46 mm
Erweiterte Messunsicherheit U nach AIO	3,68 mm

Die systematische Abweichung u_b konnte durch die Eingrenzung des Parameterraums knapp halbiert werden und beträgt nun 1,78 mm. Aufgrund des Erweiterungsfaktors resultierte hieraus eine erweiterte Messunsicherheit U von 3,68 mm. Dieser Wert repräsentiert eine sehr konservative Abschätzung der Messunsicherheit des OOS in dem dargestellten Parameterraum. Bei einer weiteren Verkleinerung des Parameterraums, z.B. des Abstands zwischen Target und Kamera lässt sich die Messunsicherheit erneut reduzieren.

Zur Optimierung des OOS können zusätzliche Kameras integriert werden, um zum einen die Messunsicherheit weiter zu reduzieren und zum anderen den Parameterraum, d.h. das Messvolumen, in welchem das OOS eingesetzt werden kann, zu vergrößern.

Zudem werden in 7.5 (S. 108) Möglichkeiten aufgezeigt, systematische Fehler, auch bezogen auf die Positionserfassung, unter Zuhilfenahme von 3D-Messdaten der Bauteiloberfläche zu kompensieren.

7.3 Parameteroptimierung der Phased-Array-Ultraschallmessung

Die Einflüsse der hardwareseitigen Einstellparameter des Phased-Array-Ultraschallmesssystems (PAUS) auf das Messergebnis sind mit dem in Kapitel 5 konzeptionierten, optisch georteten Messsystem kaum zu bewerten. Die bei der manuellen Messung unvermeidbaren Schwankungen der Dicke und Dichte des Koppelfilms sowie der variablen Beschleunigungsvorgänge und Messgeschwindigkeiten haben einen großen Einfluss auf den Messprozess und überdecken zu großen Teilen die hardwareseitigen Einflüsse der PAUS-Einstellparameter.

Ziel dieses Unterkapitels ist es daher, ein geeignetes Versuchsdesign zu entwickeln, bei welchem die Einflüsse der Schallkopplung und der Messgeschwindigkeit während der Versuchsdurchführung möglichst geringgehalten werden, sodass die hardwareseitigen Einflüsse des PAUS deutlicher hervortreten und auf Basis einer statistischen Versuchsplanung und -durchführung die Einstellparameter des PAUS optimiert werden können. Hierzu wird ein Versuchsaufbau bestehend aus einem Linearachssystem und einem Tauchbecken entwickelt, mit welchem die Einstellparameter des PAUS unter dem Gesichtspunkt der resultierenden Messunsicherheiten experimentell optimiert werden können. Die wesentlichen hardwareseitigen Einflüsse lassen sich in die Kategorien *Messkopf-Aufbau, Signalverstärkung und -verarbeitung, Linien-Array-Setup* sowie *Ultraschallelektronik* einteilen und sind in Abbildung 7-9 dargestellt.

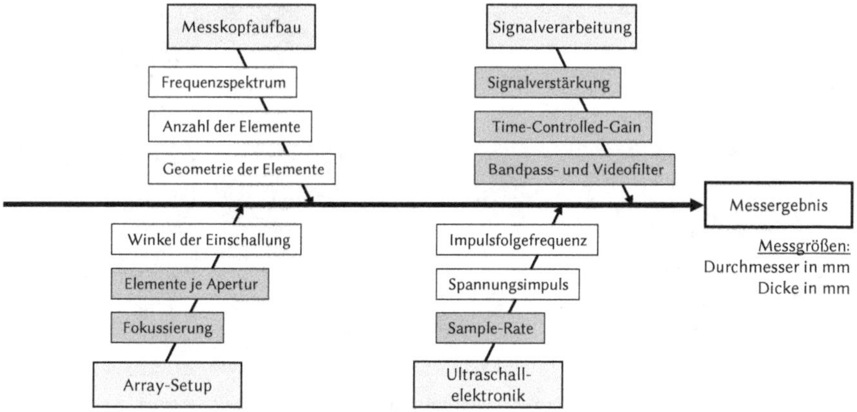

Abbildung 7-9: Einflussfaktoren der Ultraschallmessung

Bezüglich des *Messkopf-Aufbaus* haben insbesondere die Art und Anordnung der integrierten Piezoelemente und das daraus resultierende Frequenzspektrum einen Einfluss auf das Messergebnis. Für die Versuchsreihen dieser Arbeit steht lediglich ein speziell zur CFK-Messung ausgelegter Messkopf des Typs 5L64 der Fa. Olympus [OLYM13] verbunden mit einem Vorlaufkeil des Typs SNW1-OL (ebenfalls Fa. Olympus) zur Verfügung, sodass der *Messkopf-Aufbau* fest vorgegeben ist. Die Einflussfaktoren der Ultraschallimpulse und der Samplerate sind hardwareseitig einstellbar, jedoch wird deren Bedeutung auf Basis der Bewertung von Vorversuchen als geringwertig eingestuft. Vom Bediener beeinflussbare und als besonders relevant eingestufte Einflussfaktoren befinden sich in den Kategorien *Linien-Array-Setup* sowie *Signalverstärkung und -verarbeitung* und sind im Ishikawa-Diagramm (Abbildung 7-9) blau markiert. Diese Einflussfaktoren werden im Folgenden experimentell untersucht und hinsichtlich der Beeinflussung der ultraschallbasierten Durchmesser- und Dickenmessung bewertet.

7.3.1 Konzeptionierung und Aufbau des Versuchsstands

Der konzeptionierte Versuchsaufbau besteht aus einer Profilrahmenkonstruktion mit einem Linearachssystem der Isel Germany AG [ISEL19a] und einem Tauchbecken. Das Tauchbecken wurde aus MDF-Platten zusammengesetzt und wird mittels einer Teichfolie abgedichtet. Der Ultraschallmesskopf ist über eine im FDM-Verfahren hergestellte PLA-Messkopfhalterung mit dem Schlitten der Linearachsführung verbunden. Das Konstruktionsmodell und Aufnahmen der prototypischen Realisierung des Versuchsaufbaus sowie der Messkopfhalterung des Versuchsaufbaus sind in folgender Abbildung 7-10 dargestellt.

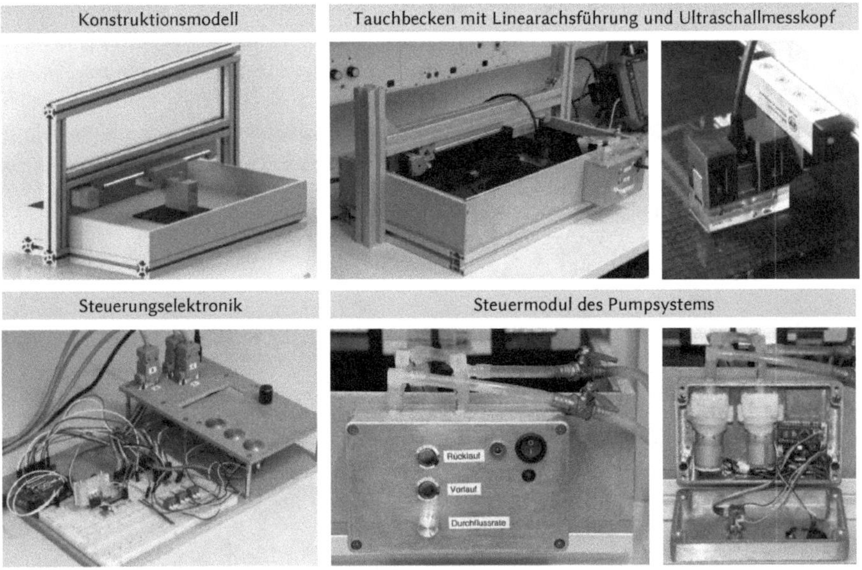

Abbildung 7-10: Versuchsaufbau zur Parameteroptimierung der Ultraschallmessung

Zur automatisierten Befüllung und Entleerung des Tauchbeckens mit dem als Koppelmedium verwendeten destillierten Wasser wird ein Pumpsystem installiert. Mit Hilfe eines Drehreglers und einem verbundenen Potentiometer lässt sich über eine Pulsweitenmodulation die Leistung der Membranpumpe anpassen, welche das verwendete destillierte Wasser in das Tauchbecken pumpt.

Mit dem Linearachssystem lassen sich definierte Messpositionen gezielt anfahren; insbesondere lässt sich eine konstante Vorschubgeschwindgkeit realisieren. Zur Bewegung des Ultraschallmesskopfes wird der Schrittmotor der Linearachse [ISEL19b] mit Spannungsimpulsen beaufschlagt, wobei jeder Spannungsimpuls eine Winkelrotation des Schrittmotors bewirkt. Die Rotationsbewegung wird anschließend durch einen Zahnriemen in eine translatorische Bewegung des Linearachsschlittens und damit des Ultraschallmesskopfes umgesetzt. Eine

Umdrehung des Schrittmotors bewirkt eine translatorische Bewegung um 30 mm. Über den Motortreiber A4998 können jedoch neben einem Vollschritt auch Teilschritte bis zu einem Sechzehntel des Vollschrittes angesteuert werden. Zur Ansteuerung der Linearachse wird die in 5.3 (S. 43) entwickelte GUI der Messsoftware erweitert. Wesentliche Einstellparameter sind die Vorschubgeschwindigkeit, die Anzahl der Verfahr-Durchgänge sowie die Start- und Endpositionen. Analog zum Systemaufbau mit dem optischen Ortungssystem erfolgt die Synchronisation zwischen den Positions- und Ultraschallmessdaten über ein vom PAUS ausgegebenes 5V-TTL-Signal. Dieses wird durch die Steuerungselektronik registriert und zur simultanen Aufzeichnung der aktuellen Positionsinformationen des Ultraschallmesskopfes am Linearachsschlitten verwendet. Aufgrund der Datenaufnahme in Echtzeit können im Anschluss die Ultraschallmessdaten direkt mit den Positionsmessdaten der Linearachse, analog zu dem Vorgehen in 6.2.5 fusioniert werden.

7.3.2 Erfassung und Verarbeitung der Ultraschallmessdaten

Als Voraussetzung für die experimentelle Parameteroptimierung wird im Folgenden die Erfassung und Verarbeitung der Ultraschallmessdaten erläutert. Die Prozesse ähneln der in 6.4 (S. 57) dargelegten modellbasierten Analyse der Ultraschallmessdaten, werden jedoch an die spezifischen Anforderungen abgeleitet aus der Tauchtechnik-Messung und der Linearachsführung des Ultraschallmesskopfes angepasst und vereinfacht.

Dadurch, dass die Linearachse nur einen Freiheitsgrad aufweist und der Linien-Array-Messkopf mit dem Linearachsschlitten in konstantem Abstand über die Bohrungsplatte geführt wird, erfolgt die Messdatenauswertung nicht auf Basis von Ultraschallpunktewolken, sondern auf Basis zweidimensionaler Ultraschall-D-Bilder. Die hierfür konzeptionierte Verarbeitungskette der Ultraschallmessdaten lässt sich in folgende vier Schritte gliedern, welche im Anschluss detailliert beschrieben werden.

1.) Detektion und Lokalisierung der relevanten Peaks
2.) Erzeugung der Ultraschallbilder
3.) Histogrammbasierte Segmentierung
4.) Bildverarbeitung zur Berechnung der Messgrößen

Mit dem Ziel der Reduktion des Rechenaufwands und der damit ermöglichten Erweiterung des Versuchsumfangs wird die in 6.4 (S. 57) konzeptionierte Ultraschallmessdatenanalyse hinsichtlich der vereinfachten Messbedingungen angepasst. Auf Basis der detektierten und lokalisierten Peaks (1) werden zweidimensionale Ultraschall-Bilder erzeugt (2), welche histogrammbasiert segmentiert werden (3). Mit Hilfe einiger Bildverarbeitungsverfahren lassen sich aus diesen Binärbildern die zur Optimierung verwendeten Messgrößen der Restwandstärke und des Bohrungsdurchmessers berechnen (4).

<u>Detektion und Lokalisierung der relevanten Peaks</u>

Zur Parameteroptimierung des PAUS wird die in Abbildung 6-3 dargestellte Bohrungsplatte verwendet. In diesem Spezialfall können die Durchmesser und Restwandstärken der Flachbodenbohrungen vorab kalibriert und von der Peak-Detektion a-priori als bekannt vorausgesetzt werden. Hierdurch lässt sich die in 6.4 (S. 57) konzeptionierte, modellbasierte Analyse der Ultraschallmessdaten vereinfachen und damit der Rechenaufwand reduzieren und der

Versuchsumfang erhöhen. Die zentralen Verarbeitungsschritte der vereinfachten Peak-Detektion sind in der folgenden Abbildung 7-11 dargestellt.

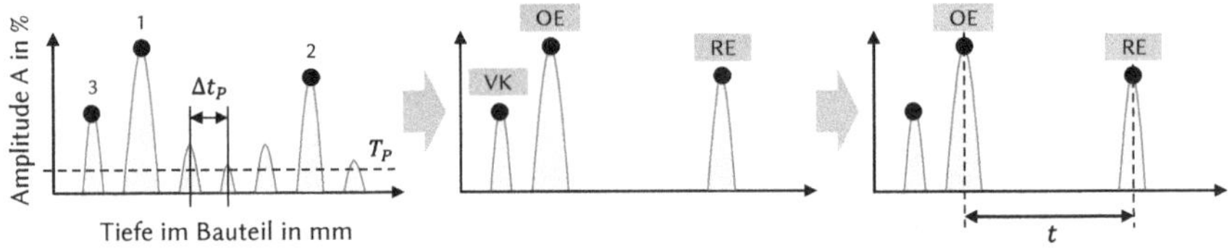

Abbildung 7-11: Vereinfachte Peak-Detektion zur Parameteroptimierung

Im ersten Schritt erfasst der Algorithmus alle Peaks mit einer Amplitude über dem Schwellwert T_P , fest eingestellt zu 10% der Bildschirmhöhe (BSH), unter der Voraussetzung das die Tiefendistanz zwischen zwei Peaks den definierten Mindestabstand von $\Delta t_P = 0{,}35\ mm$ nicht unterschreitet. Nun werden die detektierten Peaks mit den drei größten Amplituden markiert (siehe 1, 2 und 3 in Abbildung 7-11), welche den Echos hervorgerufen durch den Materialeingang (Oberflächenecho OE), den Materialausgang (Rückwandecho RE) sowie durch den Vorlaufkeil VK entsprechen.

Unter Verwendung der Tauchtechnik ist vor dem Oberflächenecho OE der Bohrungsplatte ein weiteres Echo hervorgerufen durch den Materialübergang vom PAUS-Vorlaufkeil in das Wasserbad erkennbar. Dieses Echo kennzeichnet den Materialübergang vom PAUS-Vorlaufkeil in das Wasserbad und wird im Folgenden als Vorlaufkeilecho VK bezeichnet.

Erzeugung der Ultraschallbilder

Mit Hilfe der Linearachsverfahreinheit wird der Ultraschallmesskopf in einem definierten Abstand über die planare Vorderseite der kalibrierten Bohrungsplatte geführt. Auf Basis der punktuell durchgeführten Peak-Detektion werden anschließend die Restwanddicken der Flachbodenbohrungen in Form des Tiefenwerts t, d.h. der Distanz zwischen den Peaks des OE und des RE (vgl. Abbildung 7-11) berechnet. Auf Basis dieser Tiefenwerte werden Ultraschall-D-Bilder erzeugt, zum einen in Form von RGB-Bildern zur Visualisierung und zum anderen in Form von Graustufendarstellungen für die weitere Verarbeitung. Parallel zu den D-Bildern können wie in Abbildung 7-12 dargestellt für ausgewählte Schnittdarstellungen B-Bilder erzeugt werden.

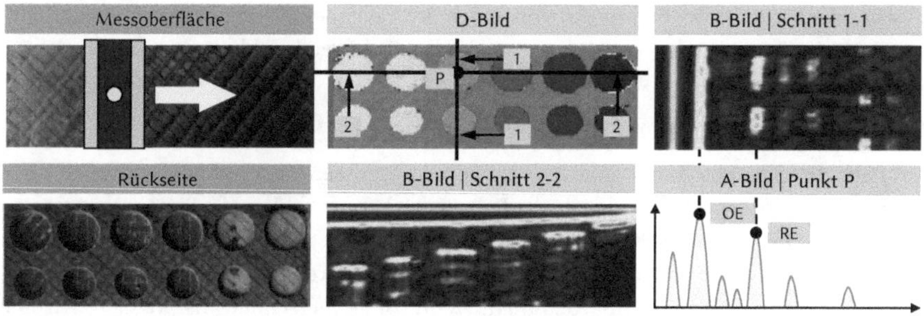

Abbildung 7-12: Prozess zur Erzeugung der 2D-Ultraschallbilder

Die Lage der Schnitte 1-1 und 2-2 mit den dazugehörigen B-Bildern werden durch die beiden schwarzen Linien im D-Bild angezeigt. Die B-Bilder bestehen jeweils aus farblich codierten Darstellungen der auf dieser Linie befindlichen Schallintensitätsverteilungen, welche als A-Bilder dargestellt werden können. Das resultierende A-Bild am Schnittpunkt der schwarzen Linien (Punkt P) ist exemplarisch ebenfalls in Abbildung 7-12 dargestellt.

Die Graustufenbilder werden mit einer Farbtiefe von 8 Bit generiert, wodurch jedem Pixel ein Wert im Intervall zwischen 0 und 255 zugeordnet wird. Unter Verwendung des Messbereichs von $m = 7\,mm$ und der Anzahl der Samples $n_S = 320$ kann somit eine Tiefenauflösung Δt_{MIN} von $27{,}45\,\mu m$ erzielt werden.

Histogrammbasierte Segmentierung

Als Voraussetzung für die Berechnung der Messgrößen des Durchmessers der Bohrung und anschließend der Restwanddicke im Bereich der Bohrung, müssen die Bohrungen von dem Vollmaterial, d.h. dem Rest der Bohrungsplatte separiert werden. Bezogen auf die Messstrecke und die über diese Messstrecke ermittelte Häufigkeit der Tiefenwerte $H(t)$ werden Histogramme generiert, von denen eines exemplarisch in Abbildung 7-13 dargestellt ist.

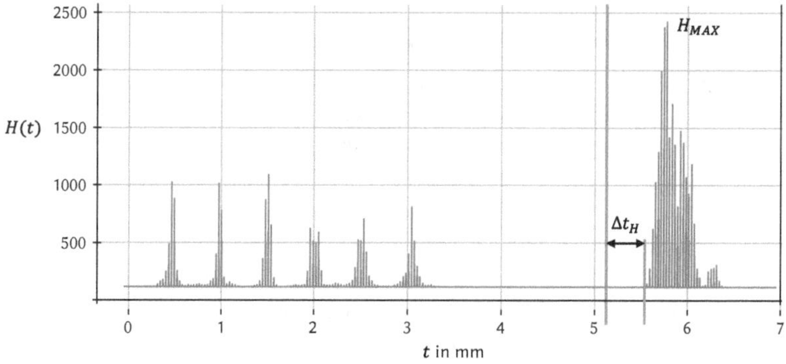

Abbildung 7-13: Histogramm der Tiefenwerte

Ausgehend von dem Maximalwert H_{max}, d.h. dem Tiefenwert, der am häufigsten vorkommt, wird in einem Abstand von Δt_H zu dem nächstliegenden Minimum der Grenzwert definiert, welcher die Bereiche der Bohrungen von denen des Vollmaterials trennt. Basierend auf diesem Grenzwert werden die Graustufen-D-Bilder für die folgende Bildverarbeitung pixelweise binarisiert, d.h. in Schwarz-Weiß-Bilder konvertiert.

Bildverarbeitung zur Berechnung der Messgrößen

Mit Hilfe der erzeugten Binärbilder sind nun die Messgrößen zu berechnen. Aufgrund der a priori bekannten geometrischen Form der Bohrungen können fehlerhafte Pixel hervorgerufen durch Messfehler mit einfachen Mitteln identifiziert werden. Die Messsoftware kompensiert diese Messfehler durch eine Bildvorverarbeitung mittels morphologischer Operatoren. Bezogen auf die realisierte Pixeldichte von 600 dpi wird vor der Berechnung der Messgrößen eine morphologische Öffnung von 15x15 Pixel gefolgt von einer morphologischen Schließung von 5x5 Pixel auf die Binärbilder angewandt. Die Maske der Schließung wird kleiner gewählt als die der Öffnung, um das fehlerhafte Verknüpfen nah beieinander liegender Elemente zu unterbinden. Zur Messgrößenbestimmung für die beiden Messbereiche der Durchmesser- und Tiefenvariation werden Ausgleichsverfahren angewandt, welche anhand der schematischen Darstellung in Abbildung 7-14 verdeutlicht werden.

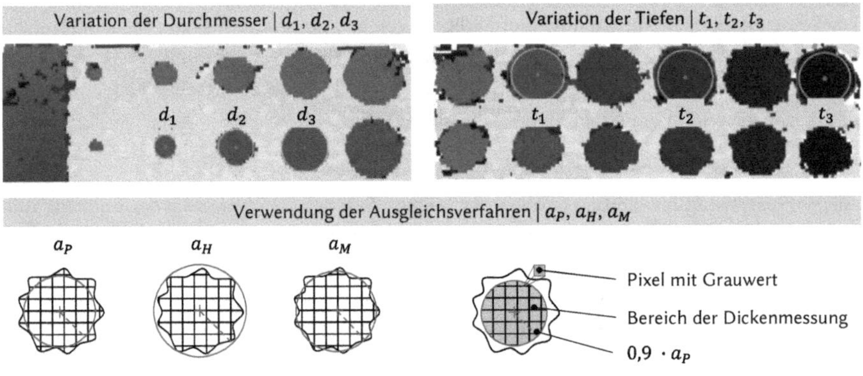

Abbildung 7-14: Ausgleichsverfahren zur Berechnung der Messgrößen

Im ersten Schritt werden die Durchmesser d_i berechnet. Hierzu kommen drei verschieden Ausgleichsverfahren zum Einsatz. Die Bestimmung des Durchmessers erfolgt wahlweise über den Ausgleich mittels eines Pferchkreises a_P, eines Hüllkreises a_H oder eines aus a_P und a_H berechneten Mittelkreises a_M. Der Einfluss des gewählten Ausgleichsverfahren auf die resultierende Messunsicherheit wird in den folgenden Abschnitten experimentell ermittelt. Nach der Durchmesserermittlung wird im zweiten Schritt die Restwanddicke bzw. Tiefe t berechnet. Hierzu werden nicht willkürlich Messpunkte im Durchmesserbereich ausgewählt, sondern die gemittelte Tiefe über die Fläche der Bohrungen berechnet. Zum Vermeiden von Verfälschungen aufgrund von Randeffekten wird für die Dickenmessung die Fläche im Bereich von 90% des zuvor berechneten Pferchkreis-Durchmessers verwendet.

7.3.3 Screening-Experimente zur Signifikanzbewertung

Zum Eingrenzen der Faktoren sowie zum Festlegen der Grenzwerte und Faktorstufen werden zunächst Screening-Experimente durchgeführt bei denen zur Bewertung der Signifikanz jeweils nur ein Faktor variiert wird. Im Anschluss wird mit den verbleibenden Faktoren und den definierten Faktorstufen ein vollfaktorieller Versuchsplan realisiert. Basierend auf den ermittelten funktionalen Zusammenhängen und taktil gemessenen Referenzwerten wird die resultierende Messunsicherheit unter Verwendung der AIO-Formel nach Dietrich (vgl. 3.5, S. 25) und in Abhängigkeit der Faktoren und eingestellten Stufen berechnet. Im Umkehrschluss lässt sich so eine Zielgrößenoptimierung durchführen und ein optimaler Parametersatz für den Phased-Array-Ultraschallmessprozess identifizieren.

Als Messobjekt wird auf die in Abbildung 6-3 (S. 51) vorgestellte Bohrungsplatten zurückgegriffen. Die Bohrungen werden in diesem Kontext als künstliche Fehlstellen in verschiedenen Tiefenlagen aufgefasst, welche mit Hilfe eines Koordinatenmessgeräts (KMG) kalibriert werden. Messgrößen sind zum einen die Restwanddicken, d.h. die gemessenen Tiefenwerte und zum anderen die Durchmesser der Bohrungen. Aufgrund der eindimensionalen Bewegung der Linearachse und der begrenzten Messkopfbreite kann die Bohrungsplatte je Faktoreinstellung nicht vollständig gemessen werden, es werden daher jeweils zwei streifenförmige Bereiche gemessen. Im Bereich T befinden sich drei Bohrungen desgleichen Nominal-Durchmessers mit den Restwanddicken t_1, t_2, t_3 und im Bereich D befinden sich drei Bohrungen dergleichen Nominal-Restwanddicke mit den drei Durchmessern d_1, d_2, d_3. Die taktil mit einem KMG des Typs Zeiss Micura [CARL18] gemessenen Referenzwerte sind in Tabelle 7-5 dargestellt. Die Werte repräsentieren jeweils Mittelwerte aus fünf Einzelmessungen des KMG.

Tabelle 7-5: Taktil gemessene Referenzwerte der Bereiche T und D

T -Tiefen in mm			D - Durchmesser in mm		
t_1	t_2	t_3	d_1	d_2	d_3
2,5091	1,5120	0,5084	8,0104	11,9481	15,8912

Gemäß der Analyse der Einflussfaktoren in 7.1.3 resultieren die allgemeine Signalverstärkung, der Time-Controlled-Gain (TCG), der Bandpass- und der Videofilter sowie die Fokussierung und die Anzahl der Elemente je Apertur als relevante Faktoren zur Modellierung der Messunsicherheit. Bei den Filtern gibt es jeweils nur die Stufen „an“ oder „aus“, mathematisch interpretiert als 1 bzw. 0. Hinsichtlich der anderen Faktoren lassen sich mehrere als sinnvoll erachtete Stufen identifizieren, welche in Tabelle 7-6 dargestellt sind.

Tabelle 7-6: Zu betrachtende Einflussgrößen und Stufen

Faktor	Einflussgröße	Stufen
v_{P3}	TCG-Verstärkung an Punkt 3 in %	0; 10; 20; 25; 30; 35; 40; 50
f	Fokuseinstellung in mm	0,5; 3,4; 6,3; 1000
n_E	Anzahl der Elemente je Schallbündel	4; 8; 10; 12; 14; 16
b	Bandpassfilter bei 4,8 Mhz	1; 0
v	Videofilter	1; 0

Zunächst gilt es jedoch zu prüfen, ob eine Variation der aufgeführten Faktoren eine statistische Signifikanz besitzt. Hierzu werden Screening-Experimente unter Variation der Stufen durchgeführt. Hinsichtlich der Faktoren v_{P3} und f werden jedoch im Folgenden Überlegungen durchgeführt, um den Parameterraum zur Reduktion des Versuchsaufwands weiter einzuschränken. Der Einfluss der TCG-Verstärkung lässt sich anhand der in Abbildung 10 dargestellten D-Scans der Bereiche T und D für die Einstellwerte $v_{P3} = 20\%$ und $v_{P3} = 35\%$ analysieren.

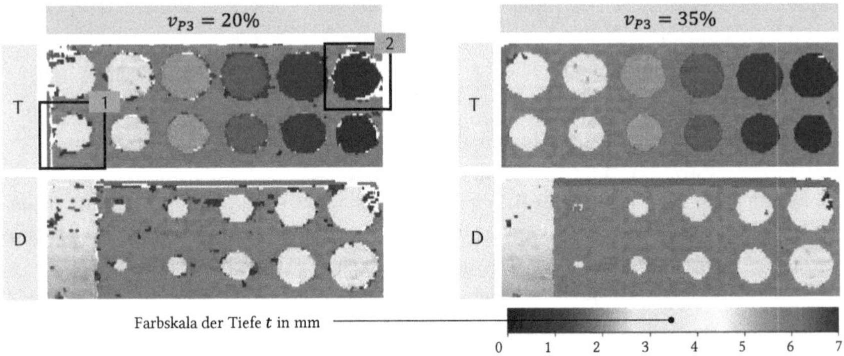

Abbildung 7-15: Einfluss der TCG-Einstellung

Entscheidungsrelevant sind hier vor allem die links oben dargestellten Bereiche mit den Markierungen 1 und 2. Im Bereich 1 zeugen blaue Pixel im Bereich der grün dargestellten Bohrung von Messfehlern aufgrund der Tatsache, dass Reflektionen der Restwanddicken als Oberflächenreflexionen interpretiert werden. Im Bereich 2 sind weiße Pixel zu sehen. An diesen Stellen konnte kein Peak detektiert werden, da die durch die Rückwand hervorgerufenen Reflexionsechos unter der Schwellwertgrenze liegen und sich nicht vom Rauschen abheben. Die Messfehler der beiden Bereiche sind unter Betrachtung des zuvor beschriebenen Algorithmus auf eine zu niedrige TCG-Einstellung zurückzuführen. Bei $v_{P3} = 35\%$ sind allgemein weniger Messfehler zu erkennen; aufgrund einer Analyse der A-Scans während des Messvorgangs wurde jedoch bereits eine Sättigung des Ultraschallsignals festgestellt, welches auf eine zu hohe Signalverstärkung zurückzuführen ist. Das Optimum für v_{P3} ist demnach im Intervall $[20\%; 35\%]$ zu suchen.

Bezüglich des Faktors der Fokuseinstellung f ist zwischen „0,5 mm" und „unfokussiert" prinzipiell jeder Wert einstellbar. Der Einfluss der Fokuseinstellung auf die resultierenden A- und B-Bilder wird anhand der A- und B-Bilder in Abbildung 7-16 verdeutlicht.

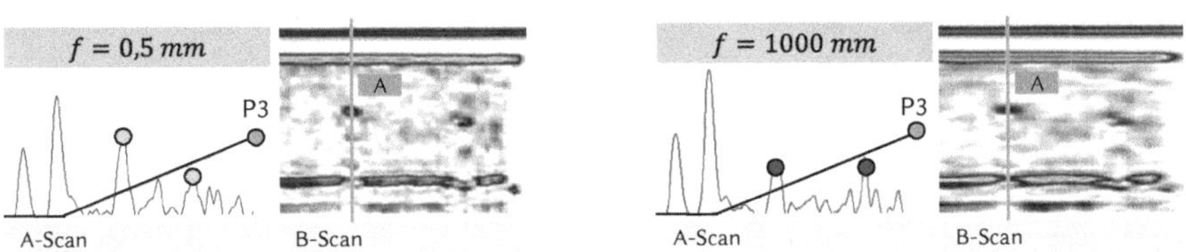

Abbildung 7-16: Einfluss der eingestellten Fokuslänge

Bei fehlender Fokussierung, hier repräsentiert durch $f = 1000\ mm$, wirkt das B-Bild unscharf. Die Konturen der künstlichen Defekte sind nicht klar zu erkennen. Zudem rufen die künstlichen Defekte bei gleicher TCG-Einstellung, dargestellt durch die schwarze Linie mit dem Punkt P3 geringere Reflektionen hervor, sodass die Amplituden der Peaks des Defekt- und des Rückwandechos, dargestellt durch die blau bzw. rot markierten Punkte bei $f = 0{,}5\ mm$ noch gut, bei $f = 1000\ mm$ jedoch kaum noch voneinander zu unterscheiden sind. Aus diesem Grund werden im Folgenden ausschließlich die Fokuseinstellungen der Bauteiloberfläche (0,5 mm), der Bauteilmitte (3,4 mm) und der Bauteilrückseite (6,3 mm) in Betracht gezogen.

Die Bewertung der Signifikanz wurde je Faktoreinstellung auf Basis einer einfaktoriellen Varianzanalyse durchgeführt. Die Ergebnisse, gegliedert nach dem betrachteten Faktor und der Zielgrößen Δd und Δt sind in Abbildung 7-17 dargestellt.

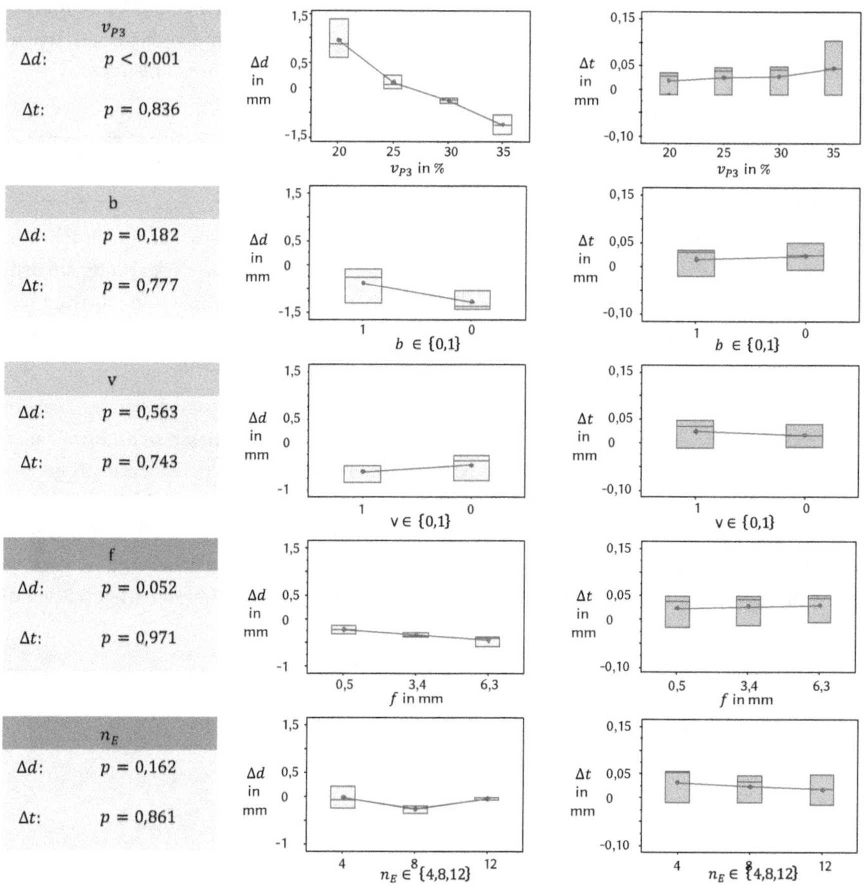

Abbildung 7-17: Signifikanzanalyse der Einstellfaktoren, dargestellt in Boxplot-Diagrammen

Jeder Boxplot resultiert aus je einer Bereichsmessung (D bzw. T) bei einer Faktoreinstellung. Aufgrund der kleinen Stichprobengröße wird die Trennschärfe erhöht und der p-Wert unter den Gesichtspunkten eines Signifikanzniveaus von $\alpha = 0{,}1$ betrachtet. Aus $p > 0{,}1$ folgt somit, dass sich auf Basis der betrachteten Abweichungen Δd bzw. Δt die Mittelwerte der Grundgesamtheiten trotz Variation der Stufen nicht signifikant voneinander unterscheiden.

Der Faktor v_{P3} zeigt eine statistische Signifikanz hinsichtlich der Durchmesser-, nicht jedoch hinsichtlich der Dickenmessung. Aufgrund zahlreicher Vorversuche und der Analyse von A- und D-Scans verschiedener TCG-Einstellungen wird im Folgenden jedoch die Annahme getroffen, dass der Faktor v_{P3} mit Hilfe eines definierten Verfahrens für jede Kombination der anderen Faktoreinstellungen optimal eingestellt werden kann. Somit kann auch v_{P3} aus dem Versuchsplan der vollfaktoriellen DOE entnommen und damit der Versuchsaufwand um ein Vielfaches reduziert werden. Der Faktor v_{P3} ist stets so einzustellen, dass das Rückwandecho bestmöglich verstärkt wird, dabei jedoch an keiner Stelle des A-Scans eine Signalsättigung auftritt. Je Faktorkombination wird v_{P3} demnach gemäß der Amplituden der Oberflächen- und Rückwandechos der in Tabelle 7-7 dargestellten Referenz-Einstellung angepasst.

Tabelle 7-7: Referenz-Einstellung für die TCG-Kurve

A_{RE} in %	f in mm	$n_E \in \{4, 8, 12\}$	$b \in \{0, 1\}$	$v \in \{0, 1\}$
55,2	0,5	8	0	1

Zum Erzielen einer vergleichbaren Amplitude aller Oberflächenechos OE und Rückwandechos RE wird die Grundverstärkung v_0 im Intervall [0,0; 5,7] und die Verstärkung am dritten TCG-Punkt v_{P3} im Intervall [22,9; 32,7] variiert. Nach der Anpassung beträgt die Amplitude des RE stets 55,2% der Bildschirmhöhe (BSH). Eine detaillierte Auflistung der verwendeten Einstellparameter ist dem Anhang dieser Arbeit zu entnehmen.

Die Faktoren der Filter b und v sind sowohl bei der Durchmesser- als auch bei der Dickenmessung statistisch nicht signifikant. Bei b zeigten sich während der Messdurchführung auch qualitativ keine relevanten Unterschiede, sodass dieser Faktor im Folgenden auf „0“ gesetzt und nicht weiter betrachtet wird. Der Videofilters v glättet das Signal durch die Bildung einer oberen Einhüllenden. Dieser sogenannte Signal-Envelope vereinfacht die Peak-Detektion, wird in der Literatur häufig zur Peak-Detektion eingesetzt, und wird daher auf „1“ gesetzt. Die glättende Wirkung des Videofilters ist verdeutlicht die Darstellung der A- und des B-Scans in Abbildung 7-18.

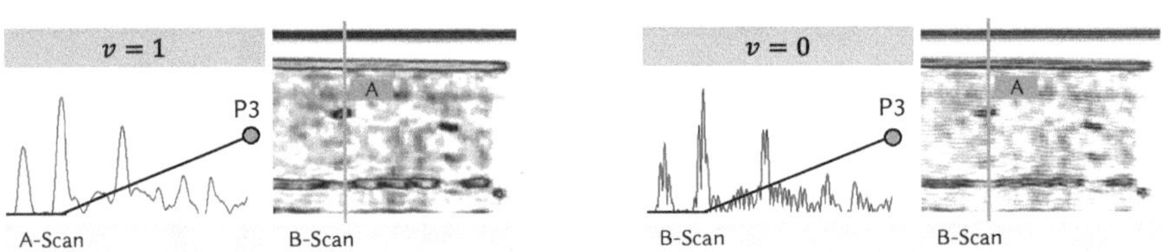

Abbildung 7-18: Einfluss des Videofilters

Die Fokuseinstellung f ist bezüglich der Durchmessermessung statistisch signifikant. Dies lässt sich dadurch erklären, dass die Fokuslänge den Schallbündeldurchmesser in der Arbeitsebene und damit die laterale Auflösung zur Erfassung der Durchmesser beeinflusst. Der Einflussfaktor n_E zeigt keine statistische Relevanz; der p-Wert liegt mit $p = 0{,}162$ jedoch im

Grenzbereich des frei gewählten Signifikanzniveaus von $\alpha = 0{,}1$. Aufgrund der Physik der Phased-Array-Ultraschallmesstechnik (vgl. Kapitel 5) sind f und n_E maßgeblich an der Formgebung der Schallbündelgeometrie und somit der lateralen Sensitivität zur Defekt-Quantifizierung beteiligt, sodass auch aus Gründen der kleinen Stichprobe beide Faktoren in der vollfaktoriellen DOE betrachtet werden.

7.3.4 Versuchsplanung und -durchführung im eingegrenzten Parameterraum

Nach Eingrenzung des Parameterraums wird im Folgenden je Messgröße (Restwanddicke t bzw. Durchmesser d) zunächst die Wiederholbarkeit bestimmt und anschließend zur Analyse der Zusammenhänge und Wechselwirkungen der Einflussfaktoren ein Versuchsplan gemäß „Design Of Experiments" (DOE) erstellt und durchgeführt. Zudem wird ein zweites Mal die Signifikanz der Faktoren geprüft. Aufgrund der vergrößerten Stichprobe wird jedoch in diesem Fall von einem Signifikanzniveau von $\alpha = 0{,}05$ ausgegangen. Die Versuchsergebnisse dienen als Grundlage für die in 7.3.4 durchzuführende Messunsicherheitsbestimmung und Parameteroptimierung.

Messung der Restwanddicke t

Zur Wiederholbarkeitsanalyse der Dickenmessung wird der in Tabelle 7-7 aufgeführte Referenz-Parametersatz verwendet. Es werden 10 Wiederholmessungen durchgeführt, wobei die Einstellparameter unverändert bleiben. Der Phased-Array-Messkopf wird mittels der Verfahreinheit der Linearachse 10-mal über die im Tauchbecken liegende Bohrungsplatte geführt. Nach jeder Messung erfolgt die Auswertung der Ultraschallmessdaten und der resultierenden Ultraschall-D-Scans hinsichtlich der Restwanddicke t. Die Abweichungen zwischen den mit Ultraschall gemessenen Dickenwerte und dem jeweils taktil gemessenen Referenzwert sind in Abbildung 7-19 grafisch dargestellt.

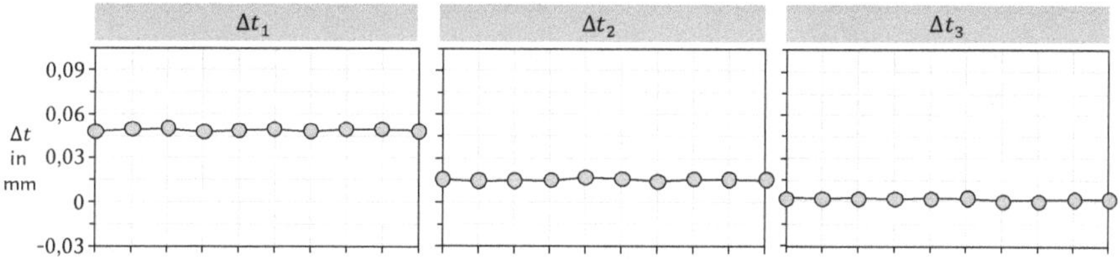

Abbildung 7-19: Wiederholbarkeitsanalyse der Dickenmessung

Die maximale Standardabweichung der Dickenmessung resultiert aus den Werten von Δt_2, fällt mit $\sigma_{\Delta t,max} = 0{,}8\ \mu m$ jedoch sehr gering aus. Die größte Abweichung zum Referenzwert erscheint bei Δt_1 und beträgt $\Delta t_{max} = 0{,}0489\ mm$. Wie im Folgenden gezeigt wird, lässt sich diese durch eine geeignete Kalibrierung jedoch noch reduzieren.

Zur Analyse der Zusammenhänge und Wechselwirkungen der Einstellfaktoren auf die Messung der Restwanddicke t wird im Folgenden ein vollfaktorieller Versuchsplan aufgestellt und durchgeführt. Variiert werden die in der folgenden Tabelle 7-8 dargestellten Faktoren mit den entsprechenden Stufen.

Tabelle 7-8: Faktorvariation der Dickenmessung

Faktor	Einflussgröße	Stufen
f	Fokuseinstellung in mm	0,5; 3,4; 6,3
n_E	Anzahl der Elemente je Schallbündel	4; 8; 12
t	Wanddicke in mm	0,5084; 1,5120; 2,5091

Neben den aus den Screening-Experimenten resultierenden Faktoren f und n_E wird die Dicke t selbst als Faktor mit in den Versuchsplan aufgenommen. Bei 9 hardwareseitigen Einstellungen und jeweils 3 Wiederholmessungen ergeben sich hieraus in Summe $n_{V,\Delta t} = 3^4 = 81$ Versuche. Die Systemantwort stellen erneut die Residuen aus den mittels Ultraschall und den taktil gemessenen Referenzwerten da. Die Residuen der Dickenmesswerte sind nicht normalverteilt. Aus dem Anderson-Darling-Test resultiert ein $p < 0{,}005 < \alpha$. Wie anhand des Haupteffektediagramms in Abbildung 7-20 ersichtlich, hat die Dicke t selbst einen größeren Einfluss auf die Dickenabweichung Δt als die Faktoren der Elementanzahl n_E oder der Fokuseinstellung f.

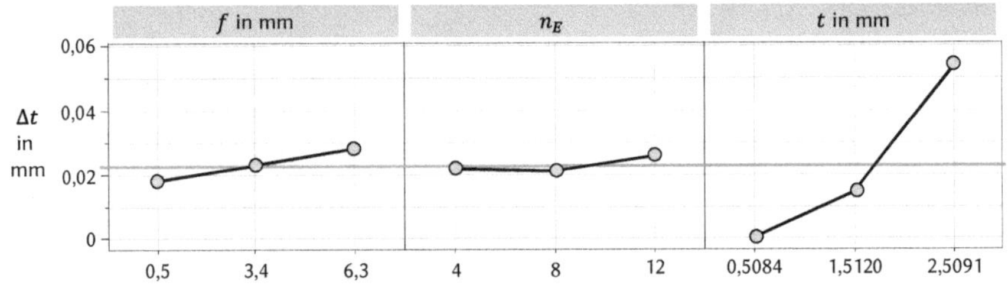

Abbildung 7-20: Haupteffektediagramm der Dickenmessung

Alle drei Einflussfaktoren zeigen eine statistische Relevanz beim Signifikanzniveau von $\alpha = 0{,}05$ und sind daher bei der Bestimmung der Messunsicherheit in Betracht zu ziehen.

Messung des Durchmessers d

Analog zur Wiederholbarkeitsanalyse der Dickenmessung wird nun die Wiederholbarkeit der Durchmessermessung bestimmt. Hierzu werden erneut 10 Wiederholmessungen unter Verwendung des in Tabelle 20 aufgeführten Referenzparametersatz durchgeführt. Die berechneten Residuen Δd der 10 Wiederholmessungen sind in Abbildung 7-21 dargestellt.

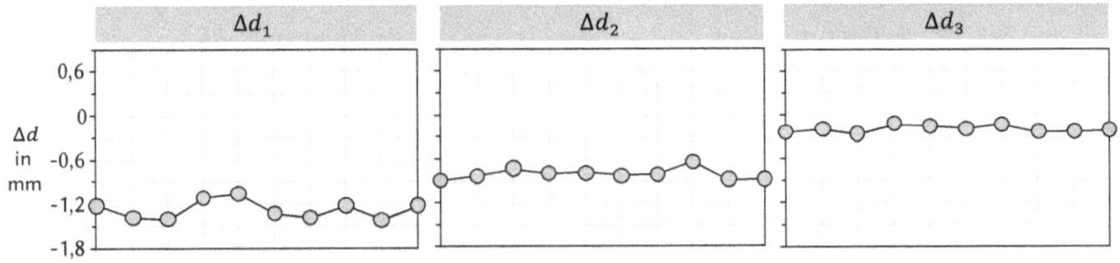

Abbildung 7-21: Wiederholbarkeitsanalyse der Durchmessermessung

Auf den ersten Blick ist zu erkennen, dass die Durchmessermessung größeren Schwankungen unterliegt als die Dickenmessung, welches sich durch die höhere Komplexität der Messdatenauswertung und insbesondere der Ausgleichsverfahren ergibt. Die größte Standardabweichung ergibt sich bei Δd_1 und beträgt $s_{\Delta d,max} = 0{,}1285\ mm$ und ist deutlich größer als bei der Dickenmessung. Die maximale Abweichung zeigt sich ebenfalls bei Δd_1 und beträgt $\Delta d_{max} = -1{,}2787\ mm$.

Für den vollfaktoriellen Versuchsplan werden die in Tabelle 7-9 aufgeführten Faktoren und Stufen verwendet. Analog zur Analyse der Dickenmessung wird die Messgröße selbst als Faktor aufgeführt. Hinzugeführt wird der Faktor des Ausgleichsverfahrens a, dessen Signifikanz ebenfalls zu bewerten ist. Aufgrund der Hinzunahme des vierten Faktors resultiert bei der Durchführung von drei Wiederholungen nun eine Anzahl von $n_{V,\Delta d} = 3^5 = 243$ Versuchen.

Tabelle 7-9: Faktorvariation der Durchmessermessung

Faktor	Einflussgröße	Stufen
f	Fokuseinstellung in mm	0,5; 3,4; 6,3;
n_E	Anzahl der Elemente je Schallbündel	4; 8; 12;
d	Durchmesser in mm	8,0104; 11,9481; 15,8912
a	Ausgleichsverfahren	a_P, a_M, a_H

Kongruent zur Analyse der Dickenmessung zeigt sich eine fehlende Normalverteilung bei den Residuen mit einem nach Anderson-Darling berechneten p -Wert von $p = 0{,}006 < \alpha$. Der Einfluss der Faktoreinstellungen auf die Residuen wird anhand des Haupteffektediagramms in Abbildung 7-22 ersichtlich.

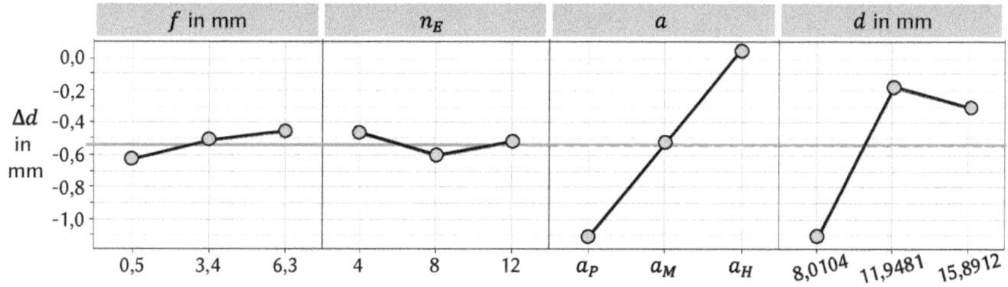

Abbildung 7-22: Haupteffektediagramm der Durchmessermessung

Auch hier zeigen alle Faktoren eine statistische Signifikanz unter Betrachtung des Signifikanzniveaus von $\alpha = 0{,}05$. Ein großer Einfluss zeigt sich erneut bei der Messgröße selbst; zudem jedoch beim Ausgleichsverfahren der bildbasierten Durchmessermessung. Die größeren Abweichungen bei der Verwendung eines Ausgleichs mittels Hüll- oder Pferchkreis im Vergleich zum Mittelkreis spiegeln den mathematischen Zusammenhang wider, da der Mittelkreis eine Mittelung von Hüll- und Pferchkreis darstellt.

7.3.5 Messunsicherheitsbestimmung und Parameteroptimierung

Die Messunsicherheit der Phased-Array-Ultraschallmessung wird in Abhängigkeit der zuvor analysierten Einflussfaktoren und analog zu 7.2 (S. 76) mit der AIO-Formel nach Dietrich bestimmt. Basierend auf den Messergebnissen der Wiederholbarkeitsanalyse und des vollfaktoriellen Versuchsplans wird je Faktorkombination und je Messgröße ein Unsicherheitsbudget aufgestellt. Im Anschluss kann durch eine Zielgrößenoptimierung auf Basis der ermittelten Messunsicherheiten jeweils für die Tiefen- und für die Durchmessermessung ein optimaler Parametersatz bestimmt werden.

Die AIO-Formel setzt sich zusammen aus den Unsicherheiten der Kalibrierung u_{cal}, der zufälligen Messabweichung u_p und der systematischen Messabweichung u_b sowie dem Betrag der systematischen Messabweichung b, welcher durch Kalibriermaßnahmen vollständig oder zumindest teilweise zu kompensieren ist. Die oft noch hinzugefügte Unsicherheit des Werkstoffeinflusses u_w wird im Folgenden vernachlässigt und nicht betrachtet. Da sich die Aufstellung der Unsicherheitsbudgets der Dicken- und der Durchmessermessung sehr ähneln, werden ausschließlich die mathematischen Zusammenhänge zur Berechnung der Unsicherheit der Durchmessermessung in Tabelle 7-10 aufgeführt. Bezüglich der Berechnung von u_p und u_b wird von einer Anzahl von $n = 10$ Wiederholmessungen je Durchmesser d_1, d_2 bzw. d_3 ausgegangen. Für die Berechnung der erweiterten Messunsicherheit U wird der Erweiterungsfaktor $k = 2$ entsprechend dem Signifikanzniveau von 95% verwendet.

Tabelle 7-10: Unsicherheitsbudget gemäß AIO am Beispiel der Durchmessermessung

u_{cal}	$\sqrt{s_{k,d1}^2 + s_{k,d2}^2 + s_{k,d3}^2 + s_{KMG}^2}$
u_p	$\sqrt{\frac{1}{3 \cdot n - 1} \cdot \left(\sum_{i=1}^{n} \left(d_1(i) - \overline{d_1}\right)^2 + \sum_{i=1}^{n} \left(d_2(i) - \overline{d_2}\right)^2 + \sum_{i=1}^{n} \left(d_3(i) - \overline{d_3}\right)^2 \right)}$
u_b	$\sqrt{\frac{1}{3 \cdot n - 1} \cdot \left(\sum_{i=1}^{n} \left(d_1(i) - d_{1,k}\right)^2 + \sum_{i=1}^{n} \left(d_1(i) - d_{2,k}\right)^2 + \sum_{i=1}^{n} \left(d_1(i) - d_{3,k}\right)^2 \right)}$
b	$max\{\lvert\overline{d_1} - d_{1,k}\rvert, \lvert\overline{d_2} - d_{2,k}\rvert, \lvert\overline{d_3} - d_{3,k}\rvert\}$
U	$2 \cdot \sqrt{u_{CAL}^2 + u_P^2 + u_B^2} + \lvert b\rvert$

Die Standardunsicherheit u_{cal} resultiert aus den Standardunsicherheiten der taktil gemessenen Durchmesser und der zu $s_{KMG} = 0{,}003\ mm$ abgeschätzten Kalibrierunsicherheit des Referenzmessgeräts. u_p berechnet sich aus den Standardabweichungen der mittels Ultraschall gemessenen Durchmesser; u_b hingegen aus den systematischen Abweichungen zwischen den mittels Ultraschall und den taktil gemessenen Werten. Bei der Messung der Durchmesser wird zusätzlich der Betrag der systematischen Abweichung der Durchmesser als maximale systematische Abweichung der Messwerte beider Messsysteme berücksichtigt.

Zur Reduktion der systematischen Unsicherheit werden je Messgröße Korrekturwerte zur Kalibrierung berechnet. Die Formeln zur Berechnung der Korrektur und die resultierenden Korrekturwerte sind in Tabelle 7-11 aufgeführt.

Tabelle 7-11: Berechnung und Ergebnisse der Kalibrierung

$b_{t,k}$	$\sqrt{\frac{1}{30}\cdot\left(\sum_{i=1}^{10}\frac{t_{1,k}}{t_1(i)}+\sum_{i=1}^{10}\frac{t_{2,k}}{t_2(i)}+\sum_{i=1}^{10}\frac{t_{3,k}}{t_3(i)}\right)}$	$b_{t,k} = 0{,}9891$
$b_{d,k}$	$\sqrt{\frac{1}{3}\cdot\left((d_{1,k}-\overline{d_1})+(d_{2,k}-\overline{d_2})+(d_{3,k}-\overline{d_3})\right)}$	$b_{d,k} = -0{,}7681\ \mathrm{mm}$

Der Korrekturwert der Dickenmessung basiert auf einer möglichen Kompensation bzw. Anpassung der gewählten Schallgeschwindigkeit und errechnet sich aus den Quotienten der taktil und ultraschallbasiert gemessenen Dickenwerte. $b_{t,k}$ ist demnach als Korrekturfaktor zu betrachten und steigt proportional mit der zu messenden Dicke. Die Berechnung von $b_{d,k}$ der Durchmessermessung erfolgt hingegen unter der Annahme einer größenunabhängigen systematischen Abweichung aus den Differenzen zwischen den taktilen und ultraschallbasiert gemessenen Durchmessern. Der Korrekturwert $b_{d,k}$ wird der ursprünglichen systematischen Messabweichung der Durchmessermessung b hinzuaddiert. Die erweiterten Messunsicherheiten der Dickenmessung U_t und der Durchmessermessung U_d werden nun für jede Faktorkombination berechnet. Zur Parameteroptimierung sind die jeweils kleinsten und größten errechneten erweiterten Messunsicherheiten in Tabelle 24 dargestellt. Mit Hilfe des Faktors k wird zudem zwischen einer durchgeführten Kalibrierung (k=1) und fehlender Kalibrierung (k=0) unterschieden (vgl. Tabelle 7-12).

Tabelle 7-12: Resultierende maximale und minimale Messunsicherheiten

		$U_{t,min}$		$U_{t,max}$		$U_{d,min}$		$U_{d,max}$	
k	$\in \{0,1\}$	0	1	0	1	0	1	0	1
n_E	$\in \{4,8,12\}$	8	12	12	12	12	12	4	4
f	in mm	6,3	0,5	6,3	6,3	3,4	6,3	3,4	6,3
a	$\in \{a_H, a_M, a_P\}$	-	-	-	-	a_H	a_P	a_P	a_H
u_{cal}	in mm	0,0263	0,0263	0,0263	0,0263	0,0268	0,0268	0,0268	0,0268
u_p	in mm	0,0002	0,0002	0,0007	0,0007	0,0895	0,0858	0,1193	0,1193
u_b	in mm	0,0210	0,0210	0,0275	0,0275	0,3597	0,2912	0,6670	0,6670
b	in mm	0,0483	0,0046	0,0701	0,0530	0,4588	0,3686	1,7472	0,8687
U	in mm	0,1175	0,0798	0,1463	0,1292	1,2021	0,9408	2,8317	2,2076

Die Messunsicherheit der Dickenmessung nimmt nach erfolgter Kalibrierung (k=1), bei der Zusammenschaltung von 12 Array-Elementen zu einem Schallbündel ($n_E = 12$) und einer Fokuseinstellung von $f = 0{,}5\ mm$ einen Minimalwert an. In diesem Fall liegt die zu erreichende Messunsicherheit bei $U = 0{,}0798\ mm$. Auch die Messunsicherheit der

Durchmessermessung ist bei $n_E = 12$ am niedrigsten. Bezüglich der Fokuseinstellung zeigt sich hier jedoch ein Wert von $f = 6{,}3\ mm$ unter Verwendung des Ausgleichverfahrens der Pferchkreis-Bildung als Optimum.

7.4 Parameteroptimierung der werkstattgerechten Schadensanalyse

7.4.1 Versuchsaufbau und Versuchsplanung

Nach den Tauchtechnik-Versuchen zur Optimierung des PAUS im letzten Kapitel wird im Folgenden das in Kapitel 5 konzeptionierte, optisch geortete Ultraschallmesssystem analysiert und somit das Zusammenspiel der Phased-Array-Ultraschallmessung mit der optischen Ortung betrachtet. Ziel ist es, die Parameter der in Kapitel 6 konzeptionierten werkstattgerechten Schadensanalyse zu optimieren. Hierzu wird die Halterung des Ultraschallmesskopfes mit dem Target des optischen Ortungssystems (OOS) verbunden und die CFK-Bohrungsplatte (vgl. Abbildung 6-3, S. 51) in die hierfür konzeptionierte Messvorrichtung (vgl. Abbildung 6-4, S. 53) eingespannt. Zur Schallkopplung wird sowohl Wasser als auch Ultraschallgel verwendet. Der prototypische Versuchsaufbau ist in der folgenden Abbildung 7-23 dargestellt.

Abbildung 7-23: Versuchsaufbau und Plattenhalterung

Der Ultraschallmesskopf wird mit einer Messgeschwindigkeit v_m zwischen 0,05 und 0,1 m/s in mehreren Bahnen mäanderförmig über die Bohrungsplatte geführt. Die Infrarotkamera des OOS ist auf einem Stativ montiert und blickt in einem Winkel von ca. 45° und einer Entfernung von ca. 70 cm von schräg oben auf das mit dem Ultraschallmesskopf verbundene Target. Das zur Referenzierung benötigte Koordinatensystem wird analog zur Beschreibung in 6.3.1 (Seite 52) durch eine 3-Punkt-Antastung der in der Messvorrichtung integrierten Antastmarker (O, X, XY) definiert.

Ziel des Versuchsdesign in diesem Kapitel ist es, die softwareseitigen Einstellfaktoren der werkstattgerechten Schadensanalyse aus 6.4 (Seite 57) zu optimieren. Als zu optimierende Zielgröße wird die erweiterte Unsicherheit des Messprozesses U_{MP} (in Anlehnung an VDA 5, vgl. 3.5, Seite 25) herangezogen, welche für jedes zu messende Merkmal und jede Messgröße in Abhängigkeit der jeweiligen Faktoreinstellung automatisiert berechnet wird. Als Merkmale dienen die sechs in Abbildung 7-24 dargestellten Bohrungen. Je Bohrung werden die Messgrößen des Durchmessers und der Position (x, y, z) bezogen auf das Bauteilkoordinatensystem BKS verwendet.

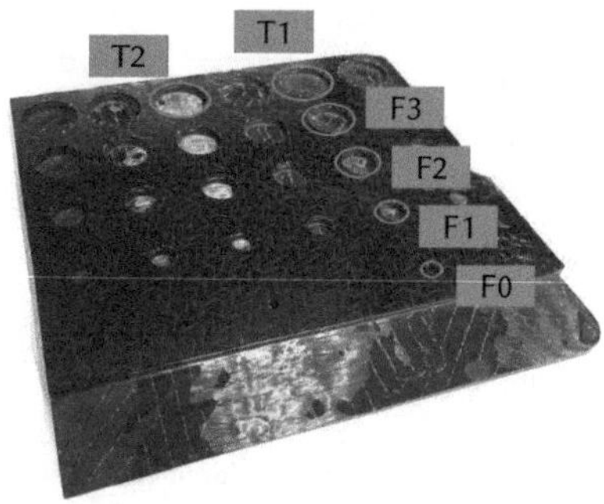

Abbildung 7-24: Betrachtete Bohrungen und Messgrößen

Analog zum Versuchsdesign in 7.3 werden Bohrungen mit einer Variation der Restwanddicken bzw. Tiefe (Bereich T) und Bohrungen mit einer Variation des Durchmessers (Bereich D) verwendet. Zur Beurteilung der optisch georteten Ultraschallmessung werden Referenzwerte benötigt, welche erneut durch taktile Messungen mit einem Koordinatenmessgerät (KMG) erzeugt werden. Zur Messung der in Abbildung 7-24 dargestellten Bohrungen wird die Bohrungsplatte samt Messvorrichtung auf einem KMG des Typs Carl Zeiss Prismo [CARL19] montiert. Die Durchmesser und Mittelpunkt-Positionen der Bohrungen werden ebenfalls auf das BKS bezogen, welches durch das Antasten der drei Antastmarker mit dem Messtaster des KMG bestimmt wurde. Die Ergebnisse der KMG-Messungen, welche im Folgenden als Referenz genutzt werden sind in Tabelle 7-13 tabellarisch aufgelistet.

Tabelle 7-13: Position und Durchmesser der Referenzmessungen

	Durchmesser in mm	X-Position in mm	Y-Position in mm	Z-Position in mm
F0	3,9791	120,2596	43,1866	1,7992
F1	8,0175	95,2648	43,347	2,1989
F2	11,949	70,2587	43,517	2,1998
F3	15,905	45,2564	43,8332	2,5003
T1	19,8976	20,2592	43,8332	3,0992
T2	19,8945	20,574	93,8251	2,0002

Hardwareseitige Einflussfaktoren

Die hardwareseitigen Einflussgrößen auf die Ergebnisse der Phased-Array-Ultraschallmessung wurden im Abschnitt 7.3 bereits untersucht. Auch wenn die Tauchtechnik-Versuche bzgl. der Messprozessdurchführung und Messdatenauswertung nur bedingt vergleichbar sind, werden die dort experimentell ermittelten Einflussgrößen im Folgenden wiederverwendet. Es erfolgen lediglich Anpassungen aufgrund der Tatsache, dass der Ultraschallmesskopf mit Direktkontakt zum Bauteil sowie manuell durch den Werker und nicht in einem Tauchbecken mit einer Linearachse geführt wird. Die im Folgenden verwendeten Einstellwerte der wichtigsten Faktoren und Einflussgrößen sind in Tabelle 7-14 dargestellt.

Tabelle 7-14: Fest eingestellte Faktoren des PAUS

Faktor	Einflussgröße	Einstellwert
g	Gesamt-Verstärkung in % der BSH	4% BSH
v_{P3}	TCG-Verstärkung an Punkt 3 in % der BSH	26% BSH
b	Bandpassfilter bei 4,8 Mhz	0
v	Videofilter	1
n_E	Anzahl der Elemente je Schallbündel	12
f	Fokuseinstellung in mm	0,5 mm

Die ersten beiden Faktoren beziehen sich auf die Verstärkung des Ultraschallsignals in Prozent der Bildschirmhöhe (BSH). Analog zu den Experimenten in 7.3 (Seite 83) wird die Gesamtverstärkung g so eingestellt, dass bei Kontakt des Ultraschallmesskopfes mit dem Bauteil die größte Amplitude der Ultraschall-A-Scans 80% BSH übersteigt, jedoch nicht in eine Übersättigung tritt. In dieser Versuchsreihe wurde g auf 4% BSH gesetzt. Die Übersättigung tritt lediglich auf, wenn der Ultraschallmesskopf keinen Kontakt zum Bauteil hat. So lässt sich anhand der Übersättigung feststellen, ob eine ausreichende Schallkopplung vorhanden ist. Dieser Zusammenhang kann für den sogenannten „Koppelcheck“ verwendet werden, welches bereits in Vorarbeiten gezeigt wurde [SCHM19a]. Die TCG-Verstärkung wird so eingestellt, dass das Reflexionsecho der Oberfläche OE an den nicht mit einer Bohrung versehenden Bereichen der Bohrungsplatte eine ähnlich hohe Amplitude aufweist wie das Reflexionsecho der Rückwand. Gemäß der Zwei-Punkt-TCG-Einstellung resultiert hieraus ein v_{P3} von 26% BSH.

Die Einflüsse der Bandpass- und Videofilter werden aufgrund der Ergebnisse der Tauchbecken-Versuche in 7.3 (S. 83) ebenfalls als nicht signifikant eingestuft. Aufgrund des Glättungseffekts des Videofilters und der damit verbundenen vereinfachten Peak-Detektion wird dieser jedoch aktiviert.

Auf Basis der Ergebnisse der Unsicherheitsbetrachtung der Tauchbecken-Messungen wird die Anzahl der Elemente je Schallbündel n_E auf 12 eingestellt. Die Ergebnisse der Fokuseinstellungen waren in 7.3 uneindeutig und abhängig von der Messgröße. Aufgrund der Tatsache, dass der Algorithmus der optisch georteten Ultraschallmessung unabhängig von der Materialdicke funktionsfähig sein soll und die übliche Dicke von CFK-Bauteilen 3 mm nicht übersteigt wird für f der Minimalwert von 0,5 mm angesetzt.

Softwareseitige Einflussfaktoren

Nach Analyse und anschließender Fixierung der hardwareseitigen Parameter, sollen im Folgenden die softwareseitigen Parameter bzw. die Einstellfaktoren der in 6.4 (Seite 57) dargelegten Prozesse zur modellbasierten Analyse der Ultraschallmessdaten untersucht werden. Die zu untersuchenden Faktoren der Schadensanalyse sind in Tabelle 7-15 aufgeführt.

Tabelle 7-15: Zu untersuchende Faktoren der Schadensanalyse

Faktor	Einflussgröße	Default-Wert
T_B	Schwellwert der Segmentierung	60% der BSH
T_P	Schwellwert der Peak-Detektion	27% der BSH
$s_{\Delta R}$	Spanne des Rückwandbereichs in Samples	32s
T_{dB}	Schwellwert dB-Drop	6 dB
$d_{P,max}$	Maximaler Abstand zweier Punkte in einem Cluster	5 mm
$n_{P,min}$	Minimale Anzahl der Punkte je Cluster	10

Der Schwellwert T_B dient der Segmentierung des Ultraschall-A-Scans und der Bestimmung der Bereichsgrenzen durch Definition der Sample-Positionen s_O und s_R. Auf Basis der Messungen der Impactplatten in 6.5 (Seite 65) wird 60% BSH als Default-Wert festgelegt, welcher zur Messung der Bohrungsplatten konstant gehalten wird. Der Einfluss des Schwellwerts auf die Segmentierung wird am Beispiel der in Abbildung 7-25 dargestellten A-Scans der Impactplatten-Messungen ersichtlich. Bei einem niedrigen Schwellwert von $T_B = 5\%$ werden die Bereichsgrenzen zu früh erkannt. Ist ein großer Schwellwert wie $T_B = 90\%$ eingestellt, so wird auch an unbeschädigten Stellen keine Rückwand erkannt, sodass die Stichprobe zur Bestimmung des Rückwandbereichs als Input für die Peak-Detektion zu klein wird.

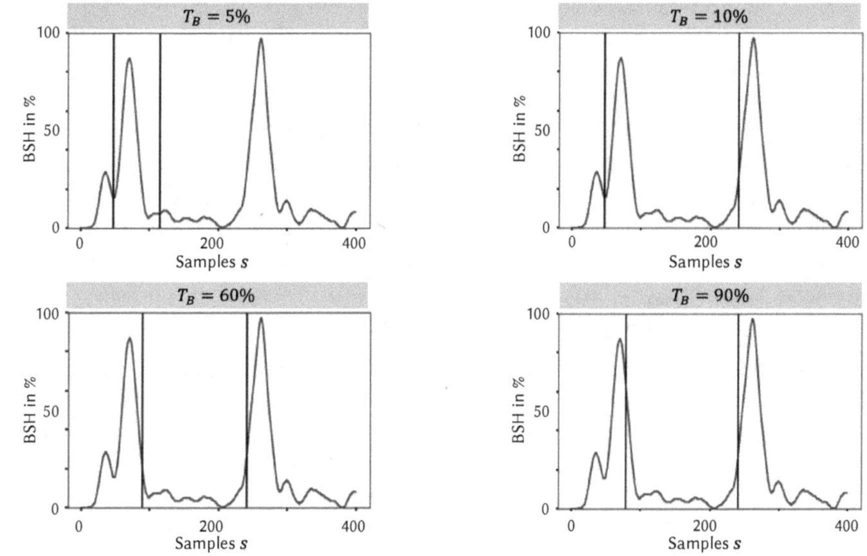

Abbildung 7-25: Einfluss des Schwellwerts T_B auf die Segmentierung

Die Spanne des Rückwandbereichs $s_{\Delta R}$ wird mit den Einstellungen $s_{\Delta R} = 16$ und $s_{\Delta R} = 32$ erprobt. Bei der ersten Einstellung werden fälschlicherweise Bereiche der Rückwand als Schadenscluster erkennt. Bei $s_{\Delta R} = 32$ konnte der Defektbereich korrekt vom Rückwandbereich separiert werden.

Der Schwellwert der Peak-Detektion T_P muss groß genug eingestellt sein, um über dem allgemeinen Rauschlevel des Materials zu liegen und klein genug, um strukturelle Defekte zu detektieren. Der Einfluss des Parameters auf die Defekterkennung wird aufgrund der 2D-Projektionen der detektierten Hüllzylinder in den Defektpunktewolken der Bohrungsplatte-Messungen in Abbildung 7-26 ersichtlich.

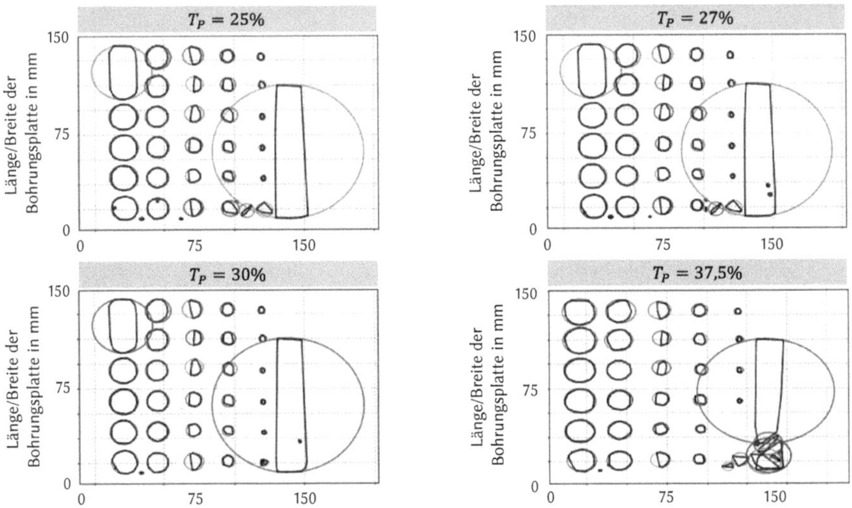

Abbildung 7-26: Einfluss des Schwellwerts T_P auf die Defekterkennung

Bei einem niedrigen Schwellwerten von $T_P = 25\%$ werden kleine Inhomogenitäten als Defekte bzw. scheinbar vorhandene Bohrungen erkannt. Große Schwellwerte mit $T_P \geq 35\%$ zeigen im Vergleich zu den Referenzwerten in Summe zu niedrige Durchmesser-Messwerte. Der Schwellwert T_P ist jedoch im Zusammenspiel mit dem maximalen Abstand zweier Punkte in einem Cluster $d_{P,max}$ zu betrachten. Zur Variation beider Faktoren wird im Folgenden ein statistischer Versuchsplan erstellt (vgl. Tabelle 7-16).

Bezüglich des dB-Drop-Verfahrens wird der in der Ultraschallmesstechnik häufig gewählte Standard-Schwellwert von 6 dB-Drop verwendet, welcher einer Grenz-Amplitudenhöhe von 50% der Bildschirmhöhe BSH entspricht. Im Falle der Bohrungsplatte wird der Einfluss dieser Faktoreinstellung als weniger bedeutend eingestuft, da sich die an den Bohrungen zu messenden Restwanddicken nicht fließend, sondern sprunghaft ändern. Die Faktoren des maximalen Abstands zweier Punkte in einem Cluster $d_{P,max}$ und der Mindestanzahl der Punkte im Cluster $n_{P,min}$ sind in der Regel in Abhängigkeit der Messanwendung einzustellen. Da bei der in dieser Versuchsreihe verwendeten Bohrungsplatte die Bohrungen, in diesem Fall als künstliche Fehlstellen betrachtet, sehr nah beieinander liegen und einzeln erfasst werden sollen, wird $n_{P,min}$ zunächst fixiert und auf $n_{P,min} = 10$ eingestellt. $d_{P,max}$ wird hingegen im Intervall $[1\ mm; 2{,}5\ mm]$ variiert. Zum Auffinden der optimalen Parametereinstellung vor dem Hintergrund einer klein zu haltender Messunsicherheit wird für die Variation der Faktoren $d_{P,max}$ und $n_{P,min}$ der in Tabelle 7-16 dargestellte Versuchsplan verwendet.

Aufgrund der erheblichen Auswirkungen der Einstellfaktoren auf die Detektion und Quantifizierung der Defekte, wird jede Einstellkombination als eigener Messprozess MP_i aufgefasst. Für jeden Messprozess werden 25 Messungen zweier Bediener durchgeführt. Die Bewertung der Einstellkombination erfolgt im Anschluss auf Basis der je Messprozess berechneten Messunsicherheiten.

Tabelle 7-16: Versuchsplan zur Optimierung von T_P und $d_{P,max}$

MP_i	T_P in %	$d_{P,max}$ in mm
1	24	1.5
2	24	2.5
3	26	1.5
4	26	2.5
5	27	1.5

MP_i	T_P in %	$d_{P,max}$ in mm
6	27	2.5
7	28	1.5
8	28	2.5
9	30	1.5
10	30	2.5

Aufgrund des hohen Rechenaufwands der Ultraschalldatenanalyse, der 3D-Konstruktion und der Berechnung der Messgrößen auf Basis der Ultraschallpunktewolken wird der Versuchsumfang auf 10 Versuche beschränkt. $d_{P,max}$ wird auf die zwei Stufen von 1,5 mm und 2,5 mm beschränkt; T_P wird zwischen 24% und 30% variiert mit Fokus auf dem vermuteten Wertebereich des Optimums im Intervall [26%;28%].

7.4.2 Messunsicherheitsbestimmung und Parameteroptimierung

Wie im letzten Abschnitt gezeigt, konnte für die Schwellwerte T_B und T_{dB} sowie für die Faktoren s_R und $n_{P,min}$ ein optimaler Wertebereich gefunden und konnten somit Default-Werte festgelegt werden. Auf Basis dieser festen Einstellwerte und einer Variation der Einstellwerte für den Schwellwert der Peak-Detektion T_P und den maximalen Abstand zweier Punkte in einem Cluster $d_{P,max}$ werden im Folgenden die erweiterten Messunsicherheiten der Messprozesse U_{MP} bestimmt. Die Unsicherheitsbeiträge dienen dabei als Zielgröße zur Einstellung der optimalen Faktorkombination. Da die Messunsicherheit in Bezug auf die Messung eines definierten Merkmals bezogen ist, wird im Folgenden zwischen der erweiterten Messunsicherheit der Durchmesser-Messung U_{MP_D} und der erweiterten Messunsicherheit der Positionsmessung $U_{MP_{Pos}}$ unterschieden (vgl. Tabelle 7-17).

Tabelle 7-17: Zielgrößen der Parameteroptimierung

U_{MP_D}	Erweiterte Messunsicherheit der Durchmesser-Messung
$U_{MP_{Pos}}$	Erweiterte Messunsicherheit der Positionsmessung

Bei Annahme eines Vertrauensniveaus von 95,45% errechnet sich die erweiterte Messunsicherheit in Anlehnung an die Unsicherheitsbestimmung nach VDA 5 (vgl. 3.5, S. 25) aus den im Folgenden aufgeführten Standardunsicherheiten.

$$U_{MP} = 2 \cdot u_{MP} = 2 \cdot \sqrt{u_{CAL}^2 + u_{AV}^2 + u_{EVR}^2 + u_{BI}^2} \tag{26}$$

Da der Bauteileinfluss nicht Gegenstand der Untersuchung ist und nur ein Referenzbauteil verwendet wird, wird an Stelle des Faktors u_{EVO}, der Faktor der Gerätestreuung u_{EVR} mit aufgenommen. Dieser ist deutlich größer als die Unsicherheit der Auflösung u_{RE}, weshalb diese nicht mit in die Berechnung einfließt. Ebenfalls vernachlässigt werden die Standardunsicherheiten der Messvorrichtung u_{GV} sowie der Zeitstabilität u_{STAB}.

$$U_{MP_{Pos}} = \sqrt{(2 \cdot u_{MP_x})^2 + (2 \cdot u_{MP_y})^2 + (2 \cdot u_{MP_z})^2} \tag{27}$$

Die jedoch zu berücksichtigende Kalibrierunsicherheit u_{CAL} resultiert aus den Unsicherheitsbeiträgen der als Referenz herangezogenen Messungen des Koordinatenmessgeräts (KMG). Sowohl zur Messung der Durchmesser als auch der Positionen wird die Bohrungsplatte in die additiv gefertigte Haltevorrichtung (vgl. Abbildung 6-4, S. 53) eingespannt. Das Bezugskoordinatensystem des KMG wird analog zum Koordinatensystem des optisch georteten Ultraschallmesssystems über die in 6.3.1 (Seite 52) dargelegte Drei-Punkt-Antastung definiert. Verwendet wird ein KMG des Typs Carl Zeiss Prismo unter Verwendung der Auswertesoftware Calypso 6.6 [CARL19]. Die Kalibrierunsicherheit berechnet sich dabei aus der Antastunsicherheit u_{kmgP}, der Scanning-Antastunsicherheit u_{kmgTHP}, der Streuung der KMG-Messungen $u_{kmgMessung}$, sowie der Standardunsicherheit der Längenmessungen am Referenz-Bauteil u_{Li} gemäß folgender Formel:

$$u_{CAL} = \sqrt{u_{kmgP}^2 + u_{kmgTHP}^2 + u_{kmgMessung}^2 + \sum_1^7 u_{Li}^2} \tag{28}$$

Zur Vereinfachung wird für beide Messprozesse die gleiche Kalibrierunsicherheit u_{CAL} verwendet und zur sicheren Seite abgeschätzt. Die Standardunsicherheit der Gerätestreuung wird in Abhängigkeit der Anzahl der Wiederholmessungen w, der Messwerte der Wiederholungen y_i sowie des arithmetischen Mittelwerts $\bar{x}_g$ wie folgt berechnet:

$$u_{EVR} = \sqrt{\frac{1}{w-1} * \sum_{i=1}^{w} (y_i - \bar{x}_g)^2} \tag{29}$$

Da der in dieser Arbeit konzeptionierte Messprozess manuell durchgeführt wird und diese manuelle Messung bedienerabhängig ist, ist zur Ermittlung der erweiterten Messunsicherheit die Standardunsicherheit des Bedieners u_{AV} zu betrachten. Zur Berechnung von u_{AV} verweist die VDA 5 auf die MSA Manual 4. Aufgrund der Betrachtung von nur einem Referenzbauteil wird im Folgenden das Average-Range-Verfahren gemäß MSA 4 [MSA10]verwendet. Demnach ist u_{AV} unter der Verwendung folgender Formel zu bestimmen:

$$u_{AV} = \sqrt{(\bar{X}_{DIFF} K_2)^2 - \frac{(EV)^2}{nr}} \quad \text{mit} \quad EV = K_1 \cdot \bar{\bar{R}} \tag{30}$$

Die Faktoren K_1 und K_2 resultieren aus der Anzahl der Messungen, der Anzahl der Bediener und der Anzahl der Referenzbauteile (in diesem Fall n=1) und lassen sich entsprechenden Tabellen der MSA entnehmen. Neben der Differenz der Mittelwerte $\bar{X}_{DIFF}$ fließt die Equipment Variation EV mit in die Berechnung ein, welche das Produkt der Faktoren K_1 und der gemittelten Spannweite $\bar{\bar{R}}$, dem gewichteten Mittelwert zwischen den Spannweiten der Messungen der verschiedenen Bediener entspricht.

Neben der Standardunsicherheit der Gerätestreuung ist die Standardunsicherheit der systematischen Abweichung zu berücksichtigen, welche sich unter Verwendung des zuvor ermittelten arithmetischen Mittelwerts $\bar{x}_g$ und dem Mittelwert der Referenzmessungen des KMGs x_m wie folgt ermitteln lässt:

$$u_{BI} = \frac{|\bar{x}_g - x_m|}{\sqrt{3}} \tag{31}$$

Im Zuge der Auswertung der berechneten Unsicherheiten der systematischen Abweichung zeigte sich eine auffällig große systematische Abweichung in Richtung der Y-Koordinate. Während $u_{BI_{X,Z}}$ bei allen Messungen weniger als 1 mm beträgt, zeigte sich bei u_{BI_y} eine Abweichung von 1,6 mm. Auch die Messwerte in x- und z-Richtung streuten um die gemessenen Referenzwerte des KMG, wobei in y-Richtung ein deutlicher Versatz zu verzeichnen war. Erklärt werden kann dieser systematische Fehler durch die zuvor durchgeführte Kalibrierung der virtuellen Marker. Dieses Antasten der Referenzpunkte mit der Hardprobe an der Unterseite des PAUS-Vorlaufkeils ist ein manueller, fehleranfälliger Prozess, welcher zu systematischen Abweichungen führen kann. Das Antasten in Richtung der x-Koordinate ist aufgrund der 90°-Kante am Messkopf einfacher als in Richtung der y-Koordinate. Die z-Richtung lässt sich anhand des Oberflächenechos im Ultraschallsignal ermitteln. Je Parameterkonfiguration wird der Median der Abweichung ermittelt. Aus dem niedrigsten der errechneten Median-Werte wird der Korrektur-Offset ermittelt. Aus diesem Grund wird ein Korrektur-Offset von $\Delta y_{korr} = 1{,}7561$ mm auf die gemessenen Werte der y-Koordinaten angewandt.

Die ermittelten erweiterten Messprozessunsicherheiten am Beispiel des Merkmals F1 und bezogen auf die Messgrößen der Position und des Durchmessers sind in Tabelle 7-18 dargestellt. Die Minimalwerte je Messgröße und Spalte sind farblich blau hinterlegt.

Tabelle 7-18: Messprozessunsicherheiten am Beispiel des Merkmals F1

MP_i	$U_{MP,F1x}$ in mm	$U_{MP,F1y}$ in mm	$U_{MP,F1z}$ in mm	$U_{MP,F1D}$ in mm
1	1,6072	1,7576	1,3329	1,1659
2	1,7941	1,8637	1,3230	1,5338
3	1,6495	1,6561	1,3438	1,0140
4	1,4123	1,8718	1,3380	1,1229
5	1,7565	1,6455	1,3458	0,9259
6	1,5458	1,8359	1,3399	1,0360
7	1,7243	1,7498	1,3490	1,1180
8	1,4670	1,9863	1,3454	1,2138
9	1,6061	1,7628	1,3507	1,1609
10	1,4815	2,0022	1,3482	1,2210

Bei den Einstellkombinationen von MP_2, MP_4 und MP_5 wird die Messunsicherheit für mindestens eine Messgröße minimiert. Dieser Trend ist jedoch nicht repräsentativ, da nur das Merkmal F1 betrachtet wird. Zur Betrachtung aller Merkmale werden die Unsicherheiten bezüglich der Positionen x, y und zu einem Wert, der Unsicherheit bezogen auf die Position $U_{MP,P}$, zusammengefasst, den Einstellungen der Faktoren T_P und $d_{P,max}$ gegenübergestellt und in der folgenden Tabelle 7-19 dargestellt.

Tabelle 7-19: Messprozessunsicherheiten nach Korrektur

MP_i	T_P in %	$d_{P,max}$ in mm	$U_{MP,P}$ in mm	$U_{MP,D}$ in mm	FK
2	24	2,5	3,5393	2,4035	1,33
3	26	1,5	3,5963	2,7513	0,67
4	26	2,5	4,9695	2,2507	1,17
5	27	1,5	3,6148	2,1404	0,67
7	28	1,5	3,6594	2,7901	1,00
8	28	2,5	3,6817	2,9516	1,50
9	30	1,5	3,7077	3,2802	1,00
10	30	2,5	3,5053	2,2574	1,67

Zur Validierung der Messunsicherheiten der Messprozesse werden vier zusätzliche Vergleichsmessungen durchgeführt, welche innerhalb des durch das Konfidenzintervall von 95% vorgegebenen Radius der erweiterten Messunsicherheit enthalten sein müssen. Bei den Messprozessen MP_1 und MP_6 schlug die Validierung fehl, weshalb diese in Tabelle 7-19 nicht aufgeführt sind. Bei diesen Einstellkombinationen zeigte der Algorithmus Instabilitäten bei der Segmentierung der Ultraschallpunktewolken. Bei jeder Einstellkombination kam es zudem zu vereinzelten Fehlerkennungen, welches durch Werte der Spalte FK ausgedrückt wird. $FK = 0{,}67$ bedeutet in diesem Fall, dass im Schnitt 0,67 Bohrungen falsch detektiert wurden. In einigen Fällen werden beispielsweise zwei eng nebeneinander liegende Bohrungen als eine zusammenhänge Bohrung erkannt, wodurch sich die Position des Mittelpunktes deutlich verschiebt und der berechnete Durchmesser quasi verdoppelt. Aus diesem Grund werden die Messergebnisse dieser eindeutig als Fehlerkennung zu interpretierenden Messungen aus der

Unsicherheitsbetrachtung herausgenommen. Es zeigt sich, dass die Anzahl der Fehlerkennungen für $d_{P,max} = 1{,}5\ mm$ stehts niedriger ist als für $d_{P,max} = 2{,}5\ mm$. Bei dem maximalen Punktabstand von 1,5 mm konnten die Ultraschallpunktewolken der Bohrungen deutlich besser segmentiert werden.

Die eng nebeneinander liegenden Bohrungen der Bohrungsplatte haben den Vorteil, dass verschiedene Durchmesser und Restwanddicken in einem Messprozess und mit zu bewältigenden Datenmengen aufgenommen und analysiert werden können. Der kleine Abstand zwischen den Bohrungen bringt jedoch Nachteile bezüglich der Segmentierung der Ultraschallpunktewolken mit sich. Auch wenn der Algorithmus für den Werkstatteinsatz und insbesondere vor dem Hintergrund weiterer Anwendungsfälle noch zu optimieren ist, sind solch eng nebeneinander liegenden Defekte in der Praxis nicht zu erwarten oder ist es in der Rege irrelevant, ob sie als zwei getrennte Defekte oder als ein großer Defekt detektiert und betrachtet werden.

Ein entscheidender Beitrag zur Messunsicherheit liegt jedoch in der vor jedem Messprozess durch den Bediener durchzuführende Drei-Punkt-Antastung. Hierbei werden drei in die Haltevorrichtung integrierte Bohrungen mit dem Taster der Hardprobe angetastet, welche als Marker zur Definition des Bauteilkoordinatensystems dienen (vgl. 6.3.1, 52) und zur Verortung der Ultraschallpunktewolken verwendet werden. Dieser Prozess ist manuell durch den Bediener durchzuführen und bringt damit einen Unsicherheitsbeitrag in die in Tabelle 7-19 dargestellten Messergebnisse des Gesamtprozesses ein. Der Unsicherheitsbeitrag entsteht zum einen aufgrund der nicht reproduzierbaren Ausrichtung des Targets der Hardprobe zur Kamera (vgl. Einflussfaktoren des OOS in 7.2, S. 76) und zum anderen aufgrund der nicht reproduzierbaren Antastung der nicht ideal gefertigten Bohrungen in der Bauteilvorrichtung. Zur Einschätzung der Bedeutung des Messunsicherheitsbeitrags der Drei-Punkt-Antastung wird in einer kleinen Versuchsreihe die Wiederholpräzision ermittelt. Hierzu werden die drei Bohrungen bzw. Referenzmarker zur Definition der Positionen O, X und XY mit der Hardprobe zwanzig Mal hintereinander angetastet. An jeder Position wird dabei die durch das optisch geortete Messsystem ermittelte Position gemessen. Die Standardabweichungen s und Reichweiten r der gemessenen Positionen an den drei Referenzmarkern sind in Tabelle 7-20 dargestellt.

Tabelle 7-20: Wiederholpräzision der Drei-Punkt-Antastung

	O			*X*			*XY*		
	x	*y*	*z*	*x*	*y*	*z*	*x*	*y*	*z*
***s* in mm**	0,36	0,35	0,28	0,54	0,33	0,27	0,2	0,3	0,27
***r* in mm**	1,35	1,31	1,13	2,28	1,44	1,39	0,77	1,34	1,08

Es zeigt sich, dass die Antastung der Referenzmarker eine Standardunsicherheit von bis zu 0,54 mm mit in die Positionsmessung einbringen können. Auffällig ist zudem, dass die Unsicherheit beim Referenzmarker X deutlich größer ist als bei O oder XY. Diese Unterschiede sind möglicherweise auf eine geringere Fertigungsqualität der Bohrung für X

zurückzuführen. Da aus den Positionsmessungen dieser drei Referenzmarker das Bauteil-koordinatensystem zur Ausrichtung der Ultraschallpunktewolken generiert wird, führen die Unsicherheiten dieser Positionsmessungen zwangsläufig zu Unsicherheiten der Ausrichtung der Ultraschallpunktewolken und schließlich zu Unsicherheiten bezüglich der in der Bohrungsplatte zu messenden Positionen.

Basierend auf diesen erkannten Defiziten wird eine Methode entwickelt, welche in der Lage ist, die durch die Drei-Punkt-Antastung hervorgerufenen Unsicherheiten der Punktewolken-Ausrichtung zu kompensieren. Die im folgenden Abschnitt dargelegte Methode optimiert die Punktewolken-Ausrichtung unter Zuhilfenahme von Oberflächenmessdaten und unter Verwendung von Iterative Closest Point-Algorithmen.

7.5 Oberflächenmessdaten zur Optimierung der Ausrichtung

In den Abschnitten 7.1-7.4 wurden ausschließlich die georteten Ultraschallmessdaten, d.h. die Ultraschall- fusioniert mit den Positionsmessdaten des Ultraschallmesskopfes betrachtet. Wie bei der Messprozessbeschreibung in Kapitel 6 jedoch bereits angemerkt, ist es für den Reparaturprozess nützlich, oft sogar unabdingbar, zusätzlich Messdaten der Ist-Geometrie, und insbesondere der Ist-Oberflächengeometrie des beschädigten CFK-Strukturbauteils zur Schadensanalyse heranzuziehen. In diesem Abschnitt wird gezeigt, dass diese mit Hilfe eines optischen Messsystems zu erzeugenden Messdaten, nicht nur zur Qualitätssicherung der Oberfläche, sondern zusätzlich zur Optimierung der Ausrichtung der Ultraschallpunktewolken verwendet werden können. Hierdurch kann der in Tabelle 7-20 dargestellte Unsicherheitsbeitrag der Dreipunkt-Ausrichtung in Teilen kompensiert und somit die Lokalisierung der mit Ultraschall gemessenen Schadensgeometrie optimiert werden. Die Messdaten der Ultraschallmessung können somit zur optisch gemessenen Ist-Geometrie des beschädigten Strukturbauteils referenziert werden. Zudem können mit Hilfe des optischen Messsystems stark beschädigte Bereiche des Bauteils erfasst werden, an denen eine Ultraschallmessung aufgrund mangelnder Kopplung nicht durchführbar ist.

Ziel dieses Abschnitts 7.5 ist die Überprüfung der Hypothese, ob unter Zuhilfenahme der Oberflächenmessdaten eines optischen Messsystems, die Messunsicherheitsbeiträge der werkstattgerechten Schadensanalyse reduziert werden können. Der hierzu entwickelte Lösungsansatz besteht darin, die Positionierung der mit Ultraschall erfassten Schadensgeometrie im Bauteil mit Hilfe eines Fittings der ebenfalls mit Ultraschall erfassten Oberflächenmessdaten zu den mit einem Streifenlicht-3D-Scanner erfassten Oberflächenmessdaten zu optimieren. Die im experimentellen Teil zu betrachtende Zielgröße ist die Messunsicherheit der Positionierung der Schadensgeometrie bezogen auf das Bauteilkoordinatensystem.

7.5.1 Erzeugung und Referenzierung der Oberflächenmessdaten

Im ersten Schritt werden analog zur Prozessbeschreibung in 6.3.2 (S. 53) mit Hilfe eines optischen Messsystems Oberflächenmessdaten des Demonstratorbauteils erzeugt. Zur Optimierung der optischen Messung wird die Oberfläche des CFK-Bauteils mit einem Anti-Reflektions-Spray vorbehandelt. Dann wird mit dem auf dem Prinzip der Triangulation beruhenden Streifenlichtprojektionssystem GOM ATOS Core 300 ein 3D-Oberflächenmodell des Demonstratorbauteils (vgl. Abbildung 6-2, S. 50) erzeugt und in Form einer Punktewolke gespeichert. Nach dem Entfernen von Messfehlern und der geometriespezifischen Reduktion der Punktedichte entsteht hieraus die Punktewolke der Oberflächengeometrie im Folgenden als Geometriemodell G bezeichnet. Bei der Messdatenaufnahme ist darauf zu achten, dass die zur Referenzierung der Ultraschallmessdaten erforderlichen Antastmarker (vgl. 6.3.1, S. 52) im Geometriemodell zu erkennen sind. Die Antastmarker werden zur manuellen Vorausrichtung benötigt, welche eine Voraussetzung für die im Folgenden beschriebene automatisierte Feinausrichtung darstellt.

Nach der optischen Messung erfolgt die Phased-Array-Ultraschallmessung des Demonstratorbauteils ebenfalls in Anlehnung an die Prozessbeschreibung in Kapitel 6. Im Gegensatz zur bisherigen Vorgehensweise wird der Messkopf jedoch nicht nur über die Fläche geführt, unter denen Schädigungen vermutet werden, sondern zusätzlich über mindestens eine seitliche Flanke des Demonstratorbauteils. Ziel ist es, für das anschließende Fitting, neben den Schadensinformationen, möglichst viele Informationen zur Bauteiloberfläche aufzunehmen. Nach der 3D-Rekonstruktion der Ultraschallmessdaten werden aus den Ultraschallmessdaten drei Punktewolken erzeugt: die Punktewolke der Oberflächenechos OE, die der Defektechos DE und die der Rückwandechos RE. Im Fallbeispiel dieser Arbeit wurde der Ultraschallmesskopf während der Messung über die vier Flächen G_1-G_4 geführt. Die aus dieser Messung resultierende Punktewolke der Oberflächenechos, zusammengesetzt aus den Teilen OE_1-OE_4 ist beispielhaft in Abbildung 7-27 dargestellt.

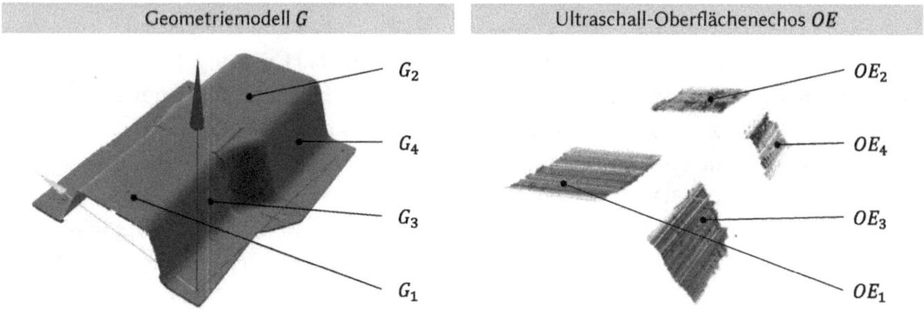

Abbildung 7-27: Ultraschallmessungen am Demonstratorbauteil

Die Erzeugung der Defektecho-Punktewolke DE spielt aufgrund des folgenden Fittings zur künstlichen Fehlstelle eine untergeordnete Rolle, sodass zur Reduktion der benötigten Rechenzeit eine einfache Peak-Detektion mit einem einzigen, festen Schwellwert bei $T_{P2} = 25\%$ und einem Mindest-Peak-Abstand $\Delta t_{P2} = 0{,}3\ mm$ verwendet wird (vgl. 6.4, S. 57). Zusätzlich wird ein Kopplungscheck in die Peak-Detektion integriert, der anhand einer Betrachtung der Anzahl der Peaks und des Integrals der Schallintensität im Ultraschall-A-Scan beurteilt, ob der Messkopf in Kontakt mit der Bauteiloberfläche steht. Die Bereinigung der Ultraschallmessdaten durch den Kopplungscheck ermöglicht eine weitere Reduktion der Rechenzeit.

Nach Abschluss der Messdatenaufnahme müssen die mittels Streifenlicht erzeugten Oberflächenmessdaten G zu den Messdaten der Ultraschall-Oberflächenechos OE ausgerichtet werden. Die Ausrichtung besteht aus einer manuellen Grobausrichtung und einer automatisierten Feinausrichtung. Dadurch, dass die Ultraschallmessdaten OE, DE, RE durch die Drei-Punkt-Antastung zum Demonstratorbauteil referenziert wurden, wird dieses Vorgehen auf das Geometriemodell G übertagen. Hierzu wird im Frontend der Messsoftware (vgl. Abbildung 5-9, S. 47) eine Funktion implementiert, die es dem Bediener ermöglicht, die drei Antastmarker durch Mausklicks zu markieren. Wie im Folgenden noch gezeigt wird, können Fehler der manuellen Ausrichtung durch die einzusetzenden Fitting-Algorithmen kompensiert werden. Abbildung 7-28 zeigt die 3-Punkt-Referenzierung der zueinander auszurichtenden Oberflächenmessdaten G und OE.

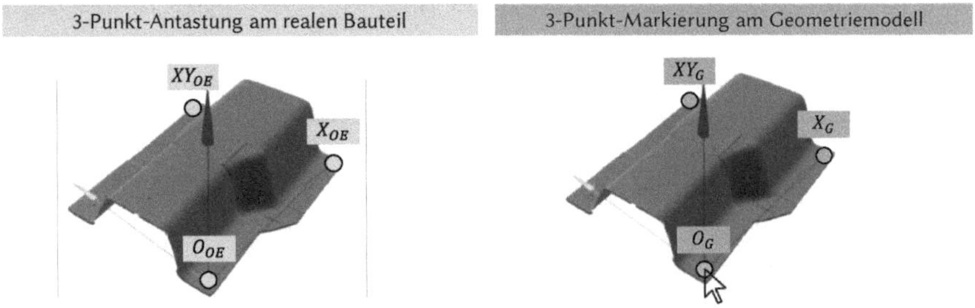

Abbildung 7-28: Drei-Punkt-Referenzierung als Grobausrichtung

Das Koordinatensystem des Geometriemodells G wird analog zur Drei-Punkt-Antastung durch die Markierung von drei Markern definiert; einen für den Ursprung: O_G, einen weiteren für die Definition der ersten Achse: X_G und einen dritten für die Definition der X-Y-Ebene XY_G (vgl. 6.3, S. 52). Zur Realisierung der Drei-Punkt-Markierung am Geometriemodell müssen die 2D-Koordinaten der mit der Maus markierten Punkte in normalisierte Gerätekoordinaten überführt und in 3D-Bauteilkoordinaten transformiert werden. Diese Transformation erfolgt mit Hilfe einer Projektion. Die Ebene, auf welcher der Mauszeiger bewegt wird, dient in diesem Fall als Projektionsfläche zwischen der virtuellen Kamera und der beobachteten Szene des Geometriemodells. Je Antastmarker wird der Vektor der Verbindungslinie zwischen dem angeklickten Punkt auf der Mauszeiger-Ebene und der Kamera berechnet. Der erste Schnittpunkt dieser Verbindungslinie mit dem Geometriemodell in der beobachteten Szene wird dabei in 3D-Koordinaten bezogen auf das Koordinatensystem des Geometriemodells gespeichert. Mit diesem Verfahren lassen sich die Punkte O_G, X_G und XY_G und somit das Koordinatensystem von G berechnen. Im nächsten Schritt wird nun jeder Punkt von G in das neue Koordinatensystem transformiert. Diese Transformation erfolgt im Python-Backend der Messsoftware unter Verwendung der in der folgenden Formel (32) aufgeführten homogenen Transformationsmatrix mit den Rotationen R_{ij} und den Translationen T_i:

$$T_{H,G_1\to G_2} = \begin{pmatrix} R_{11} & R_{12} & R_{13} & T_1 \\ R_{21} & R_{22} & R_{23} & T_2 \\ R_{31} & R_{32} & R_{33} & T_3 \\ 0 & 0 & 0 & 1 \end{pmatrix} \tag{32}$$

7.5.2 Iterative Optimierung der Punktewolken-Ausrichtung

Nach der Drei-Punkt-Markierung und der Transformation aller Punkte des Geometriemodells G in das neu generierte Koordinatensystem sind die Punktewolken von G und von den Ultraschall-Oberflächenechos OE nun grob zueinander ausgerichtet. Zur Feinausrichtung wird im Folgenden ein Iterative Closest Point (ICP)-Algorithmus eingesetzt, mit dem Ziel den Abstand zwischen den Punkten beider Punktewolken zu minimieren. Der ICP-Algorithmus konvergiert dabei monoton zu dem lokalen Minium des durchschnittlichen quadratischen Abstands beider Punktewolken. Im Fallbeispiel besteht G aus $n_G = 504291$ Punkten und OE aus $n_{OE} = 26234$ Punkten. Demnach wird G fixiert und OE aufgrund der deutlich geringeren Punkteanzahl transformiert. Der ICP-Algorithmus besteht zusammengefasst und in Anlehnung an [GLIR15] aus den Schritten der Selektion, der Paarung, der Abweisung, der Minimierung und zuletzt der Transformation. Diese Schritte werden iterativ durchlaufen, sobald ein Abbruchkriterium erreicht ist. Im Schritt der *Selektion* erfolgt zur Reduktion der Rechenzeit zunächst eine gleichmäßig über das Geometriemodell verteilte Reduktion der Punkte. Bei der *Paarung* wird jedem Punkt von OE der nächstgelegene Punkt von G zugeordnet. Als Kriterium für die *Abweisung* wird eine maximal zulässige euklidische Distanz d_{max} zwischen zwei zu paarenden Punkten d_i und d_j berechnet. Unter Annahme einer Gaußschen Verteilung wird in Anlehnung an [GLIR15] der in der folgenden Formel dargestellte robuste Schätzer σ_{mad} verwendet.

$$\sigma_{mad} = 1{,}4826 \cdot x \tag{33}$$

Der Faktor x repräsentiert hier den Median des absoluten Betrags der jeweiligen Differenzen, also der Differenzen zwischen den Distanzen d_i und dem Median der Distanzen d_j (vgl. Formel (35)).

$$x = Median_i(|d_i - Median_j(d_j)|) \tag{34}$$

Das Abbruchkriterium d_{mad} berechnet sich nun aus dem Median $\tilde{d}$, dem durch x errechneten Schätzer σ_{mad} sowie einem Multiplikator m gemäß der folgenden Formel (36).

$$d_{mad} = \tilde{d} \mp m \cdot \sigma_{mad} \tag{35}$$

In Vorversuchen wurde der Multiplikator m zwischen den Werten $\{3; 6; 8\}$ variiert. Die Einstellung $m = 3$ lieferte im Fall der hier betrachteten Punktewolken G und OE das beste Resultat.

Im darauffolgenden Schritt der *Minimierung* gilt es, die Rotationsmatrix $R_{OE \to G}$ und den Translationsvektor $T_{OE \to G}$ zu finden, die den Abstand zwischen den Punktewolken G und OE minimieren. Die Transformation von OE in Richtung G ist in Abbildung 7-29 schematisch dargestellt.

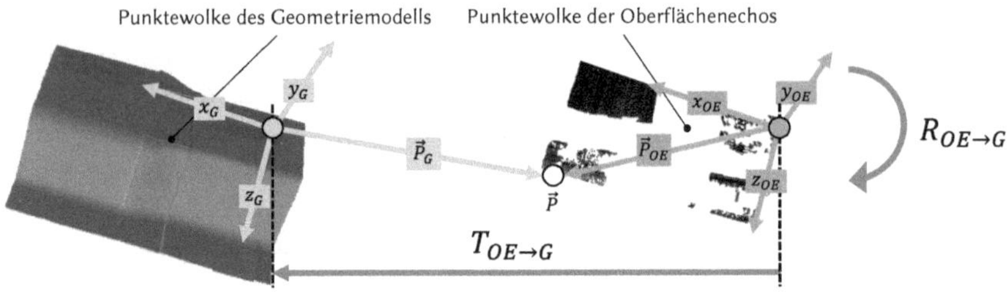

Abbildung 7-29: Transformation von OE in Richtung G

Mathematisch lässt sich dieses Problem mit Hilfe einer Singulärwertzerlegung iterativ lösen. Hierzu ist unter Verwendung der nach der Abweisung übriggebliebenen Punktepaarungen p der in der folgenden Formel dargestellte Ausdruck zu minimieren:

$$\Sigma^2 = \Sigma_{p=1}^{N} \left\| G_p - R_{OE\to G} \cdot OE_p - T_{OE\to G} \right\|^2 \tag{36}$$

Die Minimierung dieses Ausdrucks erfolgt über mehrere Rechenschritte, welche in Tabelle 7-21 in Formeln dargestellt sind und im Folgenden kurz erläutert werden.

Tabelle 7-21: Rechenschritte der Minimierung mittels ICP

$\boldsymbol{G_S = R \cdot OE_S + T}$			(37)
$G_S = \frac{1}{n_G} \Sigma_{i=1}^{n_G} G_i$	(38)	$OE_S = \frac{1}{n_{OE}} \Sigma_{p=1}^{n_{OE}} OE_i$	(39)
$G_p^Q = G_p - G_S$	(40)	$OE_p^Q = OE_p - OE_S$	(41)
$\Sigma^2 = \Sigma_{i=1}^{N} \left\| G_i^Q - R \cdot OE_i^Q \right\|^2 = U \cdot A \cdot V^t$			(42)
$R = V \cdot U^t$			(43)

Die Lösung des Minimierungsproblems führt dazu, dass die geometrischen Schwerpunkte beider Punktewolken zusammenfallen und Formel (37) in Tabelle 7-21 Gültigkeit besitzt. Die geometrischen Schwerpunkte beider Punktewolken lassen sich aufgrund der Kenntnis der Anzahl und der Koordinaten beider Punktewolken gemäß Formel (38) und (39) berechnen. Über die Bildung der Differenzen eines jeden Punktes zum Schwerpunkt seiner Punktewolke in (40) und (41) kann das in (42) dargestellte Minimierungsproblem formuliert werden, welches über eine Singulärwertzerlegung mit den Singulärvektoren U und V zu lösen ist. Es gilt, die Rotationsmatrix R zu finden, die den in (42) formulierten quadratischen Abstand minimiert. Durch das Einsetzen von R in die Ausgangsgleichung (37) lässt sich schließlich T berechnen, wodurch die Transformation definiert ist und auf OE angewendet werden kann. Die gesamte Prozesskette von der Paarung bis zur Transformation wird dabei iteriert ausgeführt. Nach jeder Ausführung wird die quadratische Summe berechnet und überprüft, ob eines der Abbruchkriterien erfüllt ist. Abbruchkriterien sind die maximale Anzahl an Iterationen sowie die maximale durchschnittliche quadratische Distanz. Abbildung 7-30 zeigt eine schematische Darstellung der ersten vier Iterationen der im Fallbeispiel verwendeten Punktewolken.

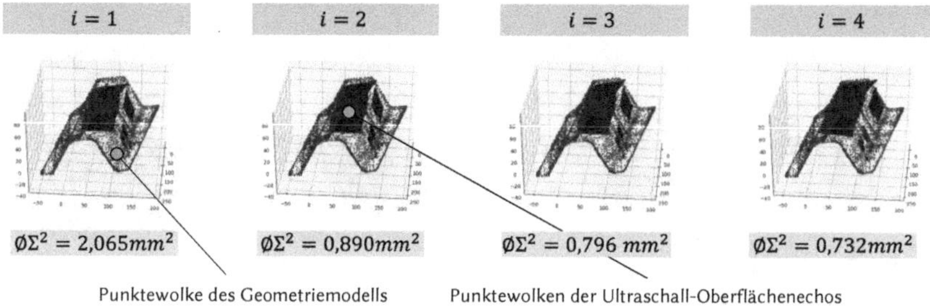

Abbildung 7-30: Durchschnittlicher Fehler $\emptyset\Sigma^2$in Abhängigkeit der Iterationen i

Es ist zu erkennen, dass der durchschnittliche Fehler mit der Anzahl der Iterationen reduziert werden kann, der prozentuale Anteil der Reduktion von einer zur nächsten Iteration jedoch kontinuierlich abnimmt.

7.5.3 Optimierung der Marker-Ausrichtung und der Defektlokalisierung

Das Ziel der in 7.5.4 beschriebenen experimentellen Messunsicherheitsbestimmung ist es, zu beurteilen, ob durch die Hinzunahme von Oberflächenmessdaten, die mit einem externen, optischen Messsystem erzeugt wurden, die Messunsicherheit der werkstattgerechten Schadensanalyse reduziert werden kann. Die Schadensanalyse beinhaltet sowohl die Messung der Dimension eines Schadens als auch die Messung der Lage des Schadens im Bauteil. Die zuvor dargestellte Feinausrichtung des ICP kann nicht die Dimension, möglicherweise aber die Lage optimieren. Problematisch sind jedoch die manuellen, bedienerabhängigen Markier-Prozesse am Geometriemodell. Um diese zu optimieren und den Einfluss des Bedieners zu reduzieren, werden im Folgenden zwei weitere Prozesse der automatisierten Feinausrichtung vorgenommen: die Feinausrichtung der Antastmarker und die des durch den Bediener markierten Schadens.

Feinausrichtung der Antastmarker

Bisher wurde der ICP-Algorithmus zur Optimierung der Ausrichtung der Ultraschallmessdaten zum Geometriemodell eingesetzt. Die Drei-Punkt-Markierung am Geometriemodell muss jedoch manuell durch den Bediener erfolgen und ist, je nachdem wie genau der Bediener die Mittelpunkte der Antastmarker markiert, mit zusätzlichen Unsicherheiten verbunden. Zur Reduktion dieser Unsicherheiten wird eine automatisierte Feinausrichtung für die Marker entwickelt, welche ebenfalls auf dem Prinzip des ICP-Algorithmus basiert. Markiert der Bediener einen Punkt auf dem 3D-Geometriemodell, so wird an dieser Stelle eine Kugel erzeugt, welche den gleichen Durchmesser besitzt wie die Tast-Kugel der Hardprobe, welche beim physischen Antasten des Real-Bauteils verwendet wird. Wird diese Kugel nicht wie vorgesehen in, sondern nur im Randbereich eines Antastmarkers erzeugt, so kann mittels der automatisierten Marker-Ausrichtung, der Marker zum Antastmarker gefittet werden. Analog zur in 7.5.2 geschilderten Vorgehensweise wird so für jeden der drei Antastmarker ein Minimierungsproblem gelöst, um die Marker optimal zu den Kerben des 3D-Geometriemodells auszurichten. Abbildung 7-31 zeigt die Position eines Antastmarkers nach ungünstiger Markierung durch den Bediener und die optimierte Position nach erfolgter automatisierter Feinausrichtung.

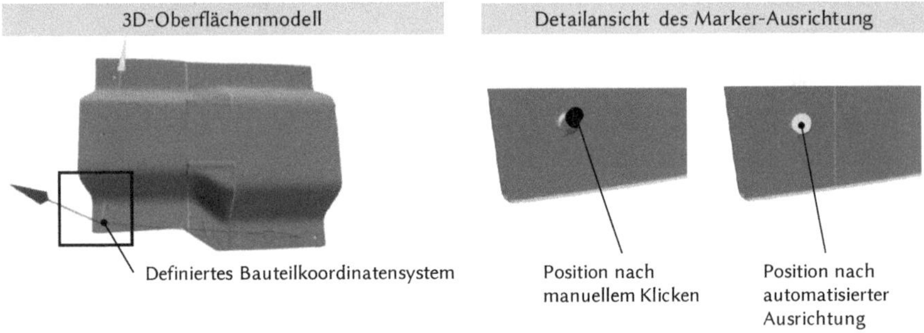

Abbildung 7-31: Automatisierte Marker-Ausrichtung

Feinausrichtung des markierten Schadens

Die Bewertung der entwickelten Optimierungsansätze erfolgt über die Zielgröße der Lokalisierung des mit Ultraschall erfassten Schadens im 3D-Geometriemodell des beschädigten CFK-Strukturbauteils. Die Position des Schadens wird dabei aus der durch die Peak-Detektion generierten Punktewolke der Defektechos DE und den anschließenden Clusteralgorithmen und Ausgleichsverfahren berechnet. Diese Prozesse haben wie in 7.4 (S. 98) dargelegt einen signifikanten Einfluss auf die ermittelte Position der Schadensgeometrie, sind aber in dieser Fallstudie nicht Gegenstand der Betrachtung. Aus diesem Grund, wurde für die im folgenden Abschnitt geschilderte Messunsicherheitsbestimmung ein Prozess entwickelt, bei dem die Position des Schadens durch den Bediener mit einem Mausklick grob vorgegeben wird. Die Feinausrichtung erfolgt ebenfalls mit Hilfe des ICP-Verfahrens und ist bezogen auf die Anzahl der durchgeführten Iterationen n_i schematisch in Abbildung 7-32 dargestellt.

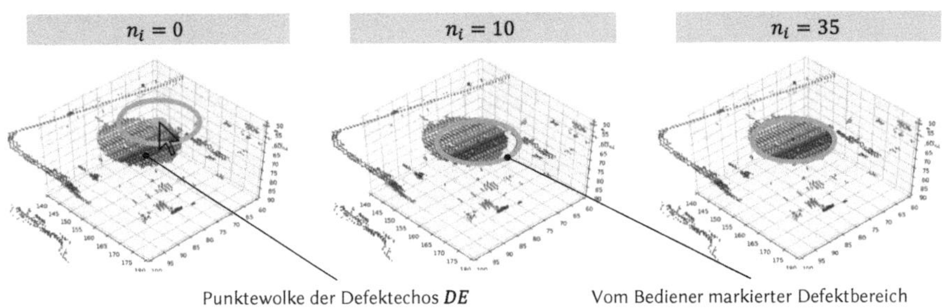

Abbildung 7-32: Feinausrichtung des Defektbereichs in Abhängigkeit der Iterationen i

Der Bediener klickt einen Punkt an, der im Bereich des anhand der Punktewolke der Defektechos DE zu erkennenden Schaden liegt. Dieser Punkt bildet den Mittelpunkt einer erzeugten Scheibe, die den gleichen Durchmesser aufweist wie der gefräste, künstliche Schaden. Iterativ wird die Lage der Scheibe nun der Punktewolke der Defektechos DE angenähert.

Anschließend wird die neue Position des Scheibenmittelpunkts als Position der Schadensgeometrie deklariert.

7.5.4 Bestimmung und Vergleich der Messunsicherheiten

Im Folgenden wird die Unsicherheit der Schadenslokalisierung ausgedrückt durch u_x, u_y und u_z bezogen auf das Bauteilkoordinatensystem experimentell ermittelt. Ziel ist in diesem Fall jedoch nicht der zu ermittelnde absolute Wert, sondern die relativen Unterschiede der Messunsicherheiten bezüglich der Einflüsse, der zuvor erläuterten Optimierungsverfahren. Die kombinierte Visualisierung der Modelle G und DE mit den richtungsabhängigen Unsicherheitsbeiträgen ist in Abbildung 7-33 dargestellt.

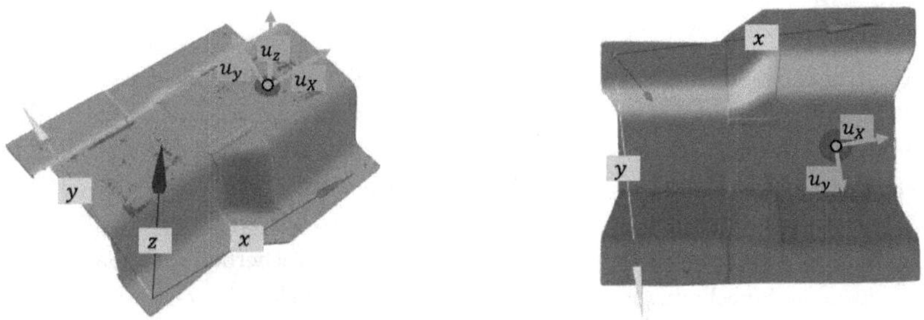

Abbildung 7-33: Unsicherheitsbeiträge der Schadenslokalisierung

Dadurch, dass sich die Messdatenaufnahme bei lateraler Bewegung des Phased-Array-Messkopfes in x, y-Richtung anderen Einflüssen unterliegt als in Schallrichtung z werden die Unsicherheiten zunächst separat betrachtet. Erst im letzten Schritt wird über die Berechnung der euklidischen Distanz je Messprozess eine erweiterte Messunsicherheit U berechnet.

Die Bewertung der Optimierungsverfahren erfolgt über eine Messunsicherheitsanalyse in Anlehnung an die Richtline VDA 5 (vgl. 3.5, S. 25). Aufgrund der weitreichenden Modifikationen durch die Anwendung der ICP-Algorithmen wird dabei nicht ein Messprozess mit verschiedenen Parametereinstellungen betrachtet, sondern jede Kombination der Optimierungsverfahren als eigener Messprozess mit einer eigens zu ermittelnden erweiterten Messunsicherheit betrachtet. In Abhängigkeit der Anwendung der Optimierungsverfahren wird zwischen den in Tabelle 7-22 dargestellten Messprozessen unterschieden.

Tabelle 7-22: Betrachtete Messprozesse

	MP_1	MP_2	MP_3	MP_4	MP_5
Nutzung der Marker zum Antasten	Ja	Ja	Ja	Nein	Nein
Automatisierte Marker-Ausrichtung	Nein	Ja	Ja	-	-
Automatisierte Bauteil-Ausrichtung	Nein	Nein	Ja	Nein	Ja

$MP_1 - MP_3$ beziehen sich auf die Anwendung der zuvor beschriebenen Optimierungsmaßnahmen. MP_4 und MP_5 weichen vom Standardprozess dadurch ab, dass keine Marker verwendet werden. In diesen Prozessen wählt der Bediener beliebige drei Punkte in den Randbereichen des Demonstratorbauteils. Es gilt zu zeigen, ob mit diesen Verfahren durch die Korrektur der automatisierten Bauteil-Ausrichtung ebenfalls akzeptable Messunsicherheiten erzielt werden können.

Die VDA 5 beinhaltet eine Vielzahl an Standardunsicherheiten. Viele davon sind bei dem Vergleich der in Tabelle 7-22 aufgeführten Messprozesse jedoch zu vernachlässigen. Die resultierenden Messunsicherheiten der fünf Prozesse setzen sich in diesem Fall aus den in der folgenden Formel dargestellten Messunsicherheitsbeiträgen zusammen.

$$u_{MP_i} = 2 \cdot \sqrt{u_{CAL}^2 + \max\{u_{EVR}^2, u_{RE}^2\} + u_{BI}^2 + u_{AV}^2 + u_{MS\_Rest}^2} \qquad (44)$$

Dadurch, dass kein Normal und in diesem Fall nur ein kalibriertes Musterbauteil zur Verfügung steht, gilt $u_{EVO} = u_{EVR}$. Unsicherheitsbeiträge aufgrund unterschiedlicher Temperaturen, Messzeitpunkte oder Inhomogenität des Prüfobjektes werden vernachlässigt. Die Unsicherheiten der Kalibrierung u_{cal}, der Auflösung u_{RE}, sowie der restlichen Einflüsse $u_{MS,Rest}$ werden betrachtet, sind allerdings für alle Messprozesse $MP_1 - MP_5$ identisch. Die Unsicherheit der Auflösung u_{RE} ist deutlich geringer als die Unsicherheit der u_{EVO} und fließt daher nicht in die Berechnung nach (44) ein. Die Kalibrierunsicherheit u_{CAL} wird analog zu dem Vorgehen in 7.4 (vgl. Formel (11), S. 26) ermittelt und beträgt 0,0049 mm. u_{MS_REST} beschreibt in Anlehnung an die VDA 5 alle restlichen relevanten und durch das Messsystem verursachte Standardunsicherheiten. Die Optimierungsalgorithmen der hier betrachteten Messprozesse beziehen sich auf ein mit einem 3D-Scanner erzeugtes 3D-Geometriemodell G, dessen Erzeugung ebenfalls unsicherheitsbehaftet ist. Vereinfacht wird demnach für u_{MS_REST} die Herstellerangabe zur Messunsicherheit des verwendeten 3D-Scanners GOM ATOS 300 von 0,03 mm (bezogen auf eine Überdeckungswahrscheinlichkeit von 95% mit k=2) verwendet. Hieraus berechnet sich u_{MS_REST} zu 0,015 mm.

Die Unsicherheitsbeiträge zu u_{EVR}, u_{BI} und u_{AV} sind in Abhängigkeit der Messprozesse MP_1- MP_5 zu betrachten. Die Ergebnisse hierzu sind Tabelle 7-23 zu entnehmen. Je Messprozess (MP_1-MP_5) und je zu betrachtende Koordinate (x, y, z) werden die Unsicherheiten der systematischen Messabweichung u_{BI} sowie der Vergleichbarkeit der Bediener u_{AV} gemäß den Vorgaben der MSA 4 und analog zu dem Vorgehen in 7.4.2 (S. 103) berechnet. Für jeden Bediener resultieren hieraus Mittelwerte für die Koordinaten x, y und z $(\bar{x}|\bar{y}|\bar{z})_{A,B}$ sowie dazugehörige Standardabweichungen $\sigma_{A,B}$. Je Messprozess und je Koordinate werden u_{EVR} gemäß VDA 5 und u_{AV} wie vorgegeben gemäß MSA 4 berechnet. Die Messergebnisse der Messprozesse unter Verwendung der Antastmarker sind in der folgenden Tabelle 7-23 dargestellt. Bei MP_1 wurden keine Optimierung der Ausrichtung vorgenommen. Bei MP_2 hingegen wurde die angetastete Position der Marker optimiert. Bei MP_3 wurde zunächst die Position der Marker optimiert und anschließend die Feinausrichtung durchgeführt.

Tabelle 7-23: Messprozesse mit Antastmarkern: ohne Marker- und Feinausrichtung (MP_1), mit Markerausrichtung (MP_2), mit Marker- und Feinausrichtung (MP_3)

	MP_1			MP_2			MP_3		
	x	y	z	x	y	z	x	y	z
$(\bar{x}\|\bar{y}\|\bar{z})_A$	162,914	84,328	56,921	162,992	84,347	56,949	162,170	85,541	56,968
$(\bar{x}\|\bar{y}\|\bar{z})_B$	164,166	83,649	56,238	164,227	83,696	56,282	163,985	85,262	56,790
$(\bar{x}\|\bar{y}\|\bar{z})_R$	164,176	86,754	57,300	164,176	86,754	57,300	164,176	86,754	57,300
σ_A	0,476	0,339	0,317	0,418	0,3	0,311	0,451	0,195	0,029
σ_B	0,570	0,344	0,206	0,471	0,294	0,183	0,2	0,223	0,246
p	0,611	0,033	0,382	0,629	0,098	0,169	0,629	0,005	0,293
u_{EVR}	0,493	0,351	0,328	0,433	0,311	0,322	0,467	0,202	0,030
u_{BI}	0,729	1,401	0,219	0,684	1,390	0,202	1,16	0,700	0,192
u_{AV}	0,871	0,472	0,477	0,863	0,4711	0,466	1,272	0,190	0,117
u_{MP}	**1,238**	**1,520**	**0,619**	**1,183**	**1,424**	**0,602**	**1,783**	**0,753**	**0,227**

Durch die Markerausrichtung konnten die Unsicherheitsbeiträge sowohl in x, y, als auch in z reduziert werden. Eine deutlichere Reduktion in y und z zeigt sich jedoch, wenn neben der Markerausrichtung die ICP-Feinausrichtung verwendet wird. In diesem Fall (MP_3 bezogen auf MP_1) kann die Unsicherheit bezüglich der Messung der y-Koordinate von 1,520 mm auf 0,753 mm knapp halbiert werden. Bezüglich der Messung der z-Koordinate kann von 0,619 mm zu 0,227 mm sogar eine Reduktion um über 60% erzielt werden. Lediglich die Unsicherheit bezüglich der Messung der x-Koordinate kann nicht reduziert werden. Hier ist nach Anwendung der ICP-Feinausrichtung sogar eine leichte Vergrößerung der Messunsicherheit zur verzeichnen. Dieses Phänomen wird im Anschluss nach Betrachtung der in Tabelle 7-24 dargestellten Messergebnisse und Auswertungen bezogen auf die Messprozesse ohne Antastmarker erläutert. Diese Messprozesse weichen von dem in Kapitel 6 definierten Prozess in der Hinsicht ab, dass keine am Bauteil markierten Antastmarker zur Referenzierung des Koordinatensystems verwendet werden. Anhand einer Auswertung dieser Versuchsreihen soll diskutiert werden, ob die Drei-Punkt-Antastung durch die Verwendung der in diesem Abschnitt erläuterten Fitting-Methode möglicherweise entfallen und somit den Messprozess in der Werkstatt deutlich vereinfachen kann. Die Ergebnisse der Messprozesse ohne Verwendung der Antastmarker sind in Tabelle 7-24 aufgeführt.

Tabelle 7-24: Messprozesse ohne Antastmarker: ohne (MP_4) und mit Feinausrichtung (MP_5)

	MP_4			MP_5		
	x	y	z	x	y	z
$(\bar{x}\|\bar{y}\|\bar{z})_A$	155,294	78,501	55,158	154,764	83,623	56,976
$(\bar{x}\|\bar{y}\|\bar{z})_B$	156,990	80,220	54,909	157,145	84,326	56,872
$(\bar{x}\|\bar{y}\|\bar{z})_R$	164,761	86,754	57,300	164,761	86,754	57,3
σ_A	2,492	2,517	0,338	2,827	0,583	0,110
σ_B	3,666	2,430	0,114	3,285	0,650	0,095
p	0,121	0,051	0,352	0,051	0,861	0,505
u_{EVR}	2,579	2,606	0,350	2,930	0,604	0,114
u_{BI}	5,128	4,765	1,236	5,434	1,808	0,187
u_{AV}	0,918	0,995	0,165	1,528	0,472	0,068
u_{MP}	**5,813**	**5,221**	**1,296**	**6,358**	**1,964**	**0,230**

Werden zur Drei-Punkt-Ausrichtung keine Antastmarker verwendet und wird zugleich keine ICP-Ausrichtung durchgeführt, so nimmt die Messunsicherheit stark zu. Bei einem Vergleich der Unsicherheitskomponenten in x-Richtung der Messprozesse MP_4 und MP_1 wird dies besonders deutlich. Der Wert bei MP_4 ist knapp viermal so groß wie bei MP_1. Dieses Ergebnis war zu erwarten, da nun zur Ausrichtung drei beliebige Punkte in der Umgebung der Antastmarker verwendet wurden und dadurch die Koordinatensysteme für G und OE deutlich voneinander abweichen. Interessant ist jedoch, der Vergleich der u_{MP} von MP_4 und MP_5. Trotz Nicht-Verwendung der Antastmarker, lassen sich die Unsicherheitsbeiträge in y und z durch Einsatz der Feinausrichtung (ICP) um mehr als 50% reduzieren. Bezüglich der z-Komponenten reduziert sich u_{MP} von 1,296 mm auf 0,230 mm, welches sogar einer Reduktion von 80% entspricht. Analog zum Vergleich von MP_2 und MP_3 zeigt sich jedoch erneut eine Vergrößerung der Unsicherheit bezogen auf die x-Komponente. Dieses Phänomen ist bedingt durch die Funktionsweise der ICP-Feinausrichtung, lässt sich jedoch insbesondere auf die Geometrie des verwendeten Demonstratorbauteils zurückführen, welches die Darstellung des Geometriemodells G und der Punktewolken von OE in der folgenden Abbildung 7-34 verdeutlicht.

Abbildung 7-34: ICP-Feinausrichtung in Abhängigkeit der Richtungen x,y,z

Die Punktewolke der Ultraschall-Oberflächenechos besteht aus vier flächigen Teil-Punktewolken. Zwei davon liegen annähernd orthogonal zur y-Achse (dunkelblau dargestellt) und zwei annährend orthogonal zur z-Achse (hellblau dargestellt). Es fehlt jedoch eine Teil-Punktewolke, die orthogonal zur x-Achse liegt. Zur Ausrichtung der x-Richtung können nur Teile der blau dargestellten Teil-Punktewolken verwendet werden. Zur Realisierung der vollen Wirkung der ICP-Algorithmen mit einer deutlichen Reduktion der Unsicherheitsbeiträge in Richtung aller drei Koordinatenachsen, sollte demnach zu jeder Koordinatenachse eine orthogonal orientierte Fläche vorhanden sein.

Nachdem für alle fünf Messprozesse die Unsicherheiten je Koordinatenachse ermittelt wurden, sollen nun im letzten Schritt die Absolutbeträge der Messprozessunsicherheiten berechnet und validiert werden. Zur Berechnung werden die Unsicherheitsbeiträge in x, y und z gemäß der folgenden Formel über die Berechnung der euklidischen Distanz miteinander kombiniert.

$$U_{R95MP_i} = \sqrt{\left(2 \cdot u_{MP_i,x}\right)^2 + \left(2 \cdot u_{MP_i,y}\right)^2 + \left(2 \cdot u_{MP_i,z}\right)^2} \tag{45}$$

Zur Erzielung einer Überdeckungswahrscheinlichkeit von 95% wird hier erneut je Unsicherheitskomponente ein Erweiterungsfaktor von $k = 2$ gewählt. Der berechnete Wert U_{R95MP_i} gibt den maximalen Radius der Kugel an, dessen Mittelpunkt mit dem angezeigten Messwert übereinstimmt und in dessen Volumen mit einer Überdeckungswahrscheinlichkeit von 95% der tatsächlich gemessene Messwert enthalten ist.

Zur Validierung wird geprüft, ob die je Messprozess und gemäß der folgenden Formel (46) berechneten maximalen Distanzen sich stets innerhalb des ermittelten Messunsicherheitsbudget befinden.

$$r_{MP_i} = max\left(\sqrt{r_{MP_i,x}^2 + r_{MP_i,y}^2 + r_{MP_i,z}^2}\right) \tag{46}$$

Die Ergebnisse der erweiterten Messunsicherheiten U_{MP_i} für die analysierten Messprozesse MP_1-MP_5 sind in Tabelle 7-25 aufgeführt. Der Tabelle ist zudem zu entnehmen, dass sich alle berechneten Distanzen r_{MP_i} im Rahmen der durch U_{MP_i} berechneten Unsicherheitsbudgets befinden.

Tabelle 7-25: Validierung der Unsicherheitsbestimmung

	MP_1	MP_2	MP_3	MP_4	MP_5
r_{MP_i}	3,788	3,682	3,071	16,147	13,278
U_{MP_i}	**4,111**	**3,998**	**3,898**	**16,242**	**13,317**

Durch die Bildung der euklidischen Distanz, sind die Absolutbeträge der erweiterten Messunsicherheiten deutlich größer, als die Beträge der Unsicherheitskomponenten in Richtung der Koordinatenachsen. Die Messunsicherheiten von MP_1-MP_3 bewegen sich ähnlich wie die in 7.4.2 (S. 103) im Bereich um 4 mm. Durch die Optimierung der Markerausrichtung MP_2 und kombiniert mit der Optimierung der Feinausrichtung MP_3 lassen sich die Messunsicherheiten reduzieren, jedoch fällt die prozentuale Reduktion aufgrund des ausbleibenden Optimierungseffekts in x-Richtung geringer aus als bei der komponentenspezifischen Darlegung in Tabelle 7-23. Von MP_1 zu MP_3 ist die prozentuale Reduktion größer, aufgrund der Nicht-Verwendung der Antastmarker und der fehlenden Ausrichtungsoptimierung in x-Richtung sind die erweiterten Messunsicherheiten dieser beiden Messprozesse jedoch größer als 10 mm und damit für das verwendete Demonstratorbauteil ungeeignet.

7.6 Zwischenfazit zur Validierung der Schadensanalyse

Zu Beginn dieses Kapitels wurden alle relevanten Einflüsse auf das Messsystem und den Messprozess der optisch georteten Ultraschallmessung mittels eines Ishikawa-Diagramms klassifiziert und hinsichtlich ihrer Relevanz analysiert. Als relevant und zugleich beeinflussbar wurden insbesondere Einflussfaktoren der Kategorien Messobjekt und Auswertemethode sowie Messmethode und Messmittel deklariert. (vgl. 7.1)

Zunächst wurde die Messunsicherheit des optischen Ortungssystems untersucht. Das Versuchsdesign bestand aus einem Versuchsaufbau mit einem am Messkopf eines Koordinatenmessgerätes (KMG) montierten IR-Targets des OOS und einer vollfaktoriellen Versuchsplanung zur experimentellen Unsicherheitsmessung in Abhängigkeit eines gewählten Parameterraums. Es konnte gezeigt werden, dass sich durch eine Einschränkung des Messvolumens sowie eine Begrenzung der zulässigen Grenzwinkel der Anordnung zwischen IR-Target und Kameraebene die Messunsicherheit signifikant reduzieren lässt. (vgl. 7.2)

Zur Betrachtung der Messunsicherheit des Phased-Array-Ultraschallmesssystems in Abhängigkeit gewählter hardwareseitiger Einstellparameter wurde ein Tauchtechnik-Prüfstand mit einer Linearachsführung des Ultraschallmesskopfes konzeptioniert. Durch eine automatisierte Erzeugung von Ultraschall-D-Bildern auf Basis der Ultraschallmessungen der Referenz-Bohrungsplatte konnte eine bildbasierte Segmentierung und eine Berechnung der Messgrößen erfolgen. Anhand eines vollfaktoriellen Versuchsplans konnten mit der Messunsicherheit als zu reduzierende Zielgröße die optimalen hardwareseitigen Einstellungen der Einflussfaktoren zur Messung der Durchmesser und Restwanddicken der Referenz-Bohrungsplatte ermittelt werden. (vgl. 7.3)

Zur Betrachtung der softwareseitigen Einstellfaktoren der in Kapitel 6 entwickelten Algorithmen zur werkstattgerechten Schadensanalyse wurde im Anschluss die Messunsicherheit des optisch georteten Ultraschallmesssystems im Verbund ermittelt. Nach manuell geführter Messung wurden Ultraschallpunktewolken generiert, geclustert und hieraus Messgrößen zur Messung der Position und des Durchmessers der Bohrungen auf der Referenz-Bohrungsplatte berechnet. Erneut wurde die Messunsicherheit als zu reduzierende Zielgröße zur Optimierung der softwareseitigen Schwellwerte eingesetzt. (vgl. 7.4)

Zuletzt wurde eine Methode entwickelt, um unter Zuhilfenahme von optisch generierten Oberflächenmessdaten und iterativen Optimierungsalgorithmen die Ausrichtung der Ultraschallmessdaten und potenzieller Schadensgeometrien und schließlich die Messunsicherheit der Positionsmessung am kalibrierten Demonstratorbauteil reduzieren lässt. Es konnte zudem gezeigt werden, dass durch die Anwendung dieser Methodik in speziellen Anwendungsfällen mögliche Fehler der Drei-Punkt-Antastung kompensiert werden können oder die Drei-Punkt-Ausrichtung bei bestimmten Bauteilgeometrien sogar entfallen kann. (vgl. 7.5)

8 Kritische Reflexion und Ausblick

Critical reflection and outlook

Im Sinne der verwendeten Forschungsmethodik des Design Science Research (DSR) wurde nach der Einleitung des Forschungsgegenstands in Kapitel 1 zum einen der betrachtete Anwendungszusammenhang und die Wissensbasis der CFK-Reparatur in Kapitel 2 und zum anderen in Kapitel 3 die Wissensbasis bezüglich der Messtechnik und der Messunsicherheitsbestimmung analysiert. Basierend auf den identifizierten Defiziten und der Forschungslücke wurde eine Hauptforschungsfrage hergeleitet, welche anhand von vier forschungsleitenden Teilforschungsfragen in den Kapiteln 5-7 behandelt wurde. Dieses letzte Kapitel der Forschungsarbeit beginnt mit der Beantwortung der Hauptforschungsfrage auf Basis des über die vorangegangenen Kapitel kumulierten Erkenntnisgewinns sowie einer kapitelweisen kritischen Reflexion des Forschungsprozesses (8.1) und des angewandten Forschungsdesigns (8.2). Im zweiten Teil wird auf Basis der während des Forschungsprozesses gewonnenen Erkenntnisse sowie der erzielten Forschungsergebnisse ein Ausblick auf mögliche, künftige Forschungsfragen gegeben (8.3).

8.1 Kritische Reflexion des Forschungsprozesses

Dieses Forschungsvorhaben ist der angewandten, explorativen Forschung zuzuordnen mit dem Ziel, neue Erkenntnisse zu gewinnen, die zur Lösung eines konkreten Problems anwendbar sind. In diesem Sinne wurde die Hauptforschungsfrage formuliert, ob ein optisch geortetes Ultraschallmesssystem dazu geeignet ist, Schäden in CFK-Strukturbauteilen werkstattgerecht und mit einer für die CFK-Reparatur hinreichenden Unsicherheit zu lokalisieren und zu quantifizieren. Basierend auf einer Reflexion des durch den Forschungsprozess erzielten Erkenntnisgewinns ist diese Frage zu bejahen. Zur Begründung werden im Folgenden die in den Kapiteln 5-7 durchgeführten Forschungsarbeiten, insbesondere aber die auf die Hauptforschungsfrage bezogenen erzielten Forschungsergebnisse zusammengefasst.

Kapitel 5 befasste sich mit der anforderungsgerechten Konzeptionierung des optisch georteten Ultraschallmesssystems. Die definierte Systemarchitektur besteht aus vier Hauptkomponenten: einem Phased-Array-Ultraschallmesssystem (PAUS), einem optischen Ortungssystem (OOS), einer Steuerungselektronik sowie einer Messsoftware zur Aufnahme, Verarbeitung und Analyse der erzeugten Messdaten. Im zweiten Teil des Kapitels wurde der prototypische Aufbau des Messsystems dargelegt. Die Verwendung vorhandener, kommerziell erhältlicher Messsysteme hatte Einschränkungen bezüglich der Messdatenverarbeitung und dem Handling teils proprietärer Dateiformate zur Folge. Da der Fokus der Forschungsarbeit nicht auf der Entwicklung eines PAUS oder eines OOS lag, wurde jedoch dieser Ansatz gewählt. Neuartig sind nicht die einzelnen Messsysteme, sondern die entwickelte Steuerungselektronik zur Echtzeit-Synchronisierung der beiden Messsysteme und vor allem die Messsoftware bestehend aus einem modularen Aufbau mit hardwareabhängigen und hardwareunabhängigen Komponenten.

Gegenstand der in Kapitel 6 dargelegten Arbeiten war der an das zuvor konzeptionierte Messsystem gekoppelte Messprozess verbunden mit einer werkstattgerechten Schadensanalyse.

Der Fokus lag hier auf der Entwicklung von Algorithmen zur Schadensanalyse von CFK-Strukturbauteilen. Ziel war eine für die CFK-Reparatur geeignete Möglichkeit zur Lokalisierung und Quantifizierung von Schäden zu schaffen. Neben einer Darlegung der Anforderungen an den Messprozess und der zur Validierung verwendeten Versuchsbauteile befasste sich der Kern dieses Kapitels mit der modellbasierten Analyse und 3D-Rekonstruktion der Ultraschallmessdaten. Basierend auf einer Modellierung der Schallintensitätsverteilungen wurde ein neuartiger Algorithmus mit einer Segmentierung der Schallintensitäten in Oberflächen-, Defekt- und Rückwandbereiche sowie anschließender Detektion der in diesen Bereichen relevanten Peak-Positionen entwickelt. Unter Hinzunahme der durch das OOS generierten Positionsmessdaten des Ultraschallmesskopfes erfolgte eine 3D-Rekonstruktion der Ultraschallmessdaten resultierend in Punktewolken bezogen auf die 3D-Positionen der durch die Peak-Detektion lokalisierten (Reflexions-) Echos der Oberfläche, der Rückwand und möglicher Defekte. Zum Abschluss erfolgte in Kapitel 6 eine Funktionsprüfung des entwickelten Messsystems und Messprozesses anhand einer qualitativen Auswertung von Ultraschallmessungen an geschädigten Impactplatten in Abhängigkeit der Einflussgrößen der Impactenergie, des Lagenaufbaus und ausgewählten Einstellfaktoren der Auswertesoftware.

Jedes Messergebnis ist mit einer Unsicherheit behaftet und die Kenntnis über diese ist ein elementarer Bestandteil zur Qualifizierung eines Messprozesses für den Werkstatteinsatz und somit ein notwendiger Erkenntnisgewinn für die Beantwortung der Hauptforschungsfrage. Deshalb befasste sich das Kapitel 7 mit der Analyse der Unsicherheitsbeiträge des optisch georteten Ultraschallmessprozesses. Unter Verwendung der quantifizierten Unsicherheitsbeiträge als zu reduzierende Zielgrößen wurden zudem Optimierungsmaßnahmen seitens der hardware- und softwareseitigen Einflussfaktoren aufgezeigt und zuletzt eine neuartige Methode zur Ausrichtungs-Optimierung der 3D-rekonstruierten Ultraschallmessdaten entwickelt. Zu Beginn des Kapitels wurden die relevanten Einflussfaktoren auf den Messprozess ermittelt und klassifiziert sowie geeignete Teilprozesse und -systeme definiert. Anschließend wurde mittels vier voneinander unabhängigen Versuchsdesigns die Unsicherheitsbeiträge der in diesen Teilsystemen betrachteten Einflussfaktoren quantifiziert.

Zunächst wurden die Einflussfaktoren des OOS ermittelt. Hierzu wurde ein OOS-Target mit dem Messkopf eines Koordinatenmessgeräts (KMG) verbunden, um basierend auf einem vollfaktoriellen Versuchsplan die Unsicherheitsbeiträge der OOS-basierten Positionsmessung mittels Referenzmessungen zu erfassen. Für die Einflussfaktoren konnten Grenzbereiche ermittelt werden, an denen sich die Messunsicherheit stark verändert. Wie vermutet zeigten die Ausrichtung des OOS-Targets zur Ebene der Kamera sowie die Position des OOS-Targets im Sichtfeld der Kamera signifikante Einflüsse auf die resultierende Messunsicherheit. Es konnte jedoch gezeigt werden, dass eine gezielte Einschränkung des zulässigen Parameterraums wie z.B. durch eine Einschränkung des Bereichs zulässiger Winkelstellungen zwischen OOS-Target und Kameraebene die Messunsicherheit deutlich reduziert werden kann. Die KMG-Messungen waren mit einem hohen Aufwand verbunden, sodass nur eine begrenzte Anzahl an Einflussfaktoren und Faktorstufen untersucht werden konnte. Für künftige Referenzmessungen zur Validierung des OOS ist der Einsatz eines Tracking-Interferometers zu empfehlen, mit welchem sich in kürzerer Zeit ein umfangreicherer Versuchsplan realisieren ließe.

Nach Betrachtung des OOS wurde die Systemkomponente des PAUS und insbesondere die Einflüsse der PAUS-Einstellfaktoren auf die Messunsicherheit ermittelt. Hierbei wurde ein zweistufiger Ansatz gewählt. Zunächst wurden die hardware- und geräteseitigen Einflussfaktoren des PAUS mit Hilfe eines speziell dafür konzeptioniertem Tauchtechnik-Versuchsstands ermittelt, um im zweiten Schritt die softwareseitigen Einflussfaktoren des in Kapitel 6 entwickelten optisch georteten Messprozesses zu analysieren. Die subtilen Einflüsse der hardwareseitigen Einstellparameter des Phased-Array-Ultraschallmesssystems werden im handgeführten Messprozess durch die ungleichmäßige Schalleinkopplung sowie das unregelmäßige Geschwindigkeitsverhalten des Messkopfes verdeckt. Als Lösungsansatz wurde daher in dieser Forschungsarbeit ein Tauchtechnik-Versuchsaufbau mit einer gleichförmigen und wiederholbaren Messkopfführung durch ein Linearachssystem mit Schrittmotor verwendet. Zudem wurde eine Komponente der Messsoftware zur Aufnahme und bildbasierten Verarbeitung der Ultraschallmessdaten entwickelt. Nach einer faktorspezifischen Signifikanzbewertung wurde experimentell die Messunsicherheit in Abhängigkeit der hardwareseitigen Einstellfaktoren des PAUS ermittelt. Die Experimente wurden auf Basis eines vollfaktoriellen Versuchsplans und einer kalibrierten Bohrungsplatte für die Messgrößen des Durchmessers und der Restwanddicke durchgeführt. Einen signifikanten Einfluss auf die Messunsicherheit zeigten die Einstellfaktoren der Elementanzahl je Schallbündel, die Fokuseinstellung des Schallbündels und bzgl. der Messgröße des Durchmessers die Wahl Ausgleichverfahrens.

Auf Basis der mit dem Tauchtechnik-Versuchsaufbau identifizierten, geräteseitigen Einstellfaktoren konnte im Folgenden der Messprozess der werkstattgerechten Schadensanalyse und insbesondere die damit verbundenen softwareseitigen Schwellwerte und Einstellfaktoren analysiert werden. Besonders relevant bezogen auf die verwendeten Musterbauteile zeigten sich hier die Schwellwerte der Peak-Detektion sowie die Schwellwerte bezüglich der Anzahl und der zulässige Maximal-Abstand der Punkte im Prozess der Clusterbildung. Bezüglich der Messgrößen der Durchmesser und der Position der Durchmesser-Mittelpunkte wurde hier ebenfalls ein vollfaktorieller Versuchsplan durchgeführt mit dem Ziel einer iterativen Optimierung der Einstellungen. Die in Anlehnung an die Messunsicherheitsbestimmung nach VDA 5 ermittelten parameterabhängigen Messunsicherheiten für die Durchmesser lagen im Bereich der mit dem Tauchtechnik-Prüfstand ermittelten Größenordnung, auch wenn die Prozesse aufgrund von Unterschieden in der Messkopfführung, der Schalleinkopplung und der Messdatenauswertung nur bedingt zu vergleichen sind. Es ist zudem anzumerken, dass zwar die Einflüsse der Einstellparameter der Peak-Detektion, nicht jedoch die Einflüsse der funktionalen Grundsätze des Algorithmus wie beispielsweise die Anwendung der Segmentierung und der dB-Drop-Methode analysiert wurde. Diese Analyse könnte ein Ausgangspunkt künftiger Forschungsvorhaben sein (vgl. 8.3). Zudem wurden die Algorithmen auf Basis von Referenzmessungen an kalibrierten Musterbauteilen und nicht an real geschädigten Bauteilen durchgeführt. Eine Ursache hierfür war die fehlende Möglichkeit, die Geometrie der Impactschäden mit einem alternativen Messsystem zu messen, dessen Unsicherheit um mindestens eine Größenordnung geringer ist als die des Ultraschallmesssystems. Optische Messungen in Schliffbildern sowie taktile Messungen an lagenweise abgetragenen Impactplatten stellten sich auf Basis der Erkenntnisse einiger Vorversuchen als nicht zielführend heraus.

Bezüglich der Messunsicherheitsbestimmung konnte ein systematischer Fehler identifiziert werden. Dieser beruht auf dem fehleranfälligen Prozess zur Markierung der virtuellen Marker am PAUS-Messkopf und konnte in Teilen kompensiert werden. Für künftige Untersuchungen sollte jedoch die Markierung der virtuellen Marker nicht mehr durch Antasten, sondern im Idealfall durch eine optische oder mit einem KMG durchgeführte taktile Erfassung der Positionen der virtuellen Marker relativ zur Geometrie des OOS-Target und des PAUS-Messkopfes erfolgen. Ein weiterer identifizierter zufälliger Fehler basierte auf der unzureichenden Fertigungsqualität der für die Drei-Punkt-Antastung verwendeten Referenz-Bohrungen, welcher nicht kompensiert werden konnte und damit die ermittelten Unsicherheitsbeiträge negativ beeinflusst. Diese Erkenntnis bildete jedoch den Ausgangspunkt für die im Anschluss und in Abschnitt 7.5 entwickelte, neuartige Optimierungsmethode.

Die Optimierungsmethode beruhte auf der Idee, die Defizite der Drei-Punkt-Antastung durch die Hinzunahme von Oberflächenmessdaten zu kompensieren. Da zur Qualitätssicherung der Bauteiloberfläche und zur Fertigung der Patches in der CFK-Reparatur mit einem optischen Messsystem Daten der Bauteiloberfläche generiert werden, können diese genutzt werden, um die Ausrichtung der Ultraschallpunktewolken und somit auch der zu ermittelten Schadensgeometrien zu optimieren. Für die Optimierung wurde auf Iterative Closest Point (ICP)-Algorithmen zurückgegriffen mit denen zum einen die Ultraschall- zu den optisch gemessenen Geometriedaten als auch die taktil erfassten Positionen der Antastmarker zu den Referenz-Bohrungen iterativ ausgerichtet wurden. Die Hypothese, dass die Daten der Bauteiloberfläche zur Ausrichtungsoptimierung der Ultraschallmessdaten verwendet werden können, wurde anhand eines Versuchsdesign mit ein Demonstratorbauteil und einer anschließenden Messunsicherheitsbestimmung nach VDA 5 bestätigt. Durch beide Anwendungen der ICP-Algorithmen konnten die Messunsicherheitsbeiträge der Positionserfassung deutlich reduziert werden. Lediglich in Richtung einer Koordinatenachse konnte keine Verbesserung erzielt werden, welches mit der Geometrie des Demonstratorbauteils zusammenhängt und dessen Untersuchung ebenfalls Gegenstand künftiger Forschungsarbeiten sein könnte (vgl. 8.2)

8.2 Kritische Reflexion des Forschungsdesigns

Der Forschungsprozess orientierte sich am Forschungsdesign des Design Science Research (DSR). So wurde in Kapitel 2 zunächst der Anwendungszusammenhang der CFK-Reparatur und im Anschluss in Kapitel 3 die vorhandene Wissensbasis bzgl. Messtechnologien zur Schadenserkennung in CFK und Verfahren zur Messunsicherheitsbestimmung dargelegt. Kapitel 4 begann mit einer Darlegung der Kernelemente des DSR und dem Bezug dieser zu den Inhalten dieses Forschungsvorhabens. Im Fokus liegt jedoch das DSR-Element des Design-Zyklus, bestehend aus einer iterativen Generierung und Validierung von Artefakten und Forschungsinhalten. Die Generierung der Forschungsergebnisse im Sinne des DSR-Design-Zyklus kann bezogen auf dieses Forschungsvorhaben als geeignet bewertet werden. Als Begründung diene die Darstellung der DSR-Zyklen (vgl. 4, S. 31) in der folgenden Abbildung 8-1 sowie die folgende Erläuterung.

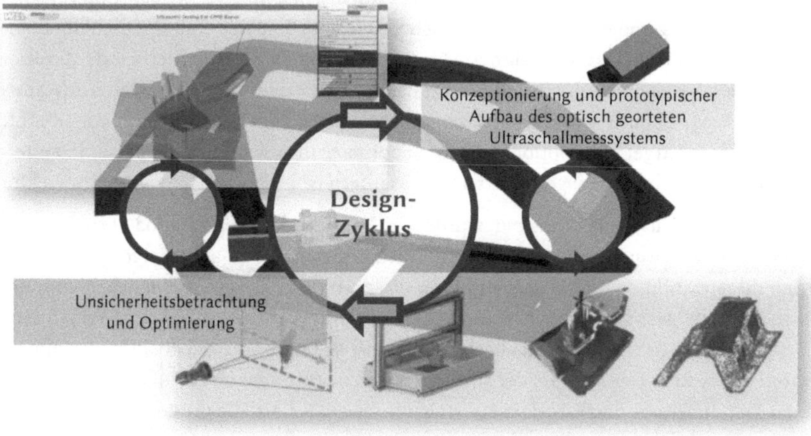

Abbildung 8-1: Angewandte Forschungsmethodik des Design Science Research (DSR)

Die Arbeiten der Konzeptionierung wurden primär in Kapitel 5 (bezüglich der Systemarchitektur und des prototypischen Aufbaus) und in Kapitel 6 (bezüglich des Messprozesses und der Algorithmik) dargelegt. Die Validierung wurde hingegen primär anhand der vier Versuchsdesigns in Kapitel 7 dargelegt. Die Validierung begann jedoch nicht nach der Konzeptionierung; vielmehr erfolgte der Forschungsprozess iterativ, welches durch zahlreiche Querverweise zwischen Validierung und Konzeptionierung verdeutlicht wurde. Die Entwicklung der Optimierungsmethode in Abschnitt 7.5 resultierte beispielsweise unmittelbar aus einem erkannten Defizit der Unsicherheitsbestimmung in Abschnitt 7.4, welche den in Kapitel 6 entwickelten Messprozess validierte. Aus diesen Gründen passte insbesondere der DSR-Leitgedanke des iterativen Erschaffens und Validierens besonders zu diesem Forschungsvorhaben.

8.3 Ausblick auf künftige Fragestellungen

Ziel eines Forschungsvorhabens ist die Beantwortung der Forschungsfrage. Wie in diesem Forschungsvorhaben gezeigt, kann dies durch eine Aufteilung dieser (Haupt-) Forschungsfrage in forschungsleitende Teil-Forschungsfragen geschehen, welche sequenziell, oder auch iterativ, zu behandeln sind. Die Beantwortung der Hauptforschungsfrage resultiert aus dem kumulativen Erkenntnisgewinn durch die Beantwortung der Teilforschungsfragen. Der Forschungsprozess zur Beantwortung der Forschungsfrage sowie die kritische Reflexion desgleichen können jedoch gleichzeitig Auslöser für neue Forschungsfragen sein. Diese Forschungsfragen sind insbesondere für anschließende Forschungsvorhaben mit einem spezifischen heuristischen Bezugsrahmen relevant. Im Folgenden werden mögliche, künftige Forschungsfragen aufgezeigt, die aus der Rekapitulation des Forschungsprozesses behandelt werden könnten. Die tatsächliche Forschungsrelevanz und der Stand der Technik im Anwendungsumfeld der Forschungsfragen sind jedoch gesondert zu prüfen.

Das optische Ortungssystems (OOS) wurde in diesem Forschungsvorhaben unter Verwendung einer Kamera und einem Target betrachtet, welches fest mit dem Ultraschallmesskopf verbunden war. Interessant wäre eine Analyse, inwiefern sich die Unsicherheit der Positionserfassung des Messkopfes durch eine Hinzunahme einer oder mehrerer weiterer Kameras reduzieren lässt. Ebenso wäre eine Neuanordnung und/oder Hinzunahme weiterer LED-Marker auf dem Target eine Option zur Systemoptimierung. Neuartige Targets mit weiteren, an verschiedenen Ebenen ausgerichteten LED-Markern befinden sich derzeit in Entwicklung.

Hinsichtlich der Ultraschallmessung wurde der Einfluss des CFK-Laminataufbaus auf die Schadensgeometrie und die Messunsicherheit lediglich qualitativ aufgezeigt. Eine Quantifizierung dieser Einflüsse und eine Integration dieser in die Messunsicherheitsberechnung ist ausstehend. Zur Messdatenanalyse wurde ein Algorithmus basierend auf der Segmentierung der Schallintensitätsverteilung mit anschließender Peak-Detektion und Peak-Bewertung nach dB-Drop entwickelt. Der Einfluss der softwareseitigen Einstellfaktoren auf die Messunsicherheit der Durchmesser- und Positionsmessung wurde analysiert, die grundlegende Funktionsweise des Algorithmus jedoch nicht weiter analysiert. Hier gilt es, verschiedene Detektions-Algorithmen miteinander hinsichtlich der erzielbaren Messunsicherheiten bezogen auf die Messgrößen der Dicke, der Durchmesser und der Position zu vergleichen. Zur Fehlergrößenbestimmung nach dB-Drop existieren Verfahren wie z.B. das bei der manuellen Ultraschallprüfung angewandte AVG-Verfahren, mit welchem je nach Schaden und Lagen ggf. bessere Ergebnisse erzielt werden. Defizite zeigt die Segmentierungs-Algorithmik bei stark schwankenden Materialdicken. Relevant wäre hier die Entwicklung eines Algorithmus, der für Bauteile mit verschiedensten Materialdicken und fließenden Dickenveränderungen geeignet ist, indem beispielsweise die unmittelbare Umgebung eines detektierten Defekt-Reflektors mit in die Bewertung des Defekts und der Segmentierung einbezogen wird.

Optimierungsbedarf liefert zudem die Definition des Bauteilkoordinatensystems mittels Drei-Punkt-Antastung. Mit Hilfe der entwickelten Methodik und Nutzung von Geometriedaten konnte eine fehlerhafte Drei-Punkt-Antastung zwar kompensiert werden, der Grad der Reduktion zeigte jedoch eine Abhängigkeit der gemessenen Bereiche und der Bauteilgeometrie. Es gilt, zum einen die entwickelte Methodik für weitere Geometrien zu prüfen und zum anderen das Ziel zu verfolgen neben den Informationen zur Oberfläche und zu möglichen Defekten weitere relevante Informationen aus den 3D-rekonstruierten Ultraschallmessdaten zu gewinnen, die die Unsicherheit der Defektlokalisierung reduzieren könnten. Zudem ist die Optimierungsmethode ohne Vorgabe einer ROI für den Defektbereich zu erproben.

Eine technologieübergreifende Herausforderung bei der Messung von CFK-Schäden ist die Verfügbarkeit eines Referenzsystems mit hinreichend bekannter Messunsicherheit. In Vorarbeiten führte die taktile und optische Quantifizierung der Schadensgeometrie auf Basis von Schliffbildern oder geschäfteten Impactplatten nicht zu dem gewünschten Erfolg. Zur Validierung der optisch georteten Ultraschallmessung wurde in den vier Versuchsständen in Kapitel 7 daher stets auf kalibrierte Musterbauteile mit künstlichen Fehlstellen zurückgegriffen.

Zuletzt bleibt die Notwendigkeit der Erprobung des entwickelten optisch georteten Ultraschallmesssystems in der „realen“ Umgebung einer CFK-Werkstatt. Dieses führt zu Fragen der direkten Integration der von Messfehlern zu bereinigenden Schadensinformationen in die

FEM-basierte Schadensbewertung sowie zur automatisierten Bereitstellung von Mess- und Reparaturanweisungen kombiniert mit einem bedienerfreundlichen Handling von Messhardware und -software.

VI Literaturverzeichnis

List of references

[AGRA14] Agrawal, S.; Singh, K. K.; Sarkar, P. K.: Impact damage on fibre-reinforced polymer matrix composite. A review. In: Journal of Composite Materials. 48. Jg., 2014, Nr. 3, S. 317–332

[AHLE16] Ahlers, M.: Carbon Core. Die neue BMW 7er-Karosserie. In: Tecklenburg, G. (Hrsg.): Karosseriebautage Hamburg 2016. (Reihe: Proceedings. Aufl. Wiesbaden: Springer Fachmedien Wiesbaden, 2016, S. 125–135

[AKEN05] van Aken, J. E.: Management Research as a Design Science: Articulating the Research Products of Mode 2 Knowledge Production in Management. In: British Journal of Management. 16. Jg., 2005, Nr. 1, S. 19–36

[AKTI19] aktiv-online: Carbon: So macht die Faser Autos, Flugzeuge und Maschinen leichter. URL: https://www.aktiv-online.de/news/carbon-so-macht-die-faser-autos-flugzeuge-und-maschinen-leichter-3519 [Stand: 15.05.2021]

[ANDR13] Andrade Silva, B. de; Saldanha Motta, M.; Oliveira, J. de: Development of a Methodology to Determine Thickness Measurement Uncertainties by Ultrasonic Test in Aerospace Parts. In: Materials Science Forum. 758. Jg., 2013, S. 89–97

[ARHA19] Arhamnamazi, S. A.; Arab, N.; Oskouei, A.; Aymerich, F.: Accuracy Assessment of Ultrasonic C-scan and X-ray Radiography Methods for Impact Damage Detection in Glass Fiber Reinforced Polyester Composites. In: Journal of Applied and Computational Mechanics. 5. Jg., 2019, Nr. 2, S. 258–268

[BEAU19] Beausoleil, A.; Walter, J.; Morrow, F.; Charlebois, A.; Giguere, D.: Dynamic tracking of phased-array probe and 3D C-scan reconstruction for in-service inspection of CFRP aircrafts components. In: 2019

[BEIN10] Beine, C.; Boller, C.; Netzelmann, U.; Porsch, F.; Venkat, R.; Schulze, M.; Bulavinov, A.; Heuer, H.: NDT for CFRP Aeronautical Components. A Comparative Study. In: 2nd International Symposium on NDT in Aerospace, 2010

[BENZ02] Benz, M.: Ultraschall zur Erfassung innerer Freiformgeometrien auf Werkzeugmaschinen. Diss. RWTH Aachen, 2002

[BMWI21] Bundesministerium für Wirtschaft und Energie: Schlüsseltechnologien - Leichtbau. URL: https://www.bmwi.de/Redaktion/DE/Dossier/leichtbau.html [Stand: 09.05.2021]

[BOEI17] Boeing Inc.: Damage Tolerance and the Composite Airframe, 2017. Firmenschrift.

[BOYC14] Boychuk, A. S.; Generalov, A. S.; Stepanov, A. V.: CFRP Structural Health Monitoring by Ultrasonic Phased Array Technique. In: 7th European Workshop on Structural Health Monitoring, 2014

[BUND21] Die Bundesregierung: Ziele der Bundesregierung - Bis 2030 die Treibhausgase halbieren. URL: https://www.bundesregierung.de/breg-de/themen/klimaschutz/klimaziele-und-sektoren-1669268 [Stand: 19.03.2022]

[BUZU04] Buzug, T. M.: Einführung in die Computertomographie. Mathematisch-physikalische Grundlagen der Bildrekonstruktion[). Aufl. Berlin: Springer, 2004

[CARB18] Carbon Composites e. V.: Composites-Marktbericht 2018, 2018. Vereinsbericht.

[CARB19] Carbon Composites e. V.: Composites-Marktbericht 2019. Berlin, 2019. Vereinsbericht.

[CARL18] Carl Zeiss Industrielle Messtechnik GmbH: Zeiss Micura, 2018. Technisches Datenblatt.

[CARL19] Carl Zeiss Industrielle Messtechnik GmbH: Zeiss Prismo, 2019. Technisches Datenblatt.

[COMP20] Composites Germany: Pressemitteilung - Ergebnis der 14. Composites-Markterhebung liegt vor, 2020. Firmenschrift.

[CUNT19] Cuntze, R.: Fachbegriffe für Kompositbauteile. Glossar für Bauwesen und Maschinenbau[). 1. Auflage 2019 Aufl. Wiesbaden: Springer, 2019

[DEUT97] Deutsch, V.; Platte, M.; Vogt, M.: Ultraschallprüfung. Grundlagen und industrielle Anwendungen[). Aufl. Berlin: Springer, 1997

[DIET11a] Dietrich, E.: Überarbeiteter VDA Band 5 - Prüfprozesseignung. Messsyste und Messprozess sind zweierlei. In: QZ. 56. Jg., 2011, Nr. 4, S. 16–20

[DIET11b] Dietrich, E.: Vergleich von MSA und VDA 5. Wo liegen die Unterschiede? In: QZ. 56. Jg., 2011, S. 30–34

[DIET17] Dietrich, E.; Schulze, A.: Eignungsnachweis von Prüfprozessen. Prüfmittelfähigkeit und Messunsicherheit im aktuellen Normenumfeld[). Aufl. Berlin: Hanser, 2017

[DIN13005] Vornorm DIN EN V 13005 (Juni 1999). Leitfaden zur Angabe der Unsicherheit beim Messen

[DIN1319-1] Norm DIN1319-1 (Januar 1995). Grundlagen der Meßtechnik. Teil 1: Grundbegriffe

[DIN15530-3] Norm DIN 15530-3 (September 2018). Geometrische Produktspezifikation und -prüfung (GPS) – Verfahren zur Ermittlung der Messunsicherheit von Koordinatenmessgeräten (KMG). Teil 3: Anwendung von kalibrierten Werkstücken oder Normalen (ISO 15530-3:2011)

[DIN15549] Norm DIN EN ISO 15549 (Oktober 2019). Zerstörungsfreie Prüfung – Wirbelstromprüfung. Allgemeine Grundlagen (ISO 15549:2019)

[DIN16714-1] Norm DIN EN 16714-1 (November 2016). Zerstörungsfreie Prüfung - Thermografische Prüfung. Teil 1: Allgemeine Grundlagen

[DIN60000] Norm DIN 60000 (Januar 1969). Textilien. Grundbegriffe

[DIN61100] Norm DIN 61100 (Januar 1976). Gewebe. Kennzeichende Merkmale

[DIN6603-2] Norm DIN EN ISO 6603-2 (April 2002). Bestimmung des Durchstoßverhaltens von festen Kunststoffen. Teil 2: Instrumentierter Schlagversuch

[DIN9001] Norm DIN EN ISO 9001 (November 2015). Qualitätsmanagementsysteme. Anforderungen

[DULA06] 2 425 228 A (Oktober 2006). Schutzrecht GB 2 425 228 A (18.10.2006).

[EHRE18] Ehrenstein, G. W.: Faserverbund-Kunststoffe. Werkstoffe - Verarbeitung - Eigenschaften[). 2., vollständig überarbeitete Auflage Aufl. München: Carl Hanser, 2018

[EHRL04] Ehrlich, I.: Impactverhalten schwach gekrümmter Strukturen aus faserverstärkten Kunststoffen. Diss. Universität der Bundeswehr München, 2004

[FOXL02] Foxlin, E.: Motion Tracking Requirements and Technologies. In: Handbook of Virtual Environment Technology. 1. Jg., 2002

[FÜRT16] Fürtjes, T.: Echtzeitfähige Machine-Vision-Systeme zur Qualitätssicherung im Faserverbundleichtbau. Diss. RWTH Aachen, 2016

[GEE03] Gee, A.; Prager, R.: Engineering a freehand 3D ultrasound system. In: Pattern Recognition Letters. 24. Jg., 2003, S. 757–777

[GHOL16] Gholizadeh, S.: A review of non-destructive testing methods of composite materials. In: Procedia Structural Integrity. 1. Jg., 2016, S. 50–57

[GLIR15] Glira, P.; Pfeifer, N.; Briese, C.; Ressl, C.: A Correspondence Framework for ALS Strip Adjustments based on Variants of the ICP Algorithm. In: Photogrammetrie - Fernerkundung - Geoinformation. 2015. Jg., 2015, Nr. 4, S. 275–289

[GREL11] Grellmann, W.; Seidler, S.; Altstädt, V.; Radusch, H.-J. (Hrsg.)Kunststoffprüfung. []. 2. Aufl. Aufl. München: Hanser, 2011

[GUO19] Guo, C.; Xu, C.; Hao, J.; Xiao, D.; Yang, W.: Ultrasonic Non-Destructive Testing System of Semi-Enclosed Workpiece with Dual-Robot Testing System. In: Sensors (Basel, Switzerland). 19. Jg., 2019, Nr. 15, S. 1–17

[HAFN08] Hafner, P.: Ultraschalltomographie zur Inline-Werkstoffprüfung auf Fräsmaschinen. Diss. RWTH Aachen, 2008

[HEVN04] Hevner, A. R.; March, S.; Park, J.; Ram, S.: Design Science in Information Systems Research. In: MIS Quarterly. 28. Jg., 2004, Nr. 1, S. 75–105

[HEVN07] Hevner, A.: A Three Cycle View of Design Science Research. In: Scandinavian Journal of Information Systems. 19. Jg., 2007, Nr. 2, S. 87–92

[HOPM16] Hopmann, C.; Bergmann, N.; Wagner, P.; Böttcher, A.: Entwicklung eines innovativen Reparaturkonzepts für Automobile in CFK-Bauweise. In: ATZ - Automobiltechnische Zeitschrift. 118. Jg., 2016, S. 54–59

[HOPM17] Hopmann, C.; Schneider, D.: "Faserverstärkte Kunststoffe", 2017. Vorlesungsschrift.

[ISEL19a] Isel Germany AG: Lineareinheiten mit Zahnriemenantrieb, 2019. Firmenschrift.

[ISEL19b] Isel Germany AG: High-torque Schrittmotor MS, 2019. Firmenschrift.

[IZFP20] Fraunhofer IZFP: 3D-SmartInspect. Saarbrücken, 2020. Firmenschrift.

[KATU20] Katunin, A.; Wronkowicz-Katunin, A.; Dragan, K.: Impact Damage Evaluation in Composite Structures Based on Fusion of Results of Ultrasonic Testing and X-ray Computed Tomography. In: Sensors (Basel, Switzerland). 20. Jg., 2020, Nr. 7

[KEM17] KEM Automobilkonstruktion: CFK im Automobilbau. Der lange Weg zur Großserie. URL: https://automobilkonstruktion.industrie.de/karosserie-interieur/der-lange-weg-zur-grossserie/ [Stand: 03.06.2021]

[KERS18] Kersemans, M.; Verboven, E.; Segers, S.: Non-Destructive Testing of Composites by Ultrasound, Local Defect Resonance and Thermography. In: Proceedings of the 18th International Conference on Experimental Mechanics, 2018

[KOCH11] Kochan, A.: Untersuchungen zur zerstörungsfreien Prüfung von CFK-Bauteilen für die fertigungsbegleitende Qualitätssicherung im Automobilbau. Diss. Technische Universität Dresden, 2011

[KÖPF12] Köpfle, A.: Ein modulares optisches Trackingsystem für medizintechnische Anwendungen: integrierte Datenflussarchitektur in Hard- und Software und Applikationsframework. Diss, 2012

[KOSS18] Kosse, P.: Modellierung der Messunsicherheit der dreidimensionalen Erfassung von Faserverbundkunststoff-Preforms. Diss. RWTH Aachen, 2018

[KÖTH18] Köth, C.-P.; Scheiner, J.: Leichtbau-Gipfel 2018. "Leichtbau ist in der E-Mobilität noch viel dringender". URL: https://www.automobil-industrie.vogel.de/leichtbau-ist-in-der-e-mobilitaet-noch-viel-dringender-a-701766/ [Stand: 09.05.2021]

[KRAF14] Kraftfahrzeugtechnisches Institut und Karosseriewerkstätte: BMW i3, 2014. Firmenschrift.

[LOPE18] Lopez, B.: Camera Encoded Phased Array for Semi-Automated Inspection of Complex Composite Components. In: Proceedings of Nondestrucitve Evaluation of Aerospace Materials and Structures, 2018

[MATE13] Materials Today Reinforced Plastics: Lamborghini's 'flying doctors' take care of carbon fibre repair. URL: https://www.materialstoday.com/composite-applications/news/lamborghinis-flying-doctors-take-care-of-carbon/ [Stand: 09.05.2021]

[MEOL15] Meola, C.; Boccardi, S.; Carlomagno, G. M.; Boffa, N. D.; Monaco, E.; Ricci, F.: Nondestructive evaluation of carbon fibre reinforced composites with infrared thermography and ultrasonics. In: Composite Structures. 134. Jg., 2015, S. 845–853

[MERS12] Mersmann, C.: Industrialisierende Machine-Vision-Integration im Faserverbundleichtbau. Diss. RWTH Aachen, 2012

[MOSE92] Moser, K.: Faser-Kunststoff-Verbund. Entwurfs- und Berechnungsgrundlagen[). Aufl. Düsseldorf: VDI-Verlag, 1992

[MSA10] Richtlinie Chrysler Group LLC, Ford Motor Company, General Motors Corp. (2010). Measurement systems analysis. Reference Manual 4th Edition

[NDIM21] NDI Medical: Polaris Vega ST. Firmenschrift. URL: https://www.ndigital.com/products/polaris-vega/polaris-vega-st/ [Stand: 09.05.2021]

[NEXO20] Nexonar by soft2tec GmbH: Produkte & Anwendungen, 2020. Firmenschrift.

[OJED18] Ojeda, F.: Wireless 3D localization applied to the manual ultrasonic inspection of complex-geometry composite components. In: Proceedings of the 12th European of the 12thEuropean Conference on Non-

Destructive Testing European. 12. Jg., 11.06.2018. Gothenburg, Schweden: Sweden MEETX AB(Veranst.)

[OLIV20] Oliveira, B. C. de; Nienheysen, P.; Baldo, C. R.; Albertazzi Goncalves Jr., A.; Schmitt, R. H.: Improved impact damage characterisation in CFRP samples using the fusion of optical lock-in thermography and optical square-pulse shearography images. In: NDT&E International. 111. Jg., 2020

[OLYM13] Olympus NDT: Probe Test Data Sheet, 2013. Prüfbericht.

[OLYM14a] Olympus NDT Inc.: Phased-Array-Prüfung. Grundlagen für industrielle Anwendungen. Firmenschrift. In: 2014

[OLYM14b] Olympus NDT Inc.: Phased Array CFRP Inspection, 2014. Firmenschrift.

[OLYM21] Olympus: OmniScan MX2. Firmenschrift. URL: https://www.olympus-ims.com/de/omniscan-mx2/ [Stand: 14.05.2021]

[OSMA10] Osman, A.; Hassler, U.; Rehak, M.; Hanke, R.; Kaftandjian, V.: Steps toward automated 3D evaluation of ultrasound data. In: 2nd International Symposium on NDT in Aerospace 2010, 2010

[OSMA13] Osman, A.: Automated Evaluation of Three Dimensional Ultrasonic Datasets. Diss. Universität Erlangen-Nürnberg, 2013

[OSTE12] Oster, R.: Herausforderungen an die ZfP bei Ihrer Anwendung an Faserverbundbauteilen. In: DACH-Jahrestagung, 2012, S. 1–13

[PETE12] Peterer: Schadensidentifikation und -bewertung von CFK-Bauteilen mittels phasenmodulierter Thermographie. Diss. Technische Universität München, 2012

[PICK14] Schutzrecht DE 10 2013 009 127-A1 (Februar 2014). Pick, C. et al.: Messsystem und Verfahren zur Materialdickenmessung

[POLI10] Polimeno, U.; Meo, M.; Almond, D. P.; Angioni, S. L.: Detecting Low Velocity Impact Damage in Composite Plate Using Nonlinear Acoustic/Ultrasound Methods. In: Applied Composite Materials. 17. Jg., 2010, Nr. 5, S. 481–488

[SADE19] Sadeghi, M.; Nienheysen, P.; Arslan, S.; Dafnis, A.; Marció, B.; Schmitt, R. H.; Schröder, K. U.: Damage detection by double-sided ultrasonic assessment in low-velocity impacted CFRP plates. In: Composite Structures. 208. Jg., 2019, S. 646–655

[SAFR14] Safri, S. N. A.; Sultan, M. T. H.; Yidris, N.; Mustapha, F.: Low Velocity and High Velocity Impact Test on Composite Materials. A review. In: The International Journal Of Engineering And Science (IJES). 3. Jg., 2014, Nr. 9, S. 50–60

[SAIN11] Schutzrecht WO 2011/138741 A1 (November 2011). Saint-Pierre, E.; Hebert, P.; Mony, C.: Object Inspection with referenced volumetric analysis sensor

[SANT18] Santos, F.; Villanueva, J.; Gouveia, R.; Silva, J.: Method of Monte Carlo simulation for the analysis of uncertainty for ultrasonic time-of-flight. In: Journal of Physics: Conference Series. 1044. Jg., 2018, S. 1–6

[SCHÄ10] Schäle, D.; Deutsch, W.: Genauigkeit der Wanddickenmessung: Verbesserte Messtechnik und Grenzen in der Praxis. In: DGZfP-Jahrestagung 2010, 2010, S. 1–4

[SCHM12] Schmidt, A. P.: Dissertation Alexandra P. Schmidt. Diss. Universität Stuttgart, 2012

[SCHM18] Schmitt, R. H.; Ekanayake, S.; Nienheysen, P.: Digitale Reise ins kohlenstofffaserverstärkte Innere. Multisensorbasierte Schadenserfassung im CFK-Reparaturprozess. In: Kunststoffe. 2. Jg., 2018, S. 27–30

[SCHM19a] Schmitt, R. H.; Nienheysen, P.; Lehmann, N.; Jahangir, H.; Peterek, M.; Neuenhahn, T.: Digitalized Ultrasonic Inspection By Optical Tracking. In: 2019 IEEE/SICE International Symposium on System Integration (SII). Aufl.: IEEE, 12019, S. 566–571

[SCHÜ07] Schürmann, H.: Konstruieren mit Faser-Kunststoff-Verbunden[Reihe: VDI-Buch). 2., bearbeitete und erweiterte Auflage Aufl. Berlin, Heidelberg: Springer-Verlag, 2007

[SGLC19] SGL Carbon: SGL Carbon fertigt Prototypen für vollintegrierte Composite-Batteriegehäuse für NIOs Advanced Technology. URL: https://www.sglcarbon.com/unternehmen/presse/presseinformationen/pressemeldung/nio-batteriekasten/ [Stand: 14.05.2021]

[SHEN11] Shen, Q.; Omar, M.; Dongri, S.: Ultrasonic NDE Techniques for Impact Damage Inspection on CFRP Laminates. In: Journal of Materials Science Research. 1. Jg., 2011, Nr. 1, S. 1–16

[SONA16] Sonatest: WheelProbe2, 2016

[TECN18] Tecnatom NDT: WiiPA Wireless Positioning Inspection System. Madrid, Span-ien, 2018. Firmenschrift.

[TJAD15] Tjaden, H.; Schwanecke, U.; Stein, F.; Schömer, E.: High-Speed and Robust Monocular Tracking. In: Proceedings of the 10th International Conference on Computer Vision Theory and Applications. Aufl.: SCITEPRESS - Science and and Technology Publications, 11.03.2015 - 14.03.2015, S. 462–471

[TÖPF09] Töpfer, A.: Erfolgreich Forschen. Ein Leitfaden für Bachelor-, Master-Studierende und Doktoranden[Reihe: Springer-Lehrbuch). Aufl. Berlin: Springer, 2009

[UMWE22] Umweltbundesamt: Treibhausgasminderungsziele Deutschlands. URL: https://www.umweltbundesamt.de/daten/klima/treibhausgas-minderungsziele-deutschlands [Stand: 19.03.2022]

[USDE10] U.S. Department of Transportation Federal Aviation Administration: Composite Aircraft Structure. USA, 2010. Firmenschrift.

[VDA10] Richtlinie VDA Band 5 (September 2010). Qualitätsmanagement in der Automobilindustrie. Prüfprozesseignung

[VDI2600a] Richtlinie VDI/VDE 2600 Blatt 1 (Oktober 2013). Prüfprozessmanagement. Identifizierung, Klassifizierung und Eignungsnachweise von Prüfprozessen

[VDI2600b] Richtlinie VDI/VDE 2600 Blatt 2 (Mai 2021). Prüfprozessmanagement. Ermittlung der Messunsicherheit komplexer Prüfprozesse - Entwurf

[WÖST05] Wöste, S.: Impactuntersuchungen an Streifenprüflingen aus Faserverbundkunststoffen. Diss. RWTH Aachen, 2005

[WRON19] Wronkowicz-Katunin, A.; Katunin, A.; Dragan, K.: Reconstruction of Barely Visible Impact Damage in Composite Structures Based on Non-Destructive Evaluation Results. In: Sensors. 19. Jg., 2019, Nr. 21, S. 1–24

VII Eigene Publikationen

Publications of the author

[LOSC16] Losch, D.; Ekanayake, S.; Nienheysen, P.; Bethlehem-Eichler, K.; Schmitz, R.; Bier, S.; Rossmann, J.: An Industry 4.0-based repair concept for structural CFRP components in the automotive sector. In: 2016 2nd IEEE International Symposium on Robotics and Manufacturing Automation (ROMA). Inspec-Nr: 16657736, S. 1-6.

[OLIV20] Oliveira, B. C. de; Nienheysen, P.; Baldo, C. R.; Albertazzi Goncalves Jr., A.; Schmitt, R. H.: Improved impact damage characterisation in CFRP samples using the fusion of optical lock-in thermography and optical square-pulse shearography images. In: NDT&E International. 111. Jg., 2020

[SADE19] Sadeghi, M.; Nienheysen, P.; Arslan, S.; Dafnis, A.; Marció, B.; Schmitt, R. H.; Schröder, K. U.: Damage detection by double-sided ultrasonic assessment in low-velocity impacted CFRP plates. In: Composite Structures. 208. Jg., 2019, S. 646–655

[SCHM18] Schmitt, R. H.; Ekanayake, S.; Nienheysen, P.: Digitale Reise ins kohlenstofffaserverstärkte Innere. Multisensorbasierte Schadenserfassung im CFK-Reparaturprozess. In: Kunststoffe. 2. Jg., 2018, S. 27–30

[SCHM19a] Schmitt, R. H.; Nienheysen, P.; Lehmann, N.; Jahangir, H.; Peterek, M.; Neuenhahn, T.: Digitalized Ultrasonic Inspection By Optical Tracking. In: 2019 IEEE/SICE International Symposium on System Integration (SII). Aufl.: IEEE, 12019, S. 566–571

[SCHM19b] Schmitt, R. H.; Lehmann, N.; Nienheysen, P.: Qualifizierung einer digitalisierten Ultraschallprüfprozesskette. In: tm - Technisches Messen. 86. Jg., 2019, Nr. 9, S. 509–521

[SILV19] Silva Marció, B.; Nienheysen, P.; Habor, T.; Flesch, R. C. C.: Quality assessment and deviation analysis of three-dimensional geometrical characterization of a metal pipeline by pulse-echo ultrasonic and laser scanning techniques. In: Measurement: Journal of the International Measurement Confederation (IMEKO). 145. Jg., 2019, S. 30–37

VIII Betreute studentische Arbeiten

Student theses supervised by the author

In die Erstellung dieses Forschungsvorhabens sind Inhalte der folgenden von mir betreuten studentischen Arbeiten eingeflossen:

Blanke, P.: Qualifizierung eines werkstattgerechten Ultraschallprüfsystems zur Erfassung von Impactschäden in CFK-Bauteilen, 2020.

Jahangir, H.: Ultrasound-based Quantification and Localization of Defects by Sensor Data Fusion, 2017.

Kaljavesi, G.: Fusion von Geometrie- und Ultraschallmessdaten zur Lokalisierung und Visualisierung von Schäden in CFK-Bauteilen, 2018.

Kaljavesi, G.: Modellbasierte Schadenslokalisierung in CFK-Strukturbauteilen unter Einsatz eines werkstattgerechten Ultraschallmesssystems mit optischer Positionserfassung, 2020.

Ramsel, A.: Qualifizierung eines computergestützten Ultraschallprüfprozesses mit automatisierter Defekterkennung und Evaluierung von Bauteildefekten, 2018.

Statovci, D.: Qualifizierung der Positionsbestimmung eines computergestützten Ultraschallprüfprozesses zur Detektion und Bewertung von Inhomogenitäten in Gussbauteilen, 2019.

Stohrer, L.: Unsicherheitsbetrachtung eines optisch-getrackten Ultraschallmesssystems hinsichtlich der automatisierten Charakterisierung von Schäden in CFK-Strukturbauteilen, 2019.

IX Anhang

Appendix

Tabelle IX-1: Größenverhältnis-Faktor k_G in Abhängigkeit des Längenverhältnisses der kurzen l_k zur langen l_l Seite des Phased-Array-Ultraschallmesskopfes

l_k/l_l	k_G
1,0	1,37
0,9	1,25
0,8	1,15
0,7	1,09

l_k/l_l	k_G
0,6	1,04
0,5	1,01
0,4	1,00
≤ 0,3	0,99

Tabelle IX-2: PAUS-Referenz-Einstellungen für die Versuchsreihe in 7.3

Einstellparameter	Wert
Verstärkung v_0	0 dB
Start (Messbereich)	0,00 mm
Range (Messbereich)	9,60 mm
Vorlauf Vorlaufkeil	0 µs
Schallgeschwindigkeit	3000 m/s
Spannung	40 V
Prüfgeschwindigkeit	160 Hz
Wellenform	Gleichgerichtet
Mitteln	1
Rauschunterdrückung	0%
Schallbündelvorlauf	17,41 µs

Einstellparameter	Wert
Anzahl Punkte	320
Gesamtverstärkung	Auto
Fehlergröße	3-Punkt-TCG
Prüfkopf	5L64-NW1
Vorlaufkeil	SNW1-0L
Koppelmittelfilmdicke	0,5 mm
Offset (Scan)	0,00 mm
Werkstoff	Composite
Erstes, letztes Element	1, 64
Element-Inkrement	1
Offset Verstärkung	0 dB

Tabelle IX-3: Anpassung der TCG-Verstärkungen v_0 und v_{P3} zur Erzielung einer konstanten Rückwandecho-Amplitude A_{RE} in Abhängigkeit der Fokuslänge f, der Anzahl der Elemente der aktiven Apertur n_E und der Oberflächenecho-Amplitude A_{OE} (7.3)

f	n_E	v_0	v_{P3}	A_{OE}	A_{RE}
0,5 mm	4	0,1%	30,0%	76,3%	55,2%
0,5 mm	8	0,0%	30,0%	76,3%	55,2%
0,5 mm	12	1,3%	32,7%	76,3%	55,2%
3,4 mm	4	0,0%	29,9%	76,3%	55,2%
3,4 mm	8	0,6%	27,9%	76,3%	55,2%
3,4 mm	12	2,8%	28,8%	76,3%	55,2%
6,3 mm	4	0,0%	29,9%	77,1%	55,2%
6,3 mm	8	1,0%	26,9%	76,3%	55,2%
6,3 mm	12	5,7%	22,9%	76,3%	55,2%

OLYMPUS

Olympus NDT
60 Decibel Road, Suite 300
State College, PA 16801
USA
Tel.: (1) (814) 689-1390
Fax: (1) (814) 689-1395

PROBE TEST DATA SHEET

Part Number: XAAB-0066

Description: ARRAY, 5L64-64X7-NW1-P-2.5-OM

Serial Number: M1116

Probe Information Summary

Frequency :	5.0 MHz	Housing :	Near Wall
Probe Type :	Linear Array	Cable Jacket :	PVC
Element Count :	64	Cable Length :	2.5 m (8.2 ft)
		Connector Type :	Omniscan

Active Area Dimensions

Length :	64.0 mm (2.52 in)	Matching Medium :	Rexolite
Elevation :	7.0 mm (0.28 in)	Pitch :	1.00 mm (0.039 in)

Probe Conformance Summary

Parameter	Measurement	Specification	Conformance
Average Center Frequency (MHz)	5.18 MHz	+/- 10.0% (band)	Pass
Average -6dB Bandwidth (%)	65 %	>= 60% (typical)	Pass
Overall Vp-p Sensitivity (dB)	1.4 dB	+/- 2.0dB (band)	Pass
Probe Cable Order Checked and Verified			[✓]
Probe Uncoupled Response Checked and Verified			[✓]
Probe Programmable Parameters Checked and Verified			[✓]

Tester Signature ______________ March 29, 2013

Abbildung IX-1: Test-Protokoll des verwendeten Ultraschallmesskopfes (Teil 1)

OLYMPUS

Part Number: XAAB-0066
Description: ARRAY, 5L64-64X7-NW1-P-2.5-OM
Serial Number: M1116

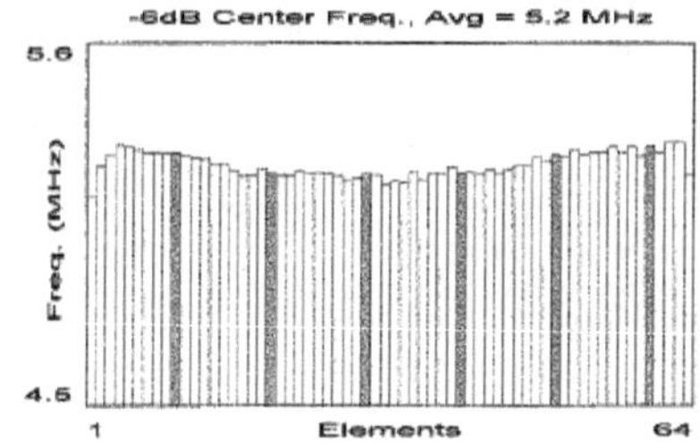

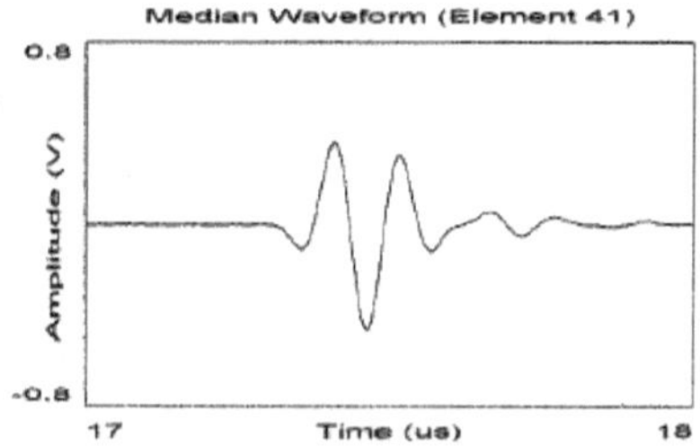

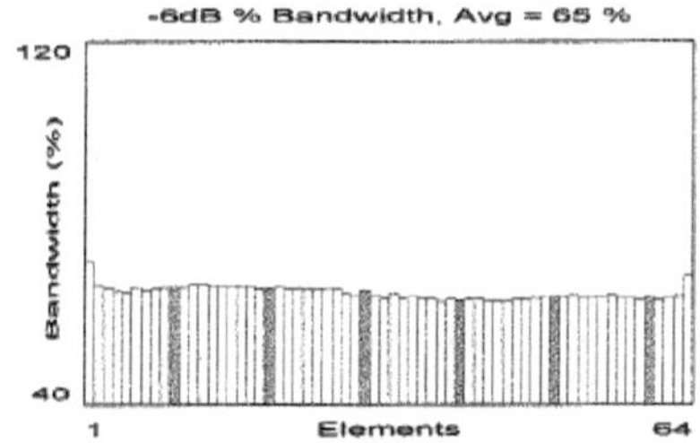

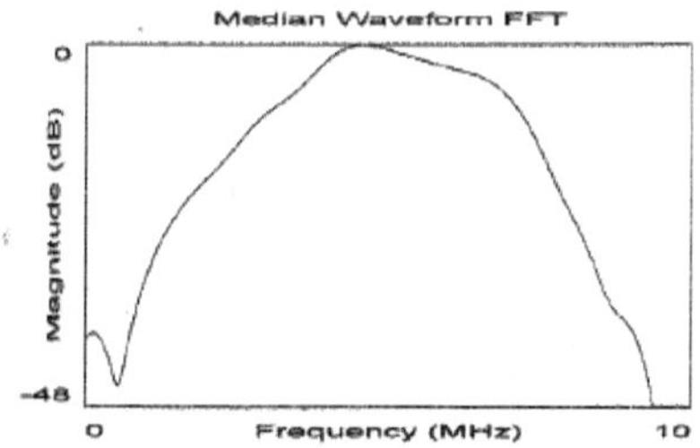

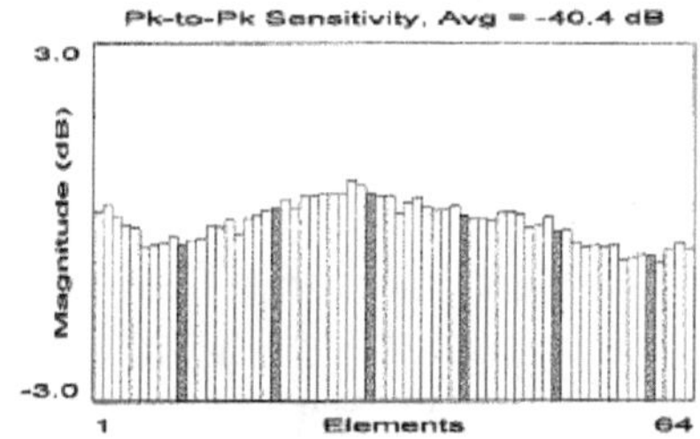

	AVG	MAX	MIN	RANGE
Center Frequency (MHz)	5.18	5.25	5.08	
-6dB Bandwidth (%)	64.7	71.5	62.9	
Vp-p Sensitivity (dB)	-40.4	-39.7	-41.1	1.4
-20dB Pulse Width (ns)	501	600	328	
-40dB Pulse Width (ns)	879	920	840	

Page 2 of 3

Abbildung IX-2: Test-Protokoll des verwendeten Ultraschallmesskopfes (Teil 2)

OLYMPUS

Olympus NDT
60 Decibel Road, Suite 300
State College, PA 16801
USA
Tel.: (1) (814) 689-1390
Fax: (1) (814) 689-1395

Part Number: XAAB-0066
Description: ARRAY, 5L64-64X7-NW1-P-2.5-OM
Serial Number: M1116

Test Conditions

Pulser Voltage : 40 V
Pulse Width : 100 ns
Primary Gain : 6 dB

Date : 3/29/2013
Time : 10:18:08 AM
System : FOCUS LT
Serial Number : FLT-2247
Calibration Due : 15Oct13

Scope Delay : 18.9 us
Scope Volts per Division : 200 mV
Test Medium : Rexolite Block
Pulse Type : Negative

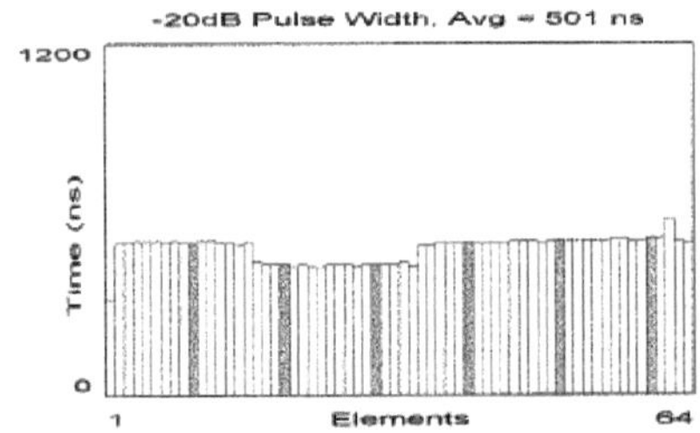

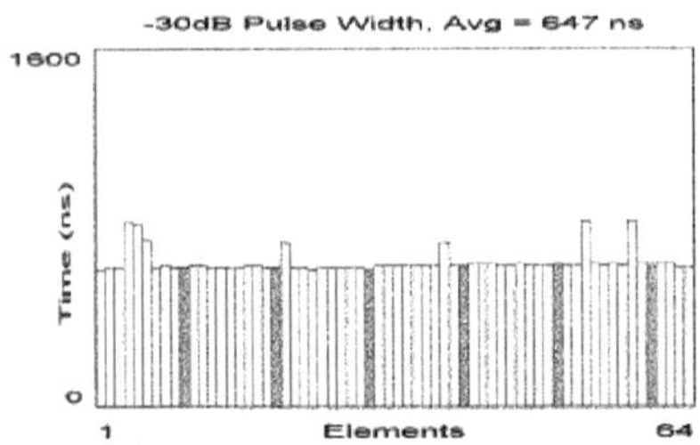

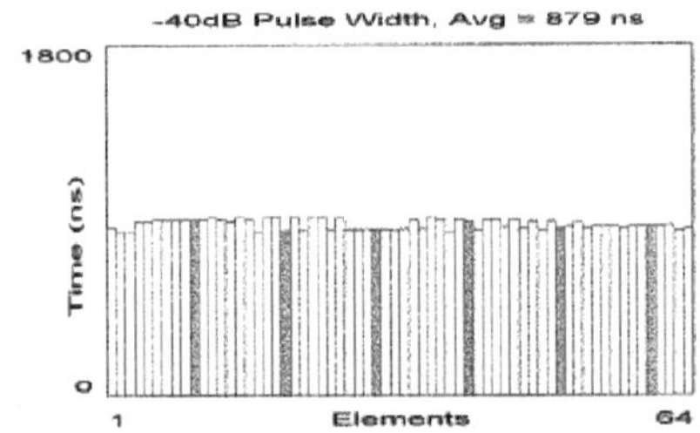

Abbildung IX-3: Test-Protokoll des verwendeten Ultraschallmesskopfes (Teil 3)

ZEISS CALYPSO
6.6.1200

Bauteilname	**MQ_NNH_CFK**
Zeichnungsnummer	
Auftragsnummer	
Variante	
Firma	WZL
Abteilung	WM_MQ
KMG-Typ	MICURA
KMG-Nr	510113
Prüfer	Master
Text	

Letzte 1 Messungen
► Freigabestatus ≠ Gesperrt

Teile Ident	CFK_NNH_Bohrung...
Zeit	02.08.2019 11:15
Ablauf	Alle Prüfmerkmale
Anzahl Messwerte	77
Anzahl Messwerte: rot	● 43
Messdauer	00:00:00,0

Name	Messwert	Nennmaß	+Tol	-Tol	Abweichung +/-	
Durchmesser_Kreis1 oben	19,9079	19,9000	0,1000	-0,1000	0,0079	
Rundheit_Kreis1 oben	0,0125	0,0000	0,0100	0,0000	0,0125	0,0025
Durchmesser_Kreis1 mitte	19,8998	19,9000	0,1000	-0,1000	-0,0002	
Rundheit_Kreis1 mitte	0,0186	0,0000	0,0100	0,0000	0,0186	0,0086
Durchmesser_Kreis1 unten	19,8917	19,9000	0,1000	-0,1000	-0,0083	
Rundheit_Kreis1 unten	0,0176	0,0000	0,0100	0,0000	0,0176	0,0076
Durchmesser_Kreis2 oben	19,9081	19,9000	0,1000	-0,1000	0,0081	
Rundheit_Kreis2 oben	0,0233	0,0000	0,0100	0,0000	0,0233	0,0133
Durchmesser_Kreis2 mitte	19,8905	19,9000	0,1000	-0,1000	-0,0095	
Rundheit_Kreis2 mitte	0,0227	0,0000	0,0100	0,0000	0,0227	0,0127
Durchmesser_Kreis2 unten	19,8465	19,9000	0,1000	-0,1000	-0,0535	
Rundheit_Kreis2 unten	0,0235	0,0000	0,0100	0,0000	0,0235	0,0135
Durchmesser_Kreis3 oben	19,9008	19,9000	0,1000	-0,1000	0,0008	
Rundheit_Kreis3 oben	0,0232	0,0000	0,0100	0,0000	0,0232	0,0132
Durchmesser_Kreis3 mitte	19,8834	19,9000	0,1000	-0,1000	-0,0166	
Rundheit_Kreis3 mitte	0,0188	0,0000	0,0100	0,0000	0,0188	0,0088
Durchmesser_Kreis3 unten	19,8413	19,9000	0,1000	-0,1000	-0,0587	
Rundheit_Kreis3 unten	0,0274	0,0000	0,0100	0,0000	0,0274	0,0174
Durchmesser_Kreis4 oben	15,9118	15,9000	0,1000	-0,1000	0,0118	
Rundheit_Kreis4 oben	0,0154	0,0000	0,0100	0,0000	0,0154	0,0054
Durchmesser_Kreis4 mitte	15,8971	15,9000	0,1000	-0,1000	-0,0029	
Rundheit_Kreis4 mitte	0,0166	0,0000	0,0100	0,0000	0,0166	0,0066
Durchmesser_Kreis4 unten	15,8648	15,9000	0,1000	-0,1000	-0,0352	
Rundheit_Kreis4 unten	0,0252	0,0000	0,0100	0,0000	0,0252	0,0152

(6.6_07) StandardProtocol

Abbildung IX-4: Messprotokoll der Referenzmessungen zu 7.3 (Teil 1)

ZEISS CALYPSO

6.6.1200

Bauteilname	MQ_NNH_CFK
Auftragsnummer	
Teile Ident	CFK_NNH_Bohrungsplatte
Prüfer	Master
Zeit	02.08.2019 11:15

Name	Messwert	Nennmaß	+Tol	-Tol	Abweichung	+/-
Durchmesser_Kreis5 oben	11,9567	11,9000	0,1000	-0,1000	0,0567	
Rundheit_Kreis5 oben	0,0129	0,0000	0,0100	0,0000	0,0129	0,0029
Durchmesser_Kreis5 mitte	11,9472	11,9000	0,1000	-0,1000	0,0472	
Rundheit_Kreis5 mitte	0,0062	0,0000	0,0100	0,0000	0,0062	
Durchmesser_Kreis5 unten	11,9405	11,9000	0,1000	-0,1000	0,0405	
Rundheit_Kreis5 unten	0,0267	0,0000	0,0100	0,0000	0,0267	0,0167
Durchmesser_Kreis6 oben	8,0173	7,9000	0,1000	-0,1000	0,1173	0,0173
Rundheit_Kreis6 oben	0,0072	0,0000	0,0100	0,0000	0,0072	
Durchmesser_Kreis6 mitte	8,0122	7,9000	0,1000	-0,1000	0,1122	0,0122
Rundheit_Kreis6 mitte	0,0094	0,0000	0,0100	0,0000	0,0094	
Durchmesser_Kreis6 unten	8,0018	7,9000	0,1000	-0,1000	0,1018	0,0018
Rundheit_Kreis6 unten	0,0096	0,0000	0,0100	0,0000	0,0096	
Durchmesser_Kreis7 oben	3,9749	3,9000	0,0500	-0,0500	0,0749	0,0249
Rundheit_Kreis7 oben	0,0132	0,0000	0,0100	0,0000	0,0132	0,0032
Durchmesser_Kreis7 mitte	3,9739	3,9000	0,0500	-0,0500	0,0739	0,0239
Rundheit_Kreis7 mitte	0,0098	0,0000	0,0100	0,0000	0,0098	
Durchmesser_Kreis7 unten	3,9718	3,9000	0,0500	-0,0500	0,0718	0,0218
Rundheit_Kreis7 unten	0,0141	0,0000	0,0100	0,0000	0,0141	0,0041
Ebenheit 1	0,0249	0,0000	0,0100	0,0000	0,0249	0,0149
Ebenheit 2	0,0143	0,0000	0,0100	0,0000	0,0143	0,0043
Ebenheit 3	0,0312	0,0000	0,0100	0,0000	0,0312	0,0212
Ebenheit 4	0,0110	0,0000	0,0100	0,0000	0,0110	0,0010
Ebenheit 5	0,0153	0,0000	0,0100	0,0000	0,0153	0,0053
Ebenheit 6	0,0158	0,0000	0,0100	0,0000	0,0158	0,0058
Ebenheit 7	0,0134	0,0000	0,0100	0,0000	0,0134	0,0034
Ebenheit 1 hinten	0,0029	0,0000	0,0100	0,0000	0,0029	
Ebenheit 2 hinten	0,0044	0,0000	0,0100	0,0000	0,0044	
Ebenheit 3 hinten	0,0012	0,0000	0,0100	0,0000	0,0012	
Ebenheit 4 hinten	0,0008	0,0000	0,0100	0,0000	0,0008	
Ebenheit 5 hinten	0,0020	0,0000	0,0100	0,0000	0,0020	

Abbildung IX-5: Messprotokoll der Referenzmessungen zu 7.3 (Teil 2)

ZEISS CALYPSO
6.6.1200

Bauteilname	MQ_NNH_CFK
Auftragsnummer	
Teile Ident	CFK_NNH_Bohrungsplatte
Prüfer	Master
Zeit	02.08.2019 11:15

Name	Messwert	Nennmaß	+Tol	-Tol	Abweichung	+/-
Ebenheit 6 hinten	0,0028	0,0000	0,0100	0,0000	0,0028	
Ebenheit 7 hinten	0,0041	0,0000	0,0100	0,0000	0,0041	
Parallelität 1	0,0440	0,0000	0,0100	0,0000	0,0440	0,0340
Parallelität 2	0,0228	0,0000	0,0100	0,0000	0,0228	0,0128
Parallelität 3	0,0397	0,0000	0,0100	0,0000	0,0397	0,0297
Parallelität 4	0,0270	0,0000	0,0100	0,0000	0,0270	0,0170
Parallelität 5	0,0174	0,0000	0,0100	0,0000	0,0174	0,0074
Parallelität 6	0,0197	0,0000	0,0100	0,0000	0,0197	0,0097
Parallelität 7	0,0197	0,0000	0,0100	0,0000	0,0197	0,0097
Zylinderform1	0,0214	0,0000	0,0100	0,0000	0,0214	0,0114
Zylinderform2	0,0565	0,0000	0,0100	0,0000	0,0565	0,0465
Zylinderform3	0,0564	0,0000	0,0100	0,0000	0,0564	0,0464
Zylinderform4	0,0421	0,0000	0,0100	0,0000	0,0421	0,0321
Zylinderform5	0,0247	0,0000	0,0100	0,0000	0,0247	0,0147
Zylinderform6	0,0151	0,0000	0,0100	0,0000	0,0151	0,0051
Zylinderform7	0,0142	0,0000	0,0100	0,0000	0,0142	0,0042
M-Distanz Bohrung 1_Y	0,5084	0,5000	0,0500	-0,0500	0,0084	
M-Distanz Bohrung 2_Y	1,5120	1,5000	0,0500	-0,0500	0,0120	
M-Distanz Bohrung 3_Y	2,5091	2,5000	0,0500	-0,0500	0,0091	
M-Distanz Bohrung 4_Y	2,5121	2,5000	0,0500	-0,0500	0,0121	
M-Distanz Bohrung 5_Y	2,5037	2,5000	0,0500	-0,0500	0,0037	
M-Distanz Bohrung 6_Y	2,5143	2,5000	0,0500	-0,0500	0,0143	
M-Distanz Bohrung 7_Y	2,5499	2,5000	0,0500	-0,0500	0,0499	

Abbildung IX-6: Messprotokoll der Referenzmessungen zu 7.3 (Teil 3)

Tabelle IX-4: Zuordnung der Messprotokoll-Angaben zu den Referenzwerten in 7.3

M-Distanz Bohrung 1_Y	M-Distanz Bohrung 2_Y	M-Distanz Bohrung 3_Y	Durchmesser Kreis 4	Durchmesser Kreis 5	Durchmesser Kreis 6
t_3	t_2	t_1	d_3	d_2	d_1

ZEISS CALYPSO
6.6.1209

Bauteilname	**MQ_Nienheysen_CFK-Platte**		
Zeichnungsnummer			
Auftragsnummer		Letzte 1 Messungen	
Variante		► Freigabestatus ≠ Gesperrt	
Firma		Teile Ident	MQ_Nienheysen_C...
Abteilung		Zeit	26.03.2020 10:14
KMG-Typ	PRISMO_MASS	Ablauf	Alle Prüfmerkmale
KMG-Nr	157491	Anzahl Messwerte	41
Prüfer	Master	Anzahl Messwerte: rot	6
Text		Messdauer	00:03:16,0

Name	Messwert	Nennmaß	+Tol	-Tol	Abweichung	+/-	VCMM Unsicherheit
^Temperatur-Kompensation	20,5420						
X-Wert_Kreis X	-159,7205	-159,6100	0,2000	-0,2000	-0,1105		
Y-Wert_Kreis X	-1,1496	0,8000	0,0500	-0,0500	-1,9496		-1,8996
Z-Wert_Kreis X	-0,0179	-0,1000	0,0500	-0,0500	0,0821		0,0321
Durchmesser_Kreis X	2,9603	3,0000	0,0500	-0,0500	-0,0397		
X-Wert_Kreis 0	0,0000	0,0000	0,0500	-0,0500	0,0000		
Y-Wert_Kreis 0	0,8507	0,8000	0,0500	-0,0500	0,0507		0,0007
Z-Wert_Kreis 0	0,0000	0,0000	0,0500	-0,0500	0,0000		
Durchmesser_Kreis 0	3,0784	3,0000	0,0500	-0,0500	0,0784		0,0284
X-Wert_Kreis XY	0,8651	0,9100	0,0500	-0,0500	-0,0449		
Y-Wert_Kreis XY	-1,1505	0,8000	0,0500	-0,0500	-1,9505		-1,9005
Z-Wert_Kreis XY	160,0700	160,0000	0,2000	-0,2000	0,0700		
Durchmesser_Kreis XY	2,9507	2,8000	0,0500	-0,0500	0,1507		0,1007
X-Wert_Kreis F0	-43,1866	-43,2000	0,1500	-0,1500	0,0134		
Y-Wert_Kreis F0	1,7992	1,8000	0,0500	-0,0500	-0,0008		
Z-Wert_Kreis F0	120,2596	120,3000	0,2000	-0,2000	-0,0404		
Durchmesser_Kreis F0	3,9791	4,0000	0,0500	-0,0500	-0,0209		
X-Wert_Kreis F1	-43,3470	-43,3000	0,1500	-0,1500	-0,0470		
Y-Wert_Kreis F1	2,1989	2,2000	0,0500	-0,0500	-0,0011		
Z-Wert_Kreis F1	95,2648	95,3000	0,1500	-0,1500	-0,0352		
Durchmesser_Kreis F1	8,0175	8,0000	0,1000	-0,1000	0,0175		
X-Wert_Kreis F2	-43,5170	-43,5000	0,1500	-0,1500	-0,0170		
Y-Wert_Kreis F2	2,1998	2,2000	0,0500	-0,0500	-0,0002		
Z-Wert_Kreis F2	70,2587	70,3000	0,1500	-0,1500	-0,0413		

Abbildung IX-7: Messprotokoll der Referenzmessungen zu 7.4 (Teil 1)

ZEISS CALYPSO
6.6.1209

Bauteilname	**MQ_Nienheysen_CFK-Platte**
Auftragsnummer	
Teile Ident	MQ_Nienheysen_CFK-Platte
Prüfer	Master
Zeit	26.03.2020 10:14

Name	Messwert	Nennmaß	+Tol	-Tol	Abweichung	+/-	VCMM Unsicherheit
Ø Durchmesser_Kreis F2	11,9490	12,0000	0,1000	-0,1000	-0,0510		
X X-Wert_Kreis F3	-43,6757	-43,7000	0,1500	-0,1500	0,0243		
Y Y-Wert_Kreis F3	2,5003	2,5000	0,0500	-0,0500	0,0003		
Z Z-Wert_Kreis F3	45,2564	45,2000	0,1500	-0,1500	0,0564		
Ø Durchmesser_Kreis F3	15,9050	15,9000	0,1000	-0,1000	0,0050		
X X-Wert_Kreis T1	-43,8332	-43,8000	0,1500	-0,1500	-0,0332		
Y Y-Wert_Kreis T1	3,0992	3,1000	0,0500	-0,0500	-0,0008		
Z Z-Wert_Kreis T1	20,2592	20,3000	0,1000	-0,1000	-0,0408		
Ø Durchmesser_Kreis T1	19,8976	19,9000	0,1000	-0,1000	-0,0024		
X X-Wert_Kreis T2	-93,8251	-93,8000	0,1500	-0,1500	-0,0251		
Y Y-Wert_Kreis T2	2,0002	2,0000	0,0500	-0,0500	0,0002		
Z Z-Wert_Kreis T2	20,5740	20,6000	0,1000	-0,1000	-0,0260		
Ø Durchmesser_Kreis T2	19,8945	19,9000	0,1000	-0,1000	-0,0055		
X X-Wert_Kreis T3	-141,8312	-141,8000	0,2000	-0,2000	-0,0312		
Y Y-Wert_Kreis T3	2,0004	2,0000	0,0500	-0,0500	0,0004		
Z Z-Wert_Kreis T3	20,8889	20,9000	0,1000	-0,1000	-0,0111		
Ø Durchmesser_Kreis T3	19,9060	19,9000	0,1000	-0,1000	0,0060		

Abbildung IX-8: Messprotokoll der Referenzmessungen zu 7.4 (Teil 2)

ZEISS CALYPSO
6.6.1209

Bauteilname	**MQ_CFK_Nienheysen**
Zeichnungsnummer	
Auftragsnummer	
Variante	
Firma	
Abteilung	
KMG-Typ	PRISMO_MASS
KMG-Nr	157491
Prüfer	Master
Text	

Letzte 1 Messungen
► Freigabestatus ≠ Gesperrt

Teile Ident	CFK_Nienheysen_M…
Zeit	17.02.2020 10:41
Ablauf	Alle Prüfmerkmale
Anzahl Messwerte	11
Anzahl Messwerte: rot	0
Messdauer	00:05:16,0

Name	Messwert	Nennmaß	+Tol	-Tol	Abweichung	+/-	VCMM Unsicherheit
^Temperatur-Kompensation	21,5510						
X-Wert_Kreis Punkt	3,5777	3,6000	0,0500	-0,0500	-0,0223		
Y-Wert_Kreis Punkt	71,3426	71,3000	0,1500	-0,1500	0,0426		
Z-Wert_Kreis Punkt	57,7035	57,7000	0,1500	-0,1500	0,0035		
Durchmesser_Kreis Punkt	2,9862	3,0000	0,0500	-0,0500	-0,0138		
M-Distanz Tiefe Punkt_Z	1,4176	1,4000	0,0500	-0,0500	0,0176		
X-Wert_Kreis Senkung	164,1771	164,2000	0,2000	-0,2000	-0,0229		
Y-Wert_Kreis Senkung	86,7537	86,8000	0,1500	-0,1500	-0,0463		
Z-Wert_Kreis Senkung	57,2996	57,3000	0,1500	-0,1500	-0,0004		
Durchmesser_Kreis Senkung	19,9544	20,0000	0,1000	-0,1000	-0,0456		
M-Distanz Tiefe Senkung_Z	0,9699	1,0000	0,0500	-0,0500	-0,0301		

Abbildung IX-9: Messprotokoll der Referenzmessungen zu 7.5 (Teil 1)

ZEISS CALYPSO
6.6.1209

Bauteilname	**MQ_CFK_Nienheysen**		
Zeichnungsnummer			
Auftragsnummer		Letzte 1 Messungen	
Variante		► Freigabestatus ≠ Gesperrt	
Firma		Teile Ident	CFK_Nienheysen_M...
Abteilung		Zeit	17.02.2020 10:51
KMG-Typ	PRISMO_MASS	Ablauf	Alle Prüfmerkmale
KMG-Nr	157491	Anzahl Messwerte	11
Prüfer	Master	Anzahl Messwerte: rot	0
Text		Messdauer	00:05:05,0

Name	Messwert	Nennmaß	+Tol	-Tol	Abweichung	+/-	VCMM Unsicherheit
^Temperatur-Kompensation	21,6135						
X-Wert_Kreis Punkt	3,5775	3,6000	0,0500	-0,0500	-0,0225		
Y-Wert_Kreis Punkt	71,3430	71,3000	0,1500	-0,1500	0,0430		
Z-Wert_Kreis Punkt	57,7031	57,7000	0,1500	-0,1500	0,0031		
Durchmesser_Kreis Punkt	2,9862	3,0000	0,0500	-0,0500	-0,0138		
M-Distanz Tiefe Punkt_Z	1,4175	1,4000	0,0500	-0,0500	0,0175		
X-Wert_Kreis Senkung	164,1762	164,2000	0,2000	-0,2000	-0,0238		
Y-Wert_Kreis Senkung	86,7539	86,8000	0,1500	-0,1500	-0,0461		
Z-Wert_Kreis Senkung	57,2994	57,3000	0,1500	-0,1500	-0,0006		
Durchmesser_Kreis Senkung	19,9546	20,0000	0,1000	-0,1000	-0,0454		
M-Distanz Tiefe Senkung_Z	0,9700	1,0000	0,0500	-0,0500	-0,0300		

Abbildung IX-10: Messprotokoll der Referenzmessungen zu 7.5 (Teil 2)

ZEISS CALYPSO
6.6.1209

Bauteilname	**MQ_CFK_Nienheysen**		
Zeichnungsnummer			
Auftragsnummer		Letzte 1 Messungen	
Variante		► Freigabestatus ≠ Gesperrt	
Firma		Teile Ident	CFK_Nienheysen_M...
Abteilung		Zeit	17.02.2020 10:56
KMG-Typ	PRISMO_MASS	Ablauf	Alle Prüfmerkmale
KMG-Nr	157491	Anzahl Messwerte	11
Prüfer	Master	Anzahl Messwerte: rot	0
Text		Messdauer	00:05:06,0

Name	Messwert	Nennmaß	+Tol	-Tol	Abweichung	+/-	VCMM Unsicherheit
^Temperatur-Kompensation	21,6545						
X-Wert_Kreis Punkt	3,5771	3,6000	0,0500	-0,0500	-0,0229		
Y-Wert_Kreis Punkt	71,3437	71,3000	0,1500	-0,1500	0,0437		
Z-Wert_Kreis Punkt	57,7030	57,7000	0,1500	-0,1500	0,0030		
Durchmesser_Kreis Punkt	2,9861	3,0000	0,0500	-0,0500	-0,0139		
M-Distanz Tiefe Punkt_Z	1,4176	1,4000	0,0500	-0,0500	0,0176		
X-Wert_Kreis Senkung	164,1750	164,2000	0,2000	-0,2000	-0,0250		
Y-Wert_Kreis Senkung	86,7547	86,8000	0,1500	-0,1500	-0,0453		
Z-Wert_Kreis Senkung	57,2995	57,3000	0,1500	-0,1500	-0,0005		
Durchmesser_Kreis Senkung	19,9546	20,0000	0,1000	-0,1000	-0,0454		
M-Distanz Tiefe Senkung_Z	0,9700	1,0000	0,0500	-0,0500	-0,0300		

Abbildung IX-11: Messprotokoll der Referenzmessungen zu 7.5 (Teil 3)

In der Reihe **Ergebnisse aus der Produktionstechnik** zuletzt erschienen:

Müller, Tobias:
Modellbildung mittels Symbolischer Regression zur Messunsicherheitsbestimmung komplexer Messprozesse
ISBN: 978-3-98555-146-0
Erscheinungsdatum: 30.01.2023

Kreß, Julian Maximilian:
Erbringung hybrider Leistungsangebote in Wertschöpfungsnetzwerken
ISBN: 978-3-98555-128-6
Erscheinungsdatum: 24.01.2023

Bickendorf, Philipp:
Tribologische und geometrische Auslegung von additiv hergestellten Werkzeug-einsätzen zur Feinblech-umformung
ISBN: 978-3-98555-133-0
Erscheinungsdatum: 24.01.2023

Wenning, Marius:
Kontextabhängige Anomaliedetektion zur visuellen Hinderniserkennung für automatisierte PKW im End-of-Line-Bereich
ISBN: 978-3-98555-121-7
Erscheinungsdatum: 19.12.2022

Schlegel, Peter:
Bewertung und Optimierung der Vollständigkeit von Betriebsdaten im Kontext der Fehlerprädiktion
ISBN: 978-3-98555-120-0
Erscheinungsdatum: 18.11.2022

Nienheysen, Philipp:
Werkstattgerechte Schadensanalyse in CFK-Strukturbauteilen mit optisch georteter Ultraschallmesstechnik
ISBN: 978-3-98555-136-1
Erscheinungsdatum: 30.01.2023

Behrens, Jan:
Selbstkalibrierung von 5-Achs-Bearbeitungszentren mit Dreh-/Schwenktisch
ISBN: 978-3-98555-124-8
Erscheinungsdatum: 24.01.2023

Vierschillung, Sebastian Patrick:
Automatisierung der Standortauswahl in der Fabrikplanung
ISBN: 978-3-98555-134-7
Erscheinungsdatum: 09.01.2023

Helbig, Jens:
Typisierung und Auswahl von Referenzstrategien für den Werkzeugeinkauf
ISBN: 978-3-98555-122-4
Erscheinungsdatum: 19.12.2022

Kukla, Christian:
Prozesstemperaturregelung in der laserunterstützten Verarbeitung von faserverstärkten thermoplastischen Verbundkunststoffen
ISBN: 978-3-98555-116-3
Erscheinungsdatum: 19.10.2022

Edition Wissenschaft
Apprimus

Kiesel, Raphael:
Techno-Economic Evaluation of 5G Technology for Latency-Critical Applications in Production
ISBN: 978-3-98555-115-6
Erscheinungsdatum: 19.10.2022

Hahn, Viviane:
Bewertung der Wandlungsfähigkeit in der automatisierten Fabrikplanung
ISBN: 978-3-98555-102-6
Erscheinungsdatum: 10.10.2022

Schäkel, Martin:
Adaptiver laserunterstützter Tapewickelprozess für die Herstellung von Druckbehältern aus endlosfaserverstärkten Thermoplasten
ISBN: 978-3-98555-107-1
Erscheinungsdatum: 12.08.2022

Solf, Mareike:
Modellierung der Schleifkraft beim Kegelradschleifen
ISBN: 978-3-98555-106-4
Erscheinungsdatum: 12.08.2022

Elser, Hannes:
Fähigkeit von Bluetooth Low Energy zur signalstärkebasierten Rückverfolgung von Bauteilen in der Einzel- und Kleinserienfertigung
ISBN: 978-3-98555-099-9
Erscheinungsdatum: 12.08.2022

Henkel, Jérôme
Strategien zur Steigerung der Flächeneffizienz von Fabriken im urbanen Umfeld ISBN
ISBN: 978-3-98555-098-2
Erscheinungsdatum: 27.07.2022

Busch, Max:
Intelligente Produktionsplanungsprozesse im Werkzeugbau
ISBN: 978-3-98555-095-1
Erscheinungsdatum: 14.07.2022

Eßer, Bastian:
Analyse des Betriebsverhaltens von Kugelgewindetrieben unter statischen axialen Betriebslasten
ISBN: 978-3-98555-065-4
Erscheinungsdatum: 11.07.2022

Fölling, Carsten:
Komplexitätsbeherrschung durch hybride Montageplanung
ISBN: 978-3-98555-090-6
Erscheinungsdatum: 30.06.2022

Schulz, Martin:
Optimierung des Temperaturfeldes beim Laserstrahlhärten
ISBN: 978-3-98555-078-4
Erscheinungsdatum: 23.06.2022

Ays, Johanna:
Kontextbasierte Integration agiler und plangetriebener Entwicklungsprozesse
ISBN: 978-3-98555-087-6
Erscheinungsdatum: 23.06.2022

Ebade Esfahani, Matthias:
Ontologie der Fabrikplanung mit Hilfe von Building Information Modeling (BIM)
ISBN: 978-3-98555-084-5
Erscheinungsdatum: 07.06.2022

Edition Wissenschaft
Apprimus

FSC
www.fsc.org
MIX
Papier | Fördert gute Waldnutzung
FSC® C083411

Zeitfracht Medien GmbH
Ferdinand-Jühlke-Straße 7
99095 Erfurt, Deutschland
produktsicherheit@kolibri360.de